新世纪心理与心理健康教育文库
Xinshiji Xinli Yu Xinlijiankangjiaoyu Wenku

流动儿童心理健康教育
Liudongertong Xinlijiankangjiaoyu

董妍 ◆ 著
Dong Yan

开明出版社

新世纪心理与心理健康教育文库
编 委 会

总 主 编 郑日昌
副总主编 沈 政　郭德俊　桑　标　王希永
编 委 会 （按姓氏笔画排列）

王　昕	王小明	王成彪	王建平
牛　勇	邓丽芳	叶浩生	田万生
朱新秤	任　苇	任　俊	刘视湘
刘翔平	刘惠军	许　燕	孙大强
杜毓贞	杨　波	杨忠健	汪凤炎
沈　政	张　驰	张大均	张志杰
陈永胜	陈安涛	邵志芳	庞爱莲
郑日昌	郑晓江	孟沛欣	赵世明
赵军燕	俞国良	殷恒婵	郭秀艳
郭德俊	桑　标	黄　蓓	崔丽娟
梁宁建	梁执群	董　妍	程正方
雷　雳	燕国材	魏义梅	

总 序
Sequence

早在上个世纪70年代就有专家预言：21世纪是心理学的世纪。21世纪人类所面临的最大挑战，不是其他，而是心理困惑和心理问题。

进入新世纪，我国社会主义物质文明、政治文明、精神文明建设不断加强，综合国力大幅度提高，人民生活显著改善。同时，我们也要看到，我国已进入改革发展的关键时期，经济体制深刻变革，社会结构深刻变动，利益格局深刻调整，思想观念深刻变化。这种空前的社会变革，给我国发展进步带来巨大活力，也必然带来这样那样的矛盾和问题。例如，城乡、区域经济社会发展很不平衡；就业、收入分配、社会保障、教育、医疗、住房等方面关系群众切身利益的问题比较突出；一些社会成员诚信缺失、道德失范；一些领域的腐败现象比较严重等。这些矛盾和问题让人们感到心理困惑，时刻冲击着人们的心理承受能力。

2006年，中共中央《关于构建社会主义和谐社会若干重大问题的决定》明确指出：我们必须坚持以人为本。要注重促进人的心理和谐，加强人文关怀和心理疏导，引导人们正确对待自己、他人和社会，正确对待困难、挫折和荣誉。要加强心理健康教育和保健，塑造自尊自信、理性平和、积极向上的社会心态。心理和谐是构建和谐社会的心理基础和重要标志。胡锦涛同志指出："科学发展观，第一要义是发展，核心是以人为本。"以人为本就必须重视人、尊重人、关心人、爱护人，就必须重视人的心理发展。加强心理健康教育和心理保健，不断提高人们的心理素质，帮助人们形成积极心理品质，为和谐社会建设奠定和谐的心理基础已经成为举国上下的共识。

促进人的心理和谐需要有科学心理学指引，加强心理健康教育需要有合适的教材。近年来，国内虽然也陆续出版了一些心理学或心理健康教育方面的图书，但不够系统，缺乏总体规划。正因为如此，我们组织了一批心理学专家、学者，编写了这套反映我国心理学发展及心理健康教育理论成果的"新世纪心理与心理健康教育文库"。

"新世纪心理与心理健康教育文库"具有系统性。文库参照心理学学科体系和我国现实需要，分为基础理论、应用理论和技术与实践三个系列。

"新世纪心理与心理健康教育文库"具有权威性。文库是国家出版基金资助项目；文库撰稿人的选择面向全国，每一本图书都由该领域的专家学者撰稿；文库的统稿工作由国内权威心理学家和心理健康教育专家负责完成。

"新世纪心理与心理健康教育文库"具有前沿性。文库在全国范围选聘心理学和心理健康教育领域的专家学者撰稿，既可以吸收心理学与心理健康教育的权威理论和最新研究成果，也可以保证所选内容资料贴近时代、贴近生活、贴近实际。

"新世纪心理与心理健康教育文库"具有实用性。文库在强调系统性、理论性、科学性的同时，更加强调实用性。力求做到理论联系实际，给出的理论实用，给出的技术可行，给出的方法可操作。

"新世纪心理与心理健康教育文库"理论性、实用性、资料性、工具性兼备，是心理学与心理健康教育的"百科全书"。它可以作为从事心理与心理健康教育工作的管理者和研究者的参考书、工具书；可以作为心理健康教育教师继续学习、自我提高的自修图书；可以作为心理健康教育教师的培训用书；可以作为师范院校心理与心理健康教育专业的教材或参考书。

我们相信，"新世纪心理与心理健康教育文库"对于从事心理与心理健康教育工作的人士会有所帮助；对于我国的心理与心理健康教育工作会起到推动促进作用；对于促进人的心理和谐、促进社会心理和谐会发挥一定作用。

我们希望，这套文库能够得到广大心理与心理健康教育工作者的认可、接纳。

郑日昌
于京师园

前 言
Preface

随着我国改革开放和经济社会的发展，从20世纪80年代开始，我国大量人口离开户籍地，由农村向城镇、由经济欠发达地区向发达地区流动，形成了规模庞大的流动人群。流动人口的数量从1982年的1 000多万增长到2008年的2亿。随着举家迁徙人数增加，流动儿童的数量也在急剧增长，目前我国流动儿童已经达到1 834万。这些流动儿童正处于身心发展的关键时期，他们的身心健康问题直接关系到他们个人的成长与未来劳动者的素质。然而，我国多位学者的研究都表明，他们在随父母迁移过程中，面临着学习环境的变化、生活习惯的改变、价值观念的适应等问题。这些突如其来的问题往往会给这些儿童带来一定的心理冲击，容易使他们出现心理问题。为了提高流动儿童的心理健康水平，学校、家庭和社会应共同努力为流动儿童创造一个良好的心理和物理生活环境，使其尽快融入城市生活之中。

《流动儿童心理健康教育》一书共分六章内容。第一章是心理健康的概述，介绍了开展流动儿童心理健康教育工作的理论基础；第二章流动儿童常见心理行为问题，介绍了流动儿童特点及常见的心理行为问题；第三章流动儿童心理健康的影响因素，从个人、家庭、学校、社会四个方面剖析了流动儿童心理问题的成因；第四章流动儿童学校心理健康教育，介绍了流动儿童学校心理健康教育的目标、原则、内容和方法，并给出了两所学校实施流动儿童心理健康教育的方案；第五章流动儿童家庭心理健康教育，介绍了流动儿童家庭心理健康教育的目标、原则、内容、方法以及学校对家庭心理健康教育的指导；第六章流动儿童心理健康的维护与促进，从个人和社会的角度介绍了如何提高流动儿童的心理健康水平，并在最后给出了几个具体的心理健康教育案例供读者参考。

本书具有如下特色：

1. 注重准确性和科学性。为了保证对流动儿童心理问题描述得准确无误，让读者对流动儿童有全面准确的认识，作者在撰写本书过程中查阅和引用了大量文献。这样做的目的就是为了保证我们不要误读流动儿童，不要戴着有色眼镜看待流动儿童，以求客观公正真实地看待流动儿童，公平对待流动儿童。

2. 可读性好。书中并没有介绍晦涩、空洞的理论，而是深入浅出地结合具体案例介绍了流动儿童的一些心理问题，以及如何在学校、家庭、社会中有效开展流动儿童心理健康教育。同时，本书中引用了很多来自流动儿童、流动儿童父母以及流动儿童教师的访谈资料，介绍了学校开展流动儿童心理健康教育和心理辅导的真实案例，这进一步增加了本书的可读性。

3. 实用性强。为了提高开展流动儿童心理健康教育工作的实效性，本书从学校、家庭视角介绍了开展流动儿童心理健康教育工作的原则、目标、内容以及实施的具体途径和方法，非常具有可操作性。同时，在本书最后一章还介绍了流动儿童为了维护和促进自身的心理健康，可以采取的具体措施。可以说，本书从学校、家庭、个人和社会四个方面给出了促进流动儿童心理健康的一些可操作的方法。因此，本书对于开展流动儿童心理健康教育非常具有实用价值。

流动儿童的心理健康教育工作是一项系统工程，需要全社会的人共同为之付出努力。我们期盼这些流动的花朵能够得到更多的阳光和雨露，也能够在同一片蓝天下吐露芬芳！

董　妍

目 录
Contents

第一章　心理健康概述 ………………………………… 1
　第一节　心理健康的标准与分类 ………………………… 1
　第二节　影响心理健康的因素 …………………………… 16
　第三节　儿童青少年的身心发展特点 …………………… 26

第二章　流动儿童的常见心理行为问题 ……………… 35
　第一节　流动儿童的特点 ………………………………… 35
　第二节　流动儿童的常见心理问题 ……………………… 46
　第三节　上海市两所学校流动儿童的现状调查 ………… 58

第三章　流动儿童心理健康的影响因素 ……………… 74
　第一节　个人和家庭因素对流动儿童心理健康的影响 … 74
　第二节　学校和社会因素对流动儿童心理健康的影响 … 83
　第三节　流动儿童学业成绩和人际交往的影响因素调查 … 89

第四章　流动儿童学校心理健康教育 ………………… 95
　第一节　流动儿童学校心理健康教育的目标与内容 …… 95
　第二节　流动儿童学校心理健康教育的途径与方法 …… 106
　第三节　流动儿童学校心理健康教育案例 ……………… 119

第五章　流动儿童家庭心理健康教育 ………………… 129
　第一节　流动儿童家庭心理健康教育的目标与内容 …… 129
　第二节　流动儿童家庭心理健康教育的途径与方法 …… 136
　第三节　学校对家庭心理健康教育的指导 ……………… 144

第六章　流动儿童心理健康的维护与促进 …………… 157
　第一节　流动儿童心理健康的保健 ……………………… 157
　第二节　流动儿童心理健康的促进 ……………………… 167
　第三节　流动儿童心理健康教育案例 …………………… 173

第一章　心理健康概述

【本章提要】

随着我国经济社会的快速发展，人口流动现象日益频繁。许多流动儿童随父母来到城市后，还不能完全适应新的生活，出现了一些心理行为问题。为了有效提高流动儿童心理健康教育的效果，为开展流动儿童心理健康教育提供理论基础，本章主要介绍了三方面的内容。首先，随着时代的发展和变化，人们对健康和心理健康的认识也在不断发生变化，所以本章介绍了不同时代对于健康以及心理健康的理解，包括健康和心理健康的概念和标准、判断心理是否正常的原则、心理健康问题的诊断途径、心理行为问题的等级划分。其次，本章从生理因素、个体因素、家庭因素、学校因素以及社会因素五个方面分析了这些因素对个体心理健康的影响。最后，本章介绍了小学生和中学生的身心发展特点，包括生理发展特点；认知发展特点、情绪发展特点和社会性发展特点；并根据青少年学生的心理发展特点，提出了青少年学生心理健康的标准。

【学习重点】

1. 掌握心理健康的概念、标准，以及判断心理是否正常的原则。
2. 了解生理、个人、家庭、学校和社会因素对个体心理健康的影响。
3. 熟悉青少年学生的心理发展特点及其心理健康的标准。
4. 能够运用心理健康的标准、心理问题的诊断方法以及心理行为问题的判断标准，初步确定流动儿童心理是否健康。

【重要术语】

健康　心理健康　心理健康问题

第一节　心理健康的标准与分类

什么是健康？怎样才算健康？这是人们一直以来都十分关心的话题。在古代社会，人们对健康的理解强调的是身体没有缺陷和疾病，即大部分人会认为："身体没病就是健康"。在现代社会中，健康不仅指生理健康，还包括心理健康和社会适应，三者的和谐统一构成了健康的基础。而新近提出的健康概念中还包含了道德健康，认为道德健康是健康的统帅。

一、健康和心理健康的定义

(一) 健康的定义

随着人们对自身健康问题的关注程度日益增强,健康的概念也在不断发生变化。早期人们通常认为没有身体疾病就是健康。但是,随着医学水平的提高和人们对自身精神世界的认识逐渐加深,人类对健康的认识也发生了变化。1948年世界卫生组织成立时,在宪章中把健康定义为:"健康乃是一种生理、心理和社会适应都日臻完满的状态,而不仅仅是没有疾病和虚弱的状态。" 1977年恩格尔(G. L. Engel)在《科学》杂志上首次提出"生物—心理—社会模式"以来①,健康的概念进一步发生了变化。1989年,世界卫生组织进一步修改了健康的概念,将健康定义为"不仅仅是身体没有缺陷和疾病,而是身体上、精神上和社会适应上的完好状态"。这一定义有两层含义。首先,人们已经不再将健康和疾病完全割裂开来,而是将健康与疾病看做一个统一体的两端:一端是健康,它被明确表述为一种身体上、心理上和社会适应上的良好状态;另一端是疾病,即产生症状、体征和残疾的状态。其次,疾病和健康是个体生理、心理与环境相互作用过程中的平衡或失衡状态,对于疾病和健康,生理、心理和社会具有同等重要的作用。心理与社会的相互作用更多地反映了健康与疾病过程中的宏观变化过程,如人格特征、应对方式、生活事件、负性情绪等,而生物因素则更多反映了健康与疾病过程中的微观变化过程,如基因突变、组织细胞损伤、生理生化系统紊乱等。可以说,心理健康是生理健康的基础,生理健康是心理健康的有力保障,社会因素是联系心理健康和生理健康的重要桥梁,三者的和谐统一构成了人类健康的基础。进入21世纪后,还有一些学者提出了健康概念的整体观,即健康是以道德健康为统帅,以生理健康为基础,以心理健康和社会适应良好为核心的有机整体②。从这一观点来看,无论心理健康还是良好的社会适应,都是在健康的道德指引下发展起来的。如果一个人的道德价值体系建立在压迫人、剥削人、损人利己、牺牲他人利益、漠视他人生命、无视社会公德和法律等不人道、不民主、不平等、不进步甚至腐朽反动的基础上,那么这个人的身体越是强健、智力越是优秀、心理素质越好,他给社会带来的危害可能越是巨大。因此,现代的健康含义又有了进一步的扩展。

(二) 心理健康的定义

1946年,第三届国际心理卫生大会指出,心理健康是"身体、智力、情绪十分调和;适应环境,人际关系中能彼此谦让;有幸福感;在工作和职业中,能充分发挥自己的能力,过有效率的生活"。许多国内外学者从各自关注的不同角

---

① ENGEL G L. The need for a new medical model: a challenge for biomedicine [J]. Science, 1977, 196: 129 – 136.

② 王金道. 学校心理辅导 [M]. 北京:中国人民大学出版社,2012.

度对心理健康进行论述，迄今为止，对于什么是心理健康还没有一个统一的、公认的定义。有人从心理潜能的角度来理解心理健康，认为心理健康的人是能够充分发挥自身最大潜能，并能妥善处理和适应人与人、人与环境之间相互关系的个体；有的人认为心理健康是一种持续、积极乐观、富有创造性的心理状态，在这种状态下个体适应良好，具有生命活力，在情绪与动机的自我控制等方面达到正常或良好水平。《简明不列颠百科全书》将心理健康解释为"个体心理在本身及环境条件许可范围内所能达到的最佳状态，但不是十全十美的绝对状态"。我国学者王书荃认为，心理健康是指人的一种较稳定持久的心理机能状态。它是个体在与社会环境相互作用时，主要表现在人际交往中能否使自己的心态保持正常平衡，使情绪、需要、认知保持一种稳定状态，并表现出一个真实自我的相对稳定的人格特征。他认为如果用简单的一个词来定义心理健康，就是"和谐"。个体不仅自我感觉良好，与社会发展和谐，发挥最佳的心理效能，而且能进行自我保健，自觉减少行为问题和精神疾病[①]。刘华山认为，心理健康指的是一种持续的心理状态。在这种状态下，个体具有生命的活力、积极的内心体验、良好的社会适应，能有效地发挥个人的身心潜力与积极的社会功能[②]。俞国良认为，心理健康是指一种生活适应良好的状态。心理健康包括两层含义：一是无心理疾病，这是心理健康的最基本条件，心理疾病包括所有心理及行为异常的情形；二是具有一种积极发展的心理状态，即能够维持自己的心理健康，主动减少问题行为和解除心理困扰[③]。

实际上，心理健康就是个体能够身心和谐地发展，并有良好的自我认知能力，能够较好地适应社会。

二、健康和心理健康的标准

（一）健康的标准

健康不仅仅是指没有生理疾病和残疾，那么，健康的标准是什么呢？世界卫生组织提出了十条具体的标准[④]：

1. 有充沛的精力，能从容不迫地担负日常工作和生活而不感到疲劳和紧张；
2. 态度积极，勇于承担责任，不论事情大小都不挑剔；
3. 精神饱满，情绪稳定，善于休息，睡眠良好；
4. 能适应外界环境的各种变化，应变能力强；
5. 自我控制能力强，善于排除干扰；

---

① 王书荃. 学校心理健康教育概论 [M]. 北京：华夏出版社，2005.
② 刘华山. 心理健康概念与标准的再认识 [J]. 心理科学，2001，24（4）：481.
③ 俞国良. 心理健康教育（教师用书）[M]. 北京：高等教育出版社，2005.
④ 俞国良. 现代心理健康教育——心理卫生问题对社会的影响及解决对策 [M]. 北京：人民教育出版社，2007.

6. 体重得当，身体匀称，站立时头、肩、臂的位置协调；
7. 眼睛炯炯有神，善于观察，眼睑不发炎；
8. 牙齿清洁，无空洞，无痛感，无出血现象，牙齿和牙龈颜色正常；
9. 头发有光泽，无头屑；
10. 肌肉和皮肤富有弹性，走路轻松协调。

（二）心理健康的一般标准

关于心理健康的标准，许多学者有不同的观点，并且随着社会文化和时代的发展，心理健康标准也在不断地发展和变化。在封建社会，安贫乐道可能是一种理想的保持心理平衡的观念，但是在现代社会，如果安于现状而不思进取，就可能在激烈的社会竞争中被淘汰。下面介绍一些学者对心理健康标准的看法。

1. 美国心理学家马斯洛提出的标准

人本主义心理学家马斯洛（A. H. Maslow）等提出了心理健康的十条标准[①]：

（1）充分的安全感；
（2）充分了解自己，并对自己的能力作适当的评价；
（3）生活的目标能切合实际；
（4）能与现实环境保持接触；
（5）能保持人格的完整与和谐；
（6）具有从经验中学习的能力；
（7）能保持良好的人际关系；
（8）适当的情绪表达及控制；
（9）在不违背集体的要求下，能作有限度的个性发挥；
（10）在不违背社会规范的前提下，对个人的需要能作恰如其分的满足。

2. 美国心理学家奥尔波特的标准

心理健康与人格有着密切的关系，人格心理学家奥尔波特（G. W. Allport）对心理健康提出了七条标准[②]：

（1）自我意识广延；
（2）良好的人际关系；
（3）情绪上的安全性；
（4）知觉客观；
（5）具有各种技能，并专注于工作；
（6）现实的自我形象；
（7）内在统一的人生观。

[①] 林仲贤，武连江. 儿童心理健康与咨询［M］. 北京：中国林业出版社，2005.
[②] 段鑫星，赵玲. 大学生心理健康教育［M］. 北京：科学出版社，2005.

3. 我国心理学家许又新提出的标准

我国心理学家许又新提出衡量心理健康的三个标准,即体验标准、操作标准和发展标准。体验标准是指个体主观体验和内心世界的状态,如是否具有良好的心情和恰当的自我评价等。操作标准是指通过观察、实验和测验等方法考查心理活动的过程和效应,其核心是效率,如工作及学习效率、人际关系的和谐性。发展标准是指着重对人的个体心理发展的状况进行纵向的考查和分析。衡量心理健康是通过这三种标准联系起来综合考查的结果。

4. 我国学者郭念峰提出的标准

郭念峰于1986年在《临床心理学概论》一书中提出了心理健康的十条标准[1]。

(1) 心理活动强度

这是指对精神刺激的抵抗能力。一种强烈的精神打击出现在面前,不同的人对于同一类精神刺激的反应是各不相同的,这就能看出不同人对于精神刺激的抵抗力。抵抗力低的人往往容易遗留下后患,可以因为一次精神刺激而导致反应性精神病或癔症,而抵抗力强的人虽有反应但不致病。这种抵抗力主要是和人的认识水平有关,一个人对外部事件有充分理智的认识时,就可以相对地减弱刺激的强度。另外,人的生活经验以及固有的性格特征和先天神经系统的素质也都会影响到这种抵抗能力。

(2) 心理活动耐受力

前面说的是对突然的强大精神刺激的抵抗能力。但现实生活中还有另外一类精神刺激,它们长期反复地在生活中出现,久久不消失,几乎每日每时都要缠绕着人的心灵。这种慢性的长期的精神刺激可以折磨一个人整整一生,也可以使一个人痛苦很久。有的人在这种慢性精神折磨下出现心理异常,个性改变,精神不振,甚至产生严重躯体疾病。但是也有人虽然被这些不良刺激缠绕,最终不会在精神上出现严重问题,甚至把不断克服这种精神刺激当做生活斗争的乐趣,当做一种标志自己是一个强者的象征。他们可以在别人无法忍受的逆境中做出光辉成绩。我们把对长期精神刺激的抵抗能力看做一个人的心理健康水平的指标,称它为耐受力。

(3) 周期节律性

人的心理活动在形式和效率上都有着自己内在的节律性。比如,人的注意力水平就有一种自然的起伏。不只是注意状态,人的所有心理过程都有节律性。一般可以用心理活动的效率做指标去探查这种客观节律的变化。有的人白天工作效率不太高,但一到晚上就很有效率,有的人则相反。如果一个人心理活动的固有

---

[1] 中国就业培训技术指导中心,中国心理卫生协会. 国家职业资格培训教程:心理咨询师[M]. 北京:民族出版社,2005.

节律经常处在紊乱状态，不管是什么原因造成的，我们都可以说他的心理健康水平下降了。

（4）意识水平

意识水平的高低，往往以注意力水平为客观指标。如果一个人不能专注于某种工作，不能专注于思考问题，思想经常开小差或者因注意力分散而出现工作上的差错，我们就要警惕他的心理健康问题了。因为注意水平的降低会影响到意识活动的有效水平。思想不能集中的程度越高，心理健康水平就越低，由此造成的其他后果如记忆水平下降等也越严重。

（5）暗示性

易受暗示的人，往往容易被周围环境的无关因素引起情绪的波动和思维的动摇，有时表现为意志力薄弱。他们的情绪和思维很容易随环境变化，给精神活动带来不太稳定的特点。当然，受暗示这种特点在每个人身上都或多或少存在着，但水平和程度差别是较大的，女性比男性更易受暗示。

（6）康复能力

在人的一生中，谁也避免不了遭受精神创伤，在精神创伤之后，情绪的极大波动，行为的暂时改变，甚至某些躯体症状都是可能出现的。但是，由于人们各自的认识能力不同，人们各自的经验不同，从一次打击中恢复过来所需要的时间也会有所不同，恢复的程度也有差别。这种从创伤刺激中恢复到往常水平的能力，称为心理康复能力。康复能力强的人恢复得较快，而且不留什么严重痕迹，每当再次回忆起这次创伤时，他们表现得较为平静，原有的情绪色彩也很平淡。

（7）心理自控力

情绪的强度、情感的表达、思维的方向和过程都是在人的自觉控制下实现的。所谓不随意的情绪、情感和思维，只是相对而言的，它们都有随意性，只是水平不高以致难以察觉罢了。对情绪、思维和行为的自控程度与人的心理健康水平密切相关。当一个人身心十分健康时，他的心理活动会十分自如，情感的表达恰如其分，辞令通畅，仪态大方，既不拘谨也不放肆。这就是说，我们考查一个人的心理健康水平时，可以从他的自我控制能力得出某种印象，为此，精神活动的自控能力不失为一个健康指标。

（8）自信心

当一个人面对某种生活事件或工作任务时，必然会首先估计一下自己的应付能力。这种自我评估有两种倾向，一种是估计过高，一种是估计过低。前者是盲目的自信，后者是盲目的不自信。这种自信心的偏差所导致的后果都是不好的。前者很可能由于自身力不从心导致失败，从而产生失落感或抑郁情绪；后者可因自觉力不从心，害怕失败而产生焦虑不安的情绪。为此，一个人是否有恰当的自信是精神健康的一种标准。自信心实质上是一种自我认知和思维的分析综合能力，这种能力可以在生活实践中逐步提高。

(9) 社会交往

人类的精神活动得以产生和维持，其重要的支柱是充分的社会交往。社会交往的剥夺，必然导致精神崩溃，出现种种异常心理。因此，一个人与社会中其他人的交往，也往往标志着一个人的精神健康水平。

当一个人毫无理由地与亲友和社会中其他成员断绝来往，或者变得十分冷漠时，这就构成了精神病症状，叫做接触不良；如果过分地进行社会交往，与素不相识的人也可以"一见如故"，也可能是处于一种躁狂状态。在现实生活中，比较多见的是心情抑郁，人处在抑郁状态下，社会交往受阻较为常见。

(10) 环境适应能力

从某种意义上说，心理是适应环境的工具，人为了个体生存和种族延续，为了自我发展和完善，就必须适应环境。因为，一个人从生到死，始终不能脱离自己的生存环境。环境条件是不断变化的，有时变动很大，这就需要采取主动性的或被动性的措施，使自身与环境达到新的平衡，这一过程就叫做适应。主动适应，其内涵是积极地改变环境；消极适应，其内涵是躲避环境的冲击。有时，生存环境的变化十分剧烈，人对它无能为力，面对它只能韬晦、忍耐，即进行所谓的"消极适应"。"消极适应"只是形式，其内在意义也含有积极的一面，起码在某一时期或某一阶段上有现实意义。当生活环境条件突然变化时，一个人能否很快地采取各种办法去适应，并以此保持心理平衡，往往标志着一个人的心理活动的健康水平。

5. 我国心理学家林崇德提出的标准①

我国心理学家林崇德认为："心理健康标准的核心是：凡对一切有益于心理健康的事件或活动作出积极反应的人，其心理便是健康的。"他认为心理健康主要有以下十条标准：

(1) 了解自我，对自己有充分的认识和了解，并能恰当地评价自己的能力；

(2) 信任自我，对自己有充分的信任感，能克服困难，面对挫折能坦然处之，并能正确地评价自己的失败；

(3) 悦纳自我，对自己的外形特征、人格、智力、能力等都能愉快地接纳认同；

(4) 控制自我，能适度地表达和控制自己的情绪和行为；

(5) 调节自我，对自己不切实际的行为目标、心理不平衡状态与环境的不适应性，能作出及时的反馈、修正、选择、变革和调整；

(6) 完善自我，能不断地完善自己，保持人格的完整与和谐；

(7) 发展自我，具备从经验中学习的能力，充分发展自己的智力，能根据自身的特点，在集体允许的前提下，发展自己的人格；

---

① 俞国良. 心理健康教育（学生用书）[M]. 北京：高等教育出版社，2005.

（8）调适自我，对环境有充分的安全感，能与环境保持良好的接触，理解他人，悦纳他人，能保持良好的人际关系；

（9）设计自我，有自己的生活理想，但理想与目标能切合实际；

（10）满足自我，在社会规范的范围内，适度地满足个人的基本需求。

6. 我国心理学家俞国良提出的观点

心理健康是一个人整体的适应良好状态，是人格健康全面发展，即人的心理是知、情、意、行的统一体。俞国良教授根据对心理健康的多年研究，综合国内外学者的观点，认为心理健康的标准主要有以下几点[①]。

（1）智力正常

智力正常是人正常生活最基本的心理条件，是心理健康的主要标准。智力是人的观察力、记忆力、想象力、思考力和操作能力的综合。人们常用智力测验来诊断智力发展水平。一般认为智商低于70者为智力落后，智商在80以上是心理健康的标准。

（2）人际关系和谐

人际关系的协调与否，对人的心理健康有很大的影响。人际关系中，有正向积极的关系，也有负向消极的关系。心理健康的人乐于与人交往，不仅能接受自我，也能接受他人、悦纳他人，能认可别人存在的重要性和作用；能为他人所理解，为他人和集体所接受，能与他人相互沟通和交往，人际关系协调和谐，在生活的集体中能融为一体，乐群性强，既能在与挚友团聚之时共享欢乐，也能在独处沉思之时无孤独之感。在与人相处时，积极的态度（如同情、友善、信任、尊敬等）总是多于消极的态度（如猜疑、嫉妒、畏惧、敌视等），因而在社会生活中具有较强的适应能力和较充足的安全感。一个心理不健康的人，总是独立于集体之外，与周围的环境和人格格不入。

（3）心理行为符合年龄特征

人们在生命发展的不同年龄阶段，都有相对应的不同的心理行为表现，从而形成不同年龄阶段独特的心理行为模式。心理健康的人应具有与同年龄段大多数人相符合的心理行为特征，如果一个人的心理行为表现与同年龄阶段的其他人相比，存在明显的差异，一般就是心理不健康的表现。

（4）了解自我，悦纳自我

一个心理健康的人能体验到自己存在的价值，既能了解自己，又能接受自己，具有自知之明，即对自己的能力、性格、情绪和优缺点都能给予恰当、客观的评价，对自己不会提出苛刻的过高期望与要求，为自己制定的生活目标和理想

---

① 俞国良．心理健康教育（教师用书）[M]．北京：高等教育出版社，2005．

也能切合实际，因而对自己总是满意的；同时，努力发展自身潜能，即使对自己无法补救的缺陷，也能安然处之。一个心理不健康的人则缺乏自知之明，并且总是对自己不满意，由于所定的目标和理想不切实际，主观和客观的距离相差太远而总是自责、自怨、自卑，总是要求自己十全十美，而自己却又总是无法做到完美无缺，于是，就总是和自己过不去，结果使自己的心理状态永远无法平衡，也无法摆脱自己感到将会面临的心理危机。

（5）面对和接受现实

心理健康的人能够面对现实，接受现实，并能够主动地去适应现实，进一步地改造现实，而不是逃避现实，对周围事物和环境能作出客观认识和评价，并能与现实环境保持良好的接触，既有高于现实的理想，又不会沉湎于不切实际的幻想与奢望，对自己的能力有充分信心，对生活、学习、工作中的各种困难和挑战都能妥善处理。心理不健康的人，则往往以幻想代替现实，不敢面对现实，没有足够的勇气去接受现实的挑战，总是抱怨自己生不逢时或责备社会环境对自己不公而怨天尤人，因而无法适应现实环境。

（6）能协调与控制情绪，心境良好

心理健康的人，其愉快、乐观、开朗、满意等积极情绪状态总是占据优势的，虽然也会有悲、忧、愁、怒等消极的情绪体验，但一般不会长久。他们能适当地表达控制自己的情绪，喜不狂，忧不绝，胜不骄，败不馁，谦虚不卑，自尊自重，在社会交往中既不妄自尊大也不畏缩恐惧，对于无法得到的东西不过于贪求，争取在社会规范允许范围内满足自己的各种要求，对自己能得到的一切感到满意，心境总是开朗的、乐观的。

（7）人格完整独立

心理健康的人，其人格结构包括气质、能力、性格，以及理想、信念、动机、兴趣、人生观等各方面能平衡发展，人格即人的整体的精神面貌能够完整、协调、和谐地表现出来；其思考问题的方式是适中和合理的，待人接物能采取恰当灵活的态度，对外界刺激不会有偏激的情绪和行为反应，能够与步调合拍，也能与集体融为一体。

（8）热爱生活，乐于工作

心理健康的人珍惜和热爱生活，积极投身于生活，在生活中尽情享受人生的乐趣。他们在工作中尽可能地发挥自己的个性和聪明才智，并从工作的成果中获得满足和激励，把工作看做是乐趣而不是负担。他们能把工作过程中积累的各种有用的信息、知识和技能存贮起来，便于随时提取使用，以解决可能遇到的新问题，能够克服各种困难，使自己的行为更有效率，工作更有成效。

综上所述，心理健康的标准是多层次、多方面的，要科学、正确地判断一个人的心理是否健康，必须从多个角度进行考查，还要具体考虑到各个地区、各个民族，以及不同文化、不同国家的情况。

三、心理健康问题的判断与识别

（一）判断心理是否健康的原则

1. 人格的稳定性

人格是一个人在长期的生活过程中形成和发展起来的典型心理特征，因此，人格是相对比较稳定的。同时，一个人稳定的人格又有别于其他人，具有独特性，在没有重大事故的影响下，一般不会轻易改变。因此，我们可以通过判断一个人的人格是否稳定来看其心理是否健康。比如，一个内向、不善交际、很谨慎的人突然变得外向、不拘小节，这说明其心理可能出现了异常。

2. 心理与行为的统一性

一般来说，一个人的所思所想会通过其行为表现出来，即一个人自身的认识、情感、体验、意志等应与其自身的行为协调统一。这种心理与行为的统一性有利于个体进行正常的交往以及适应社会。如果一个人的心理与行为没有统一性，总是用微笑的表情掩盖内心的痛苦和悲伤，那么长此以往就会导致其心理出现异常。

3. 心理与环境的协调性

任何心理活动都是在一定的环境下发生的，心理健康的个体其心理活动的内容与环境具有协调性，即其心理活动是建立在真实的环境信息基础上的。如果一个人经常产生幻觉可能就有心理障碍了。心理与环境的协调统一是人们追求的目标，如社会适应良好、人际关系良好等。

（二）心理健康问题的诊断途径

说到心理健康问题，自然要涉及正常与异常心理的划分。判别一个人的心理活动是正常的还是异常的，并不是一件简单容易的事情，对心理正常与否的判断受许多主观、客观因素的影响，很难有一个公认的、统一的诊断标准。人们一般从以下四个角度来判别心理活动是否健康、正常。

1. 经验角度

人们可以依据过去的经验来判别心理是否正常，在这里有两种意义：一是指当事人自己的主观经验、内心体验。例如，他们自己感到心情不愉快、抑郁，不能自我控制自己的一些想法和行为等，本人痛苦烦恼从而主动寻求他人的帮助。二是指提供帮助者（通常是医生或咨询师）根据自己的经验来判断当事人是否有心理疾病。通过听取来访者及其陪同者的叙述，观察来访者言谈举止、神色形态并结合以往经验，咨询师就可以判断出来访者的心理健康状况。但是由于咨询师的经验背景、知识结构等存在着较大的个别差异，因此这种标准的主观性较强，不同咨询师凭借经验作出的诊断有可能不一致。

2. 社会规范角度

这是指在社会规范的基础上来衡量、判断个体的行为是否正常。作为一个社会性的个体，他的行为总是要符合社会准则，根据社会要求和道德规范行事，这样才能与生活环境协调一致，与他人和睦相处。这一标准是以个体行为的社会适应程度为出发点的。如果个体按照社会上大多数人的行为规范为人处世，符合社会常模，那么个体就是健康正常的。但是社会规范在不同时间、地点、文化背景、风俗习惯等条件的影响下，内容是不同的，因此从社会规范的角度来判断一个人的社会适应行为和能力是否正常，也必须随着影响条件的变化而发生改变，并非是一成不变的。

3. 临床标准

这一标准是医学工作者通常采用的。借助人眼和各种仪器设备，在疾病发生、发展过程中，从某个人身上发现常人不具有的异常心理现象或致病因素，这样就可以被诊断为心理异常。但是心理异常现象往往是由多种因素导致的心身生理机能障碍或紊乱，某一单一的致病因素和症状往往难以对心理异常现象作出合理、恰当的解释。因此这一标准的应用范围比较狭窄，多对由明显的器质性病变引起的心理障碍或严重精神病的诊断比较有效，而对神经症、人格障碍等心理障碍的判别则不尽如人意。

4. 统计学标准

从统计学角度来说，对于一般人群而言，心理特征的人数频率多为常态分布，即居中的大多数人的心理活动为正常，居两端者被视为不正常。因此，判别一个人的心理正常与否，可以以他的心理特征是否偏离平均值为依据。在这里，心理异常的程度是人为划定的，是依据个体与社会上大多数人的心理特征平均值之间偏离的距离来决定的，因此这并不是一个绝对的标准。例如，某些心理特征并不一定成常态分布，如智力水平偏离普通人的平均值，可能是异常的、病态的，也可能是超常的、优秀的状态。

(三) 心理行为问题的等级划分

从心理健康状态到心理疾病状态一般可分为五个等级：心理健康状态、心理困扰、心理障碍、神经症、精神病。但是在这五个等级之间并不存在截然清晰的界限，心理从健康到不健康，是一种连续的状态，不能以正常与异常这种性质上的差异进行简单的划分，它是一个由量变到质变的渐进过程[①]。

1. 心理困扰

日常生活中，人人都会遇到心理困扰，心理困扰在时间性方面有近期发生而不太可能持久的特点。引起心理问题的内容还没有泛化而只局限在引发事件本

---

① 俞国良，宋振韶. 现代教师心理健康教育 [M]. 北京：教育科学出版社，2008.

身；其反应强度不甚强烈，并没有严重影响思维逻辑性，如暂时性的婚姻家庭问题、情绪问题、人际关系问题、社会适应问题等。

心理困扰的特点是：

（1）时间短暂。持续时间较短，一般在一周以内就能得到缓解。

（2）损害轻微。心理困扰对个体社会功能影响比较小。处于这种心理状态的人一般都能完成日常工作、学习和生活，只是主观体验到的愉快感小于痛苦感，"很累"、"没劲"、"不高兴"、"应付"是他们常说的词汇。

（3）能自己调整。处于心理困扰的个体大部分能通过自我调整如休息、聊天、运动、钓鱼、旅游、娱乐等放松方式使自己的心理状态得到改善。少数人若长时间得不到缓解可能形成一种相对固定、持久的状态。这部分人应该去寻求心理医生的帮助，以尽快得到调整。

2. 心理障碍

心理障碍是指一种反应强度剧烈并严重影响个体思维逻辑的心理状态。其特点是初始反应强烈，如在暴怒情况下，出现强烈的非理性行为，冲动毁物；心理行为异常持续时间较长（一个月以上），心理负担长期难以克服；引起心理问题的内容充分泛化，如"一朝被蛇咬，十年怕井绳"。由于长期的精神折磨，个体有时伴有躯体化症状或人格上的问题，如心理生理障碍、退缩与攻击等。

心理障碍的特点具体表现为：

（1）不协调性。个体心理活动外在表现与其生理年龄不相称或反应方式与常人不同。例如，成人表现出幼稚状态（停滞、延迟、退缩）；儿童出现成人行为（不均衡的超前发展）；对外界刺激的反应方式异常（偏离）；等等。

（2）针对性。处于这种心理状态的人往往对障碍对象（如敏感的事、物及环境等）有强烈的心理反应（包括思维、言语及动作行为），而对非障碍对象可能表现很正常。

（3）损害较大。心理障碍对个体的社会功能影响较大。它可能使当事人不能按常人标准完成某项（或某几项）社会功能。例如，社交焦虑（又名社交恐惧）者不能完成社交活动，锐器恐怖者不敢使用刀、剪，性心理障碍者难以与异性正常交往，考试焦虑者无法顺利地完成考试等。

（4）需求助于心理医生。心理障碍者大部分不能通过自我调整和非专业人员的帮助来解决根本问题，必须借助心理医生的指导和帮助。

3. 神经症

神经症是一组由不同亚型组成的轻度大脑功能失调的心理疾病总称。主要表现为精神活动能力降低，情绪波动与烦恼，主观躯体感受不适增加。但是，身体检查并不表现器质性病变基础。个体自知力良好，有主动求治的愿望，无精神病性症状。病前有一定遗传与人格基础，发病与精神应激因素或事件有关。病程时间不足 3 个月者诊断为神经症性反应。必须指出，不能将神经症视为精神病，应明确地将其与精神病区分开来。

临床分析，神经症有以下十项共同特点：

（1）发病通常与不良心理社会因素有关，所以称为"心因性疾病"。

（2）症状多种多样，但是客观检查未发现器质性病理改变证据。

（3）病人一般神志清晰（除癔症发作外），能够适应社会生活，能与外界保持较好接触，生活、学习和工作能力无严重障碍。

（4）对自己的疾病有较好的认识，并对疾病表示痛苦，要求治疗。

（5）心理治疗是基本治疗方式，配合药物和其他综合措施，治疗预后较好，大多数患者可望恢复健康。

（6）常以性格缺陷作为致病的内在基础。

（7）是一类功能性心理疾病，发病原因是高级神经活动功能失调。

（8）人格保持相对完整。

（9）精神障碍程度较轻，这一点与严重精神疾病有明显区别，故不能视为"精神病"。患者对自己的行为后果有责任能力，患病后不应剥夺法律保护权利。

（10）大多数神经症患者病程较短，如及时有效治疗，较易康复，少数呈迁延病程。医学上对神经症诊断要求，如病程为发作性，既往史至少应有类似发作一次；如为持续性，病程至少 3 个月。否则诊断为"神经症性反应"。

神经症包括睡眠障碍、焦虑症、抑郁症、强迫症、疑病症、恐怖症等不同的类型[①]：（1）睡眠障碍是指睡眠量不正常以及睡眠中出现异常行为的表现，也是睡眠和觉醒正常节律性交替紊乱的表现。睡眠障碍可由多种因素引起，常与躯体疾病有关。（2）焦虑症又称焦虑性神经症，以广泛性焦虑症（慢性焦虑症）和发作性惊恐状态（急性焦虑症）为主要临床表现，常伴有头晕、胸闷、心悸、呼吸困难、口干、尿频、尿急、出汗、震颤和运动性不安等症状，其焦虑并非由实际威胁所引起，或其紧张惊恐程度与现实情况很不相称。（3）抑郁症是一种常见的神经症，主要表现为情绪低落，兴趣减低，悲观，思维迟缓，缺乏主动性，自责自罪，饮食、睡眠差，担心自己患有各种疾病，感到全身多处不适，严重者可出现自杀念头和行为。（4）强迫症是以强迫观念和强迫动作为主要表现的一种神经症，以有意识的自我强迫与有意识的自我反强迫同时存在为特征，患者明知强迫症状的持续存在毫无意义且不合理，却不能克制其反复出现，越是企图努力抵制，越感到紧张和痛苦。（5）疑病症以对自身健康的过分关心和持难以消除的成见为特点。患者怀疑自己患了某种事实上并不存在的疾病，反复就

---

① 蔺桂瑞，杨芷英. 大学生心理健康与人生发展——成长，从关爱心灵开始［M］. 北京：高等教育出版社，2010.

医，虽然经反复医学检查呈阴性，但医生的解释仍不能打消病人的顾虑，常伴有焦虑或抑郁情绪。（6）恐怖症是指接触到特定事物或处境时具有强烈的恐惧情绪，患者采取回避行为，并伴有焦虑症状和植物性神经功能障碍的一种神经症。可以引起恐惧的物体或情境非常多，常见恐怖症有三种类型，即广场恐怖症、社交恐怖症和特殊恐怖症。

4. 精神病或严重精神病

所谓精神病或严重精神病的定义是：精神功能严重受损，疾病自知能力障碍，不能应付日常生活要求和保持现实的适应接触，造成本人对其生活环境的严重影响或危害。

具体分析，精神病具有以下的共同特点：

（1）精神紊乱程度较重，精神功能损害较重，明显影响本人社会功能水平（学习、工作、生活和社会适应能力）；可能对社会环境造成严重影响或危害。简言之，精神病具有涉及精神活动各领域的较严重精神病性特征和表现。

（2）除部分器质性精神病（脑萎缩、脑血管病、眼外伤、脑肿瘤、脑部炎症等）以外，多数严重精神疾病的病因欠明，诊断依据主要依靠精神检查和临床的综合分析。治疗方法是有针对性的，并非有根治性的，容易复发，病期较长，常呈慢性迁延性病程，即经常发展成慢性病。

（3）心理因素不明显或无明显的相关性。有一定的家族遗传倾向。

（4）患者常缺乏自知力，无法正确判断自己疾病的性质及其严重性，并不积极要求医治，常讳医忌药，增加诊治和管理的困难性。应该指出，缺乏病感、无自知力常成为精神病的重要特点之一。

（5）常需要专业性抗精神病药物治疗和其他强力的医疗措施，心理治疗效果欠佳或仅起辅助作用，也难以用常理说服、纠正其心理行为方面的方法给予治疗。

（四）DSM-Ⅳ美国精神疾病诊断标准

美国精神病学会将精神障碍定义为：是发生于某人的临床上明显的行为或心理症状群或症状类型，伴有当前的痛苦烦恼（如令人痛苦的症状）或功能不良（即在某一个或一个以上重要方面的功能缺损），或者伴有明显较多的发生死亡、痛苦、功能不良或丧失自由的风险。而且，这种症状群或症状类型不是对于某一事件的一种可期望的、文化背景所认可的（心理）反应，如对所爱者死亡的（心理）反应。不论其原因如何，当前所表现的必然是一个人的行为、心理或生物学的功能不良。但是，无论是行为偏离正常（如政治的、宗教的或性的），还是个人与社会之间的矛盾冲突，都不能称为精神障碍，除非这种偏离或冲突是正如前述那样的个人功能不良的一种症状。

美国精神病学会从1952年起制定《心理障碍诊断与统计手册》（Diagnostic

and Statistical Manual of Mental Disorders，简称 DSM），经过多次修订，1994 年 5 月正式出版了 DSM - Ⅳ。该手册是在美国和其他国家中最常用的诊断精神疾病的指导手册。

1. 诊断系统

DSM - Ⅳ将精神病学的诊断系统化为五个轴：

第一轴：临床疾患，可能为临床关注焦点的其他状况。用来报告各种疾患或状况，唯人格疾患及智能不足除外。常见的第一轴违常包括忧郁、焦虑、双极性疾病或躁郁症、过动症、精神分裂。

第二轴：人格疾患及智能不足。常见的第二轴违常包括边缘型人格异常、分裂型人格异常、反社会型人格异常、自恋型人格异常，以及心智迟缓智能障碍。

第三轴：记录了一般医学状况，能以许多方式与精神疾患产生相关性。

第四轴：用以记录可能影响精神疾患的诊断、治疗及预后的心理社会及环境问题。

第五轴：功能整体评估。使用的工具为 GAF（Global Assessment of Functioning Scaling），得分为 1—100 分。

2. 精神疾病的分类

DSM - Ⅳ将精神疾病分成以下 16 类：

（1）通常初诊断于婴儿期、儿童期或青春期的疾患（disorders usually first diagnosed in infancy, childhood, or adolescence）；

（2）谵妄、痴呆、失忆性疾患及其他认知疾患（delirium, dementia, amnestic and other cognitive disorders）；

（3）一种一般性医学状况造成的精神疾患（mental disorders due to a general medical condition not elsewhere classified）；

（4）物质关联疾患（substance-related disorders）；

（5）精神分裂及其他精神性疾患（schizophenia and other psychotic disorders）；

（6）情感性疾患（mood disorders）；

（7）焦虑性疾患（anxiety disorders）；

（8）身体型疾患（somatoform disorders）；

（9）人为疾患（factitious disorder）；

（10）解离性疾患（dissociative disorders）；

（11）性疾患及性别认同疾患（sexual and gender identity disorder）；

（12）饮食性疾患（eating disorder）；

（13）睡眠疾患（sleep disorders）；

（14）他处未分类的冲动控制疾患（impulse-control disorders not elsewhere classified）；

(15) 适应性疾患 (adjustment disorders);
(16) 人格疾患 (personality disorders)。

第二节 影响心理健康的因素

个体的心理健康水平受多种因素的影响，包括生理因素、个体因素、家庭因素、学校因素和社会因素等。

一、生理因素

生理因素是构成心理健康的素质基础，影响个体心理健康的生理因素，包括遗传和病毒、细菌感染引起的生理疾病等多种因素。

（一）遗传因素

遗传能在多大程度上影响个体的心理健康水平呢？这个问题还没有定论，但有一点可以肯定，生理是心理的基础，如果没有充分的生理条件，人的心理活动就要受到影响。心理学家们曾用家谱分析的方法研究了遗传因素对个体心理健康的影响，结果发现，在有心理健康问题的学生中，家族中有癔病、活动过度、注意力不集中病史的中学生所占的百分数明显大些，这说明，某些家族病史可能会对个体的心理健康产生不良的遗传影响。国内的资料表明，多动症儿童的家庭成员中有多动症史的占13.6%，其中父辈或同辈有类似病史者各占50%。精神分裂症是一种严重的心理病理形式，采用家谱分析、双生子研究以及寄养子女调查等方法研究表明，遗传占有十分重要的地位。在100名精神分裂症病人的子女中，10%—50%具有导致精神分裂症的基因结构。在这些人之中，5%会发展成早发的精神分裂症，而另外5%会在晚些时候发展成精神分裂症。但需要注意的是还有多达40%的高危个体最终没有患上精神分裂症①。可见，虽然遗传因素在一定程度上对个体的心理健康具有影响，但其作用也不是注定不可以改变的。遗传只是提供了一种可能性，个体是否表现出心理障碍或心理异常，关键还看后天环境的作用。在遗传与环境的相互作用中，遗传因素所决定的不良发展倾向可以得到防止和纠正。

（二）疾病因素

除了遗传因素之外，细菌或病毒干扰、大脑外伤、换血中毒、严重躯体疾病等都可能会导致心理障碍甚至精神失常。例如，脑梅毒、流行性脑炎等中枢神经系统传染病，会导致器质性心理障碍；脑震荡、脑挫伤等可能引起意识障碍、遗忘症、言语障碍和人格改变等；甲状腺机能亢进可出现敏感、易怒、暴躁、情绪

---

① 格里格，津巴多. 心理学与生活 [M]. 王垒，王甦，译. 北京：人民邮电出版社，2003.

不稳和自制力减弱等心理异常表现，甲状腺机能不足可以引起整个心理活动的迟钝。有研究发现，与正常个体相比，有心理健康问题的个体，早期患有高热惊厥、头颅外伤和其他严重疾病的比例更大，且差异明显。生理疾病对他们的心理活动的影响可能是轻微的，如出现易激惹、失眠、不安等，随着疾病的消除，这些心理症状也会完全消失。但是，随着疾病的继续发展，心理障碍也会加剧，甚至会出现各种程度的意识障碍、幻觉、记忆障碍、躁动和攻击行为等[1]。

二、个体因素

除了上述原因之外，个体某些方面的因素如外貌、能力、习惯等也会影响个体的心理健康状况。外貌较好、能力较强的个体，往往更可能在生活中获得别人的喜爱，会感到更多的满意、愉快，促进其心理健康；反之，外貌较差的个体，特别是处于青春期的时候，往往容易感到自卑、焦虑、挫折，从而导致出现心理问题。因此，对于后者更应当关注其心理健康，注意疏导和调节。人格特征是与心理健康密切相关的品质，同样一种生活挫折，对不同个性的人，其影响程度完全不同。有人可能无法承受，或消极应付，从此自暴自弃；有人则可能接受现实，正视挫折，加倍努力，奋发图强。研究表明，特殊人格特征往往是导致相应精神疾病，特别是神经官能症的发病基础。例如，谨小慎微、求全求美、优柔寡断、墨守成规、敏感多疑、心胸狭窄、事事后悔、苛求自己等强迫性人格特征，很容易导致强迫性神经症；再如，易受暗示、耽于幻想、情绪多变、易激惹、自我中心、自我表现等特殊人格特征，很容易导致癔病症。因此，健全人格是保持身心健康的关键因素之一。

三、家庭因素

家庭是社会的细胞，是儿童的第一所学校，家长是儿童的第一任教师，家庭对儿童的个性发展和心理健康具有十分重要的影响作用。

（一）家庭结构的影响[2]

家庭结构是指家庭中的人员组成。家庭结构的完整与否是家庭环境中的重要因素之一。由于家庭规模和组成家庭的成员不尽相同，家庭又可分为不同的类型。例如，由一夫一妻，或由父母与未成年子女组成的核心家庭；由祖父母、父母和子女三代同堂组成的主干家庭；或除了主干家庭成员之外，还有其他家庭成员的扩大家庭。

---

[1] 全国中小学心理健康教育课题组. 中学心理健康教育教师指导手册（上）[M]. 北京：开明出版社，2000.

[2] 俞国良. 心理健康教育（教师用书）[M]. 北京：高等教育出版社，2005.

对于家庭结构的完整性与儿童心理健康的关系，曾经有过不少研究。多数研究发现，家庭结构健全和谐的家庭，有利于儿童心理健康地成长，而破裂家庭或父母不和谐、经常争吵的家庭以及单亲家庭，对儿童身心健康成长明显有不利的影响，容易使儿童产生躯体疾病，同时心理障碍的发生率也较高。

如今离婚率的上升，直接导致单亲家庭学生大幅增加，在不同年龄段的学校中，单亲学生已不再是个别，而是一个不容忽视的群体，并引起了社会各界人士的广泛关注。单亲家庭儿童不一定都存在心理健康、人格障碍等方面的问题，但单亲儿童存在心理健康问题的较多。据瑞典的有关机构对6.5万名单亲家庭儿童的调查显示，单亲家庭的儿童除了患抑郁症的可能性比一般家庭儿童高外，更易染上酗酒和吸毒的恶习，此外，还时常发生自残和自杀等行为。德国儿童心理学家索克指出："对孩子来说，父母离异带来的创伤仅次于死亡。"单亲家庭对子女心理健康的影响主要是通过父母教养方式和离婚前的各种"战争"来起作用的。研究发现，单父及单母家庭子女都较少地体验到其单亲父亲及母亲的情感温暖和理解。当父母感情破裂的时候，相互之间的各种"冷战"、"热战"会给子女以强烈的刺激，使其受惊吓、紧张、恐怖、不知所措，导致其思想、行为、精神状态反常。很多生活在破裂家庭中的儿童呆板、忧郁、孤僻、伤感、自卑，甚至出现严重的生理疾病。在夫妻刚刚离婚的第一年，父母双方对孩子的关心也都较少，这些父母还被称为"消失了的父母"。这段亲情"丧失期"，必然也会影响孩子心理的正常发展。

（二）父母文化程度的影响

无论是父亲还是母亲，其文化程度都是决定家庭教育质量的重要因素。文化程度高的家长，容易接受新的教育理念，采用科学的教育方式来教育孩子，更容易理解孩子的内心世界。而文化程度低的父母，不仅不能有效辅导孩子的学业，而且也会因为缺乏科学的教育方式、开放的教育理念而不能对孩子遇到的问题进行科学有效的指导。但是，同时我们也发现，有些高学历的父母对子女的管教也存在一定的问题，他们往往对子女的要求过高、期望过高，容易导致子女出现强迫的症状。

（三）父母教养方式的影响

父母的教养方式对个体的心理发育、人格的形成、归因方式及心理防御能力等都有着极其重要的影响。已有研究结果表明，父母不良的教养方式对青少年心理健康水平有显著的消极影响。父母的教养方式是影响儿童心理健康发展的重要因素，有关调查表明，父母在教育中表现出态度不一致、压力过大、歧视、打骂或者冷漠等特点时，儿童常常会表现出更多的心理健康问题。2001年，浙江省金华市高中生徐某用锤子把母亲活活砸死的恶性事件，应能给广大家长敲响一记警钟：在教育儿童的时候，千万不要忽略儿童的心理感受。

一般研究者把家庭的教养方式分成四类，不同的教养方式对儿童的人格特征具有不同的影响。

第一类是权威型教养方式。采用这种方式的父母在子女的教育中表现得过于支配，儿童的一切都是由父母来控制的，在这种环境下长大的儿童容易表现为消极、被动、依赖、服从、懦弱，做事缺乏主动性，甚至会形成不诚实的人格特征。

第二类是放任型教养方式。采用这种方式的父母，对于儿童的行为过于放任，让儿童随心所欲，父母对儿童的教育有时达到失控的状态。在这种家庭环境中成长的儿童多表现为任性、幼稚、自私、野蛮、无礼、独立性差、唯我独尊、蛮横无理、胡闹等。

第三类是民主型教养方式。父母与儿童在家庭中处于一种平等和谐的氛围中，父母尊重儿童，给儿童一定的自主权和积极正确的指导。父母的这种教育方式使儿童能形成一些积极的人格品质，如活泼、快乐、直爽、自立、彬彬有礼、善于交往、富于合作、思想活跃等。研究也发现，在这种民主、尊重、父母关系和睦互尊的教养方式下学生行为问题的发生率显著低于其他教养型家庭的学生。心理学专家王极盛教授曾对北京大学和清华大学的60名高考状元进行调查①，结果发现，几乎所有高考状元的家庭都属于充满温暖与理解的民主型家庭。民主宽松的家庭环境给学生心理和人格发展提供了广阔的空间，学生可以按照自己的兴趣和爱好发展。当然，民主的家长也会对孩子的发展提出建议，理性地指导孩子成长。

第四类是溺爱型教养方式。在这种教养方式下，孩子是全家的中心和焦点，大人对孩子无微不至地呵护、无节制地满足、无原则地让步。溺爱型家庭的主要特点是：对孩子的爱缺乏理智和分寸，过度包容孩子的行为和要求。这种教育方式最终导致孩子易形成任性、幼稚、反抗、神经质等心理特征，缺乏坚强的意志，凡事以自我为中心，社会适应能力很差；在学习上，总认为自己应该比别人强，如果竞争不过别人就嫉妒别人。

此外，研究发现多动—冲动型儿童的父母对他们的教养缺乏情感和理解，而多以惩罚、严厉、拒绝、否认等不良的教养方式管教儿童；在探讨教养方式与神经症关系时有研究发现，不良的教养方式，如拒绝、偏爱及过度保护等易使子女患神经症。

家长对学生心理健康的影响除了通过"言传"，即口头教育外，更重要的是通过"身教"，即通过儿童模仿的心理机制发生作用。家庭是影响人的第一个场

---

① 俞国良. 现代心理健康教育——心理卫生问题对社会的影响及解决对策［M］. 北京：人民教育出版社，2007.

所，家长的品格、行为等都直接影响子女的成长。如果一个儿童生活在批评之中，他就学会了谴责；如果一个儿童生活在敌意之中，他就学会了争斗；如果一个儿童生活在恐惧之中，他就学会了忧虑；如果一个儿童生活在怜悯之中，他就学会了自责；如果一个儿童生活在讽刺之中，他就学会了自卑……反之，如果一个儿童生活在鼓励、忍耐、表扬、接受、认可、诚实、安全和友爱之中，他就学会了自信、耐心、感激、自爱，相信自己和周围的人，他就会以良好的心理品质来学习与生活。不少研究指出了家长本身的不良思想品德对儿童心理健康的影响。

（四）家庭环境因素

家庭环境是指家庭的物质生活条件、社会地位、家庭成员之间的关系，以及家庭成员的语言、行为及感情的总和，包括实物环境、语言环境、人际环境和心理环境。实物环境是指家庭中实物的摆设；语言环境是指家庭中人与人的语言是否文明有礼、民主平等，人与人之间是否能商量谅解；人际环境是指尊老爱幼、各尽其责等品格；心理环境是指父母与子女之间的态度及情感交流的状态。家庭环境的好坏直接影响学生的心理健康。

1. 家庭社会经济地位的影响

在大量基于家庭社会经济地位的研究中，研究者主要考查了父母的职业声望、家庭收入、父母受教育水平等作用。霍恩（Horn）等人使用家庭资源量表（FPS）对 6 305 名三年级学生以及他们的家长进行了横断研究①，该量表包含四个维度：家庭满足基本生活需要的能力、经济状况、与家人共处时间以及父母私人时间。通过回归混合模型分析发现，在控制了性别、种族以及教养方式后，家庭资源对性格不同儿童的影响是不同的。即使在家庭资源较少的环境中，与父母相处时间较长或者适应能力较好（心理弹性高）的儿童也更有可能取得较好的学业成就，他们对于学习也会有更积极的态度和情绪。但是那些基本经济水平较高，并且具备满足基本生活需要能力家庭的儿童，与相同适应能力而家庭资源较少的儿童相比，前者学业成就仍显著优于后者。此研究在一定程度上说明，家庭资源对于儿童的学业情绪或者学业成就会有显著的影响，但这种作用也会受到其他变量的影响，其中，父母教养方式、父母与子女相处的时间等都会在此影响中产生重要的作用。

2. 家庭物理环境的影响

家庭环境对儿童心理健康的影响，多是探讨家庭心理环境和家庭气氛对儿

---

① VAN HORN M L, JAKI T, MASYN K, et al. Assessing differential effects: applying regression mixture models to identify variations in the influence of family resources on academic achievement [J]. Developmental Psychology, 2009, 45 (5): 1298–1313.

心理健康的影响。实际上，家庭物理环境对儿童的心理健康也有影响。例如，居住条件的好坏，与儿童的学习和休息的质量不无关系，也影响着儿童的身心发展。让儿童有一个属于他们自己的小天地，哪怕只是一只抽屉、一张书桌或一个角落，对于儿童从小培养自主自立、发展儿童的独立人格都是有积极意义的。而且，儿童有自己的独立空间，还可以充分地满足儿童的兴趣、爱好，画画、写字、做科技制作，有利于个性的培养和发展。家庭居室应保持整洁美观，最好能具有清新愉快的生活气息和优美高雅的艺术气氛，这有利于养成孩子爱清洁、有条理的好习惯，对于陶冶情操、养成美感也有潜移默化的作用。

3. 家庭心理气氛的影响

家庭心理气氛是影响儿童心理健康的另外一项重要因素，家庭心理气氛主要是由家庭内部的人际关系状况决定的。在家庭中占主导地位的人际关系有两方面：一是亲子关系的状况，二是夫妻关系的状况。

家庭气氛是否融洽和谐，直接关系着家庭幸福，对中小学生的成长发展特别是心理健康状况起着至关重要的作用。有调查表明，在气氛和谐的家庭里生活的儿童表现出有自信心、情感丰富和互相友爱；在气氛不和谐的家庭里生活的儿童由于情绪时常处于紧张状态，从而严重影响其心理健康。但是由于社会竞争激烈，风险系数增大，父母在外面的世界经受了较之过去要大得多的压力、困扰与挫折，家庭往往成为其宣泄压力的场所，因此家庭气氛下降；同时，由于不少父母尤其是经商或经营个体企业的父母，终日忙于外面的工作，将子女交给别人看管，同样大大减少了家庭气氛的温馨。由于夫妻关系紧张而造成的恶劣的家庭气氛，常常会成为妨碍儿童健康发展的最重要的原因之一。在夫妻间经常发生矛盾冲突的情况下，儿童从与家人相处中得到的只是反面经验：他们总是看到并感到父母之间那种互相敌视的、不和睦的关系，会变得不相信人与人之间能够存在友好的亲密关系。他们会过早地对人与人之间的一切关系感到悲观失望，因而也就不会去吸取同他人共事与合作的正面经验。这一切对儿童的人格发展都会造成极大的负面影响，有时甚至是伴随终生的影响。有研究表明儿童行为问题的发生与其家庭环境的亲密度和矛盾性有显著相关。亲密度差和矛盾多的家庭更容易导致儿童行为问题的发生。

4. 亲子沟通的影响

亲子沟通状况对儿童的心理健康状况也有影响。目前，较为一致的结论是父母与青少年之间的沟通是与青少年的社会适应相联系的。有研究者把亲子沟通区分为良好的沟通和有问题的沟通，结果发现，良好沟通与青少年的自尊、心理健康呈正相关，而与青少年的孤独、抑郁呈负相关。

（五）父母心理健康程度的影响

父母的心理健康状况对子女的身心健康发展有明显的影响。首先，父母的情绪会影响子女的身心健康。研究发现，当个体还是个胎儿时，母亲的情绪就已经开始影响个体的心理健康了。如果在怀孕期间，母亲经常处于愤怒、恐惧、忧伤、不安的状态，则个体出生后极可能具有神经质的性格。如果在儿童青少年时期，父母对儿童冷漠、忽视、有敌意或者很少表达关爱，则子女在情绪情感的发展上也会出现问题。这样的孩子更容易产生不安全感、焦虑感，容易产生敌意，也会缺乏自我控制力，容易违反社会规范。这些孩子在家庭中也会表现出冷漠、戒备态度，甚至可能会为保护自己而伤害家人。其次，父母的个性特点也会影响子女的心理发展。每个儿童不仅从父母那里遗传了气质类型，而且也从父母的个性特点中耳濡目染地形成了自己的个性特征。如果父母比较偏执，多半他们的子女也会带有偏执的倾向；如果父母比较开朗、外向，适应能力强，他们的子女可能人际交往能力也较强，具有良好的社会适应性。最后，父母如果具有严重的精神障碍，如精神分裂症、情感性精神病等，其子女患有各类精神疾患的比例也会偏高。因此，家长也要关注自己的心理健康状况，以给儿童提供一个良好的家庭心理环境。

四、学校因素

在个体发展中，学校教育是相当重要的。学校的重要性首先表现在它在较长时间内对学生进行系统教育，而这种系统教育，对学生社会行为的塑造是其他机构无法替代的。学校的重要性还在于它有着独特的、完整的机构，它是社会的缩影，对学生了解社会、发展自我和人格、培养合乎角色的社会行为模式起着重要的作用。

（一）学校的管理和教学因素

教育体制、学校的教育指导思想、管理制度等会对学生心理健康产生影响。它们往往决定了一所学校的校风，决定了教师教学和学生学习的状况。目前，我国相当一部分中、小学校仍然没有摆脱应试教育体制。这些学校片面追求升学率的教育指导思想，无形中给教师和学生都造成了很大的影响。学生在巨大的升学压力下产生心理障碍的事情屡屡发生。很多因睡眠障碍接受心理咨询的同学，在分析了他们造成入睡困难的原因之后，往往发现他们真正的问题是由学习上的压力产生的。虽然如今个体升学压力相对减轻，但是考试成绩仍然是评价学生能力的一个非常重要的指标，甚至是唯一指标。对自己学业成绩不满，来自教师、家长以及个体自尊心方面的压力，往往使个体长期处于一种超负荷的紧张状态，容易出现厌学、神经衰弱、失眠、注意力减退等心理行为问题。在这种教学模式下，学生的学习兴趣、学习主动性、创造性被扼杀，严重影响了其身心健康和全面发展。

（二）学校环境因素

学校环境包括物理环境和心理环境，两个方面对学生的心理健康都有重要作用。

首先，从学校的物理环境来说，宽敞明亮、优美整洁的教学环境对学生的心理具有熏陶的作用，会使学生心灵得到净化，从而促进学生心理健康发展。校园的一草一木，每个角落都应给人以美的感受，使学生从中得到教育和心灵的净化。其次，良好的校风和班风能够感染学生，促使学生积极向上，团结互助，人际关系和谐。这样的学校心理环境有利于学生心理健康状况的改善和提高。而消极的校风和班风则会使学生情绪低落、压抑，纪律涣散，师生关系紧张，教师的教育态度和水平也必然降低。这会对学生心理健康产生极坏的影响。最后，人际关系和谐是心理健康的一个重要标志，也会对心理健康产生强有力的促进作用。学生能否在学校里和老师、同学建立起和谐的人际关系，对他们的心理健康发展有着极为深远的影响。研究表明，学生中出现的各种心理问题乃至较为严重的心理障碍，很多都和学校中不良的师生关系、不和谐的同学关系密切相关。所以，建立良好的学校人际关系是促进学生心理健康发展的重要途径。大量的实践和研究表明，一个学生若拥有良好的师生关系和同伴关系，通常会有很强的归属感和安全感，心理也会健康发展；而一个师生关系紧张，经常遭到同学排斥、否定、冷淡、不平等对待的学生，往往产生更多的敌对、自卑、焦虑、恐惧等负面情绪，这必然影响学生的心理健康发展。

（三）教师因素

师生之间的关系及相互影响是在师生活动过程中形成和发展起来的，在这一过程中，教师的认知和行为对学生的发展有着至关重要的作用。可以说，教师的一举一动、一言一行对学生都会有影响。因此，教师对学生心理健康的影响，目前正越来越受到研究者们的关注。

1. 教师的认知会影响学生的心理健康

教师对学生的认知直接影响学生的心理健康状况，这具体表现在教师对学生的理解、教师对学生的态度与教师对学生的期望上。

教师在理解每个学生的基础上，会对每个学生未来发展的潜力有所推测，这被称之为教师对学生的期待。教师对不同的学生会有不同的期待，这会影响到学生的发展。国外心理学家曾做过一个实验。他们选择一所小学的学生进行所谓的"智力发展前景测验"，实质上是一般的智力测验。他们把随机选取的20%的学生名单交给老师，有意称这些学生是最有发展潜力的，要求老师注意观察，但不要告诉学生本人。结果8个月后，这些学生的学习成绩真的比其他学生进步更大！教师预料某个学生有潜力，结果这位教师就真的证实了这个学生有潜力。这个实验所揭示的现象就是著名的"罗森塔尔效应"。"罗森塔尔效应"又称"皮格马利翁效应"，也就是我们这里谈的"期望效应"。这个效应揭示出这样一个规律：教师的高期望可以对学生产生良好的"自我实现预言效应"，促使学生向好的方向发展，并形成和谐的课堂气氛；而教师的低期望则可能导致学生自暴自弃，学习成绩越来越差，并严重影响课堂气氛。

教师期望与学生之间是相互作用的结果。教师依据他对学生的印象（可能是外加的）产生内部期望，期望通过教师的态度、表情、行为等传递给学生；学生接受了教师行为中所暗含的期待，并根据期待的方向表现出相应的行为。学生的行为变化还会进一步将信息反馈给教师，使教师坚信或修改、放弃自己原来的期望，从而使这个过程得到循环。于是教师期望的"好学生"越来越好，而"坏学生"则越来越坏。教师对有些学生抱有较高的期待，而对有些学生的期待水平不高，甚至是消极的期待，如认为某个学生"没有前途"、"不可救药"等。教师的期望不仅会影响学生的学业成绩、成就动机、自信心，也会影响学生的情绪、意志等人格因素。教师对不同学生的期望是他们最终在心理和人格发展方面出现差异的重要原因。

2. 教师的言语会影响学生的心理健康

教师的言语对学生心理健康的影响主要表现在，教师任意使用不当语言，以及在批评学生时使用过激言语会对学生的心理健康造成不良影响。教师的不良言语对学生心理健康的不良影响主要表现在使学生的自尊心、自信心受损，使其产生焦虑、自卑、胆怯等不良心理，甚至产生人格扭曲，留下终生的人格缺陷，如某些成绩差而又长期遭受教师言语伤害的学生容易产生反社会心理。

3. 教师的行为会影响学生的心理健康

教师的行为也会影响学生的心理健康。教师的教学管理行为，教师的日常行为表现和行为习惯都会对学生的心理健康产生影响。例如，惩罚是教师的一种常见行为，这种行为对学生的心理健康会产生很多负面影响。首先，经常受惩罚的学生很容易形成"破罐子破摔"心理，丧失自信心和自尊心。这种情况不仅会对学生造成难以弥补的创伤，严重者甚至会导致学生出现退缩性行为，精神疾病和生理性病变等。其次，过多的惩罚易导致学生产生恐惧心理或逆反心理，变得内向、自闭或憎恨社会与人生，玩世不恭，有的学生就是因为受到了个别老师的经常性惩罚，对教师产生了强烈的对抗情绪。再次，惩罚易导致学生说谎、隐瞒等虚假欺骗行为，极易使学生养成粗暴、冷酷、霸道的作风，容易使其走入歧途。

4. 教师的人格会影响学生的心理健康

作为学生人格的影响者和知识技能的传授者，教师在学生的人格发展方面的影响仅次于父母。教师的心理健康与心理辅导能力会对学生的心理健康产生深远影响，而且直接影响教育教学的效果。

五、社会因素

个体总是在现实的社会环境中成长和发展，因此，一定的社会文化背景、社区环境、社会风气和学习生活环境等因素,都会对个体的心理健康产生影响。

(一) 社会环境因素

一定的社会文化背景,如风俗习惯、道德观等,以一种无形的力量影响着人们的观念形成和心理状态,反映在人们的价值观、信念、世界观、动机、需要、兴趣和态度等心理品质上。不同文化对人的心理健康有不同的影响,其中有些是健康的,有些则是不健康的。据报道,在美国、英国等文化发达地区,歇斯底里患者较为少见,而抑郁症患者则相当普遍;但是在文化水平低、文盲较多的地方,如印度、埃及等国家,歇斯底里患者较多,而抑郁症患者则较少。社会意识形态对人心理健康的影响,主要是通过社会信息作为媒介实现的,如影视、报纸、杂志、书籍、网络等。健康的社会信息,有助于个体心理的健康发展,而不健康的社会信息,则会对个体的心理健康造成严重危害。目前,大众媒体中的不健康内容已经成为危害个体心理健康成长的重要因素。由于个体成长发育的不成熟,是非判别能力低,自制力差,很容易受各种暴力影视剧、淫秽书刊、网络上不健康信息的毒害,往往致使他们心理变态,误入歧途。社会风气通过家庭、同伴、传媒等途径影响着个体的心理健康。社会上的一些不良风气,如"走后门"、"一切向钱看",都会对学生心理产生不良影响,影响他们形成正确的价值观、人生观、世界观。因此,学校、家庭和社会要共同抵制不良社会风气,为个体的心理健康发展营造一种健康向上的社会气氛。

(二) 学习工作环境因素

个体所处的学习工作环境不同,其心理健康状况也会有所不同。研究发现,城乡差异、人口密度、环境污染、噪声等对人的心理状况都存在明显影响。例如,城市中的学生,由于住房单元化,同邻居同伴的交往明显减少,这种状况不利于他们的社会化,使其缺乏人际交往的技巧,容易形成孤僻的性格。拥挤、嘈杂的环境使人心理严重超负荷,人与人之间更容易产生矛盾、争吵,生活在其中的个体也容易产生心理紧张,出现心理健康问题。

(三) 社区环境因素

社区是指由若干群众或社会组织(机关、团体)聚集在某一地域内形成的一个生活上相互关联的大集体,如街道、住宅小区、村庄等。社区对生活在其中的个体心理健康的影响主要是通过社区文化、社区环境产生的。例如,组织个体观看健康的、符合其年龄特点的影视剧;参观各种有益于身心发展的展览;组织个体参加社区的各种公益活动,如绿地领养、照顾孤寡老人等。从这些有意义的活动中,个体不仅锻炼了能力,而且使心灵得到了净化,心理上也变得更加成熟。

总之,上述各种因素是相互制约的,对一个人的身心健康往往是综合起作用的。因此,我们在观察、分析、诊断心理失调和心理障碍或心理疾病时,务必要充分考虑各种因素的作用，逐一考查，逐一排除，全面正确地作出诊断，采取有效措施进行调适和治疗。

第三节　儿童青少年的身心发展特点

从流动儿童概念的界定来看，其年龄大致是从 6 岁到 17 岁这个范围。这个年龄阶段的儿童正值学龄期。因此，下面我们将按照小学和中学两个阶段介绍这些儿童的身心发展特点，并在最后介绍儿童青少年的心理健康标准。

一、小学生的身心发展特点

（一）小学生的生理发展特点

小学阶段，儿童的身体发育速度与幼儿差不多，比较平稳而持续，以大脑为核心的神经系统的发展为其顺利地完成在各个年级的学习、生活奠定了生理基础。到小学毕业即 12 岁左右的时候，脑重基本达到了成人脑重的平均水平，约为 1 400 克。小学儿童的神经系统髓鞘化过程基本完成，兴奋和抑制能力也进一步增强，这都极大提高了儿童神经系统传导的速度和准确性。在小学阶段儿童的运动技能也得到了长足发展。儿童的奔跑、跳跃、单腿跳和球类等技能更加精细，他们掌握了很多原来不能很好完成的技能，柔韧性、平衡性、敏捷性和力量都显著增强。儿童的精细运动能力在小学阶段也得到了发展。他们对手和手指的控制得到了很好的发展，变得非常灵巧[1]。

（二）小学生的认知发展特点

1. 注意的发展

在小学之前，儿童的感知觉已经得到了充分发展，因此在小学阶段，儿童在教师指导下，已经可以开展观察活动。但是，刚进入学校的小学生注意的目的性还很低，只能够注意自己感兴趣的对象。随着年级的升高，他们注意的持久性和稳定性不断增强，注意的范围也开始扩大。但一般来说，小学生的注意水平仍然是有限的，需要教师给予指导[2]。

2. 记忆的发展

在小学阶段，儿童的不随意记忆还占有比较主要的地位。随年级的升高，小学生的随意记忆明显得到发展。同时，小学儿童已经能够使用一些简单的记忆策略。这些策略主要包括外在帮助、复述、组织、精细加工等，其中外在帮助和复述策略，小学儿童可以自发使用，而组织和精细加工的策略一般在 10 岁之后才

---

[1]　雷雳．发展心理学［M］．北京：中国人民大学出版社，2009．

[2]　人民教育出版社政治室．小学心理健康教育［M］．2 版．北京：人民教育出版社，1999．

能习得。同时，小学儿童使用这些策略的有效性也得到了提高，他们不仅会使用一种记忆策略，同时也会针对不同的问题采取不同类型的记忆策略。

3. 思维的发展

小学阶段认知发展属于皮亚杰的具体运算思维阶段，小学儿童的思维有很大程度的发展。低年级阶段，儿童的思维一般依赖于具体的对象和情境，只能识别事物的个别特征和表面现象，以形象思维为主。随着年龄的增长和学习活动的深入，小学生的概括能力、分类能力、推理能力都得到了充分的发展，到高年级他们的抽象思维能力开始发挥作用，但其思维还带有很大的具体性。在从具体形象思维向逻辑思维的过渡中，关键期在小学四年级，并且不同的思维对象、不同学科、不同教材中思维存在着发展的不平衡性。

（1）元认知能力的发展

在小学阶段，儿童发展出了元认知的思维形式。元认知是个体关于自己认知过程的知识和调节这些过程的能力，它包括元认知知识和认知调节两部分。在儿童到八九岁的时候，他们一般已经非常清楚自己知道什么，不知道什么，能够对自己的学习过程作出判断。同时，一些儿童也会认识到应该选用何种学习策略，哪种学习策略更为有效，即可以有效地调节自己的认知。

（2）思维基本过程的发展

小学儿童思维的基本过程随着年龄和年级的增长逐步发展，并且日益完善。这些儿童的分析、综合及其派生的抽象、概括、比较、分类、具体化和系统化等思维过程最初只能在直接观察事物的条件下进行，而且也很简单，之后逐步能在过去的知识经验和表象的基础上进行，最后向以概念为材料的理性过程较全面、深入且范围广泛地进行。言语在小学儿童的基本思维过程的发展中起着重要的作用，它使其思维的深刻性、广阔性、批判性、自我监控的水平获得迅速的发展[①]。

（3）概念的发展

儿童对概念的掌握是一个渐进的过程，随着儿童知识经验的发展，对已掌握的概念还要不断加以充实和改造。从总体上看，小学儿童对概念的掌握逐步深刻化、丰富化和系统化，已经能够顺利地进行抽象概括，形成判断、推理、理解客观事物、分析和解决问题的能力。

（4）思维品质的发展

思维品质主要包括敏捷性、灵活性、深刻性、独创性和批判性。小学儿童思维品质的发展存在着明显的年龄特征。一般来说，小学儿童思维的敏捷性和灵活性是稳步发展的，思维的深刻性既表现出不断发展的趋势，又有一个三、四年级

---

① 林崇德. 发展心理学 [M]. 2 版. 北京：人民教育出版社，2009.

的转折或关键期。小学儿童思维的独创性比其他思维品质的发展要晚，要复杂。

（三）小学生的情绪发展特点

小学生的情绪大都与学习活动和学校生活相联系，学习的成败、集体的地位、同伴关系等都使小学生产生了各种各样的情绪体验以及不同水平的社会适应。在小学阶段，儿童的情绪稳定性得到了一定程度的发展，由于神经系统的完善和社会经验的丰富，他们也已经学会了一些情绪调节的方法。此外，这一阶段儿童的情绪理解能力也得到了发展。他们能够整合内外线索来理解他人的情绪，其共情反应变得更强，也会意识到人们对相同的事件会有不同的情绪反应，能够理解人们可以同时体验到各种情绪。小学儿童对消极情绪的控制也得到了发展，他们的情绪调节能力得到快速提高。到10岁左右，大多数儿童能够恰当地轮换使用以问题解决为中心的情绪调节策略和以情绪为中心的策略。

小学阶段，儿童的高级情感也逐渐发展起来了①。高级情感指与社会需要相联系的情感，包括道德感、美感和理智感。小学生的道德感处于不断发展的过程中，评价标准从无原则向有原则发展，对道德感的体验从浅显、冲动到深刻、稳定，道德体验范围不断扩大。小学生的美感发展受制于对客观事物外部特点和内部特征的领会与理解，经常接触的、外部有明显美的特征的客观事物容易使小学生产生美的体验，而接触少的、有内涵和内在美的事物不易引起他们的美的体验。随着年龄的增长，小学生对美的体验越来越丰富。小学生的理智感也得到了一定程度的发展，他们不断扩大自己的求知欲，但其理智感仍与具体的、形象的、直观的事物相联系。

（四）小学生的社会性发展特点

1. 自我意识的发展

自我意识是人对自己身心状态及对自己同客观世界的关系的意识。自我意识包括三个层次：对自己及其状态的认识；对自己身体活动状态的认识；对自己思维、情感、意志等心理活动的认识。自我意识不仅是人脑对自身的意识与反映，而且也反映出人与周围现实之间的关系。自我意识的发展对个体的成长有十分重要的作用。

小学阶段儿童对自我的认识逐渐深刻，他们对自我的描述也变得更加现实、平衡和综合。大约在七八岁的时候，小学儿童就具备了自我概念的表征系统，即他们能够把自我的不同方面整合为包罗万象的自我概念。同时，他们也能够对真实自我和理想自我进行比较，并通过与他人的比较来形成自我印象。同时，在这一阶段，儿童的自尊也是在发展变化着。在小学阶段的前几年，随着儿童对自己多个方面进

---

① 俞国良. 现代心理健康教育——心理卫生问题对社会的影响及解决对策［M］. 北京：人民教育出版社，2007.

行评价，他们的自尊会有所下降，从四年级开始，儿童的自尊又会逐步上升。

2. 道德的发展

道德发展是个体社会化的过程，它使一个个体从"自然人"变成了"社会人"。由于儿童的认知能力、观点采择能力、推理能力的发展，小学儿童的道德水平得到了显著发展，这一阶段也是培养儿童良好道德品质的关键时期。按照皮亚杰的观点，小学儿童的道德发展处于"他律道德"阶段，这时儿童变得极其尊重规则，主要是"服从他人的规则"。按照柯尔伯格的观点，小学阶段的儿童主要处于"前习俗道德水平"，凡事必先考虑行为的后果是否能满足自己的需要，不能兼顾行为后果是否符合社会习俗或社会规范的问题。因此，在小学阶段，为了培养儿童具有良好的道德品质，还需要榜样的作用。

3. 亲子关系的发展

亲子关系是指父母与子女之间法定的血缘关系，同时也是指父母如何养育、对待子女，反过来子女又是如何对待、认识父母的这样一种互助的社会人际关系。亲子之间是相互影响，相互联系的。父母对子女的养育态度，影响子女的身心成长；子女对父母的赡养态度，又影响着父母的身心健康。与幼儿期相比，小学儿童与父母在一起的时间急剧下降。随着年级的升高，小学儿童的亲子关系发生了一些变化，儿童的母子依恋安全性和对父母的信赖显著下降[1]。但是儿童与父母的冲突数量会减少，父母也会让儿童自己作出更多的重要决定。

4. 同伴关系的发展

同伴关系指年龄相同或相近的儿童之间在共同的活动中建立的人际交往关系，它在儿童青少年心理发展中具有其他人际关系无法替代的独特作用。儿童对社会行为和如何与其他人相处的许多认识和技能，更多地是在同伴交往中获得的。小学阶段儿童的同伴交往更加频繁，交往的方式更加复杂。同时，儿童在同伴交往中传递的信息也更加丰富，他们更善于利用反馈和其他信息来决定自己对他人该采取的行动。这一时期，儿童也开始形成同伴团体。

二、中学生的身心发展特点

（一）中学生的生理发展特点

中学阶段的学生正处于青春期，他们的生理发展变化较小学儿童更加明显。青春期是人生发育的第二次"生长高峰"。在这一阶段，青少年的身体外形发生了很大变化。不仅身高、体重增长明显，而且第二性征开始出现。由于性激素的作用，生殖器官开始迅速发育，并完成了性器官与性功能的成熟，如女性出现月

---

[1] 于海琴，周宗奎. 儿童的两种亲密人际关系：亲子依恋与友谊 [J]. 心理科学，2004，27（1）：143-144.

经初潮,男性出现遗精。在青春期,个体体内的各种器官和组织包括心脏、肌肉、肺、大脑也都在迅速发育并逐渐达到成熟。生殖系统是人体各系统中发育成熟最晚的,在青春期性激素增多,个体的性器官和性机能也发展迅速。中学阶段是个体由童年向成年过渡的时期,这一时期个体的生理发生了巨大变化,生理上的成熟使青少年在心理上产生了成人感,他们希望获得成人一样的权力和角色,再一次到了向父母争取自主的阶段。然而,由于他们心理发展水平有限,有许多期望不能实现,容易产生身心发展不平衡的矛盾,也容易出现一些心理及行为问题。

(二)中学生的认知发展特点

1. 工作记忆和加工速度的发展

在中学阶段,青少年的记忆能力得到较大发展,其工作记忆和加工速度差不多都达到了成人的水平,这时青少年能够较好地存储认知加工过程中所需要的信息。此外,以简单反应时来反映的加工速度在儿童期稳步提高,从 8 岁时的 1/3 秒,缩短到 12 岁时的 1/4 秒。在其他认知任务中,青少年的加工速度也与年轻成人一样快。工作记忆和加工速度的变化意味着青少年的信息加工比起儿童来说,是非常有效率的。

2. 思维的发展

(1) 青少年思维的基本特征

根据皮亚杰的认知发展阶段理论,青少年正处于形式运算思维阶段。在初中阶段,青少年的逻辑思维还需要感性经验的直接支持;在高中阶段,他们的逻辑思维属于理论型,即他们已经能够用理论作指导来分析综合各种材料了。在这个阶段,青少年可以在头脑中把事物的形式和内容分开,可以离开具体事物,根据假设来进行逻辑推演,能运用形式运算来解决诸如组合、包含、比例、排除、概率及因素分析等逻辑课题。青少年这一阶段的逻辑思维能力得到充分发展,这也是他们这一时期思维发展的重点。

(2) 元认知的发展

在中学阶段,青少年的元认知能力进一步提高,尤其是元认知技能的发展变化更为明显。青少年面对问题解决任务,能够更加熟练地确定解决问题的适当策略,并对所选用策略的有效性进行监控,他们会坚持选用有效的策略,而放弃那些无效的策略。当自己无法解决问题时,青少年也会采取主动求助的方式来解决问题。

(3) 创造力的发展

创造性思维是重新组织已有的知识经验,提出新的方案或程序,并创造出新的思维成果的思维活动[①]。青少年的创造性思维水平总体上处于高度发展阶段,

---

① 彭聃龄. 普通心理学 [M]. 北京:北京师范大学出版社,2001.

年级越高，创造性思维成绩越好，但是发展速度不均匀，高二是创造性思维发展的高潮①。青少年个体的创造性思维表现在多个方面，如创造性想象、发散思维、顿悟、类比迁移以及假设检验等。

（三）中学生的情绪发展特点

中学阶段的青少年由于生理上的巨大变化，经常会带来情绪上的波动，青少年期也被称为"疾风暴雨期"。但青少年的情绪也不总是高涨的，有时也会表现出温和、细腻的特点。此外，青少年的情绪还具有可变性与固执性并存、内向性和表现性共存的特征。在这一特殊时期，他们的消极情绪也会比以往多一些。他们会感觉烦恼突然增多，体验到更多的孤独和压抑。正所谓"少年不知愁滋味，为赋新词强说愁"。青少年也具有一些积极的心境，如憧憬美好的未来。但总体来讲，在这个时期，青少年的消极心境占很大比例，特别需要父母及其他教育者给予他们悉心的指导和帮助。

（四）中学生的社会性发展特点

1. 自我意识的发展

在中学阶段，青少年进入了新的"自我中心"阶段。这时的青少年经常将其他人视为"假想观众"，他们认为每个人都像他们自己那样，对他们自己的行为特别关注。他们往往认为自己是舞台中的主角，其他人都是观众。也有一些青少年相信他们自己是独一无二的、无懈可击的和无所不能的。这些自我认识使得这一时期的青少年往往有过高的自我意识，对他人的想法过分关注。在这一时期，"身体映像"也是他们自我概念发展中的核心要素，对身体形象的关注经常会影响到青少年的社会适应。随着对自我认识的深入，青少年也要解决"自我认同对角色混乱"的冲突。他们经常会问"我是谁"、"我在社会中的位置是什么"这样的问题。此外，由于自我意识的突然高涨，青少年在这一时期也经常出现反抗心理。他们更倾向于维护良好的自我形象，追求独立和自尊，但他们的某些想法及行为不能被现实所接受，遭受挫折后，他们就会产生一种过于偏激的想法，认为其行动受到了成人的阻碍，而产生了反抗心理。中枢神经系统的兴奋性过强以及独立意识的增强也是青少年出现反抗心理的原因。当青春期遇到更年期的时候，青少年的反抗心理也容易使其与父母之间产生不良的亲子关系。

在青少年阶段，自我认同感的获得是非常关键的。自我认同感就是对于"我是谁"、"我将要去向何方"、"在社会中处于何处"的稳固和连贯的知觉。自我认同感可以分为四类②：（1）自我认同完成，指的是经过探索之后，对价值观、

---

① 张景焕，张广斌. 中学生创造性思维发展特点研究 [J]. 当代教育科学，2004（5）：52-54.

② 雷雳. 发展心理学 [M]. 北京：中国人民大学出版社，2009.

信念和目标有所承诺。例如，经过多次尝试，小明终于知道自己最喜欢计算机专业了。（2）自我认同延迟，指的是只有探索，尚无承诺。例如，小白喜欢中学里几乎所有的课程，一会儿想当化学家，一会儿想当作家，有时又想当老师。（3）自我认同早闭，指的是未经探索就有承诺。例如，自从能够记事起，小苏的父母就告诉她，以后应该去做律师，所以她没有多想就去学法律了。（4）自我认同扩散，指的是既无探索也无承诺的无动于衷。例如，小李讨厌思考自己未来应该做什么，所以他把自己的自由时间都用来玩电子游戏。按照埃里克森（E. H. Erikson）的观点，青少年时期正处于自我认同危机时期。这个时期接纳自我、认可自己的价值与存在对于个体心理健康发展有重要意义。

2. 道德的发展

按照柯尔伯格的观点，青少年时期道德推理的发展趋势是从前习俗思维向更为习俗化的推理水平转变。在这个阶段，大多数个体似乎不断超越对外部奖励与惩罚的考虑，开始对父母与权威人物提供的道德标准表达出一种真正的关注，对确保人类关系和谐与公平的法律作出了认真的思考，同时也成为法律的维持者。一些青少年也开始把道德看做他们身份特征的一个重要部分，他们也期望自己成为一个诚实、公正以及关心他人的人[①]。这个时期的青少年要逐渐形成对家庭、同伴和社会中不同道德规范的认识和同化，因此家庭和同伴对青少年的影响至关重要。

3. 亲子关系的发展

家庭对儿童的成长具有重要作用。在童年早期，父母的形象往往是至高无上的，他们对父母既尊重又信任。但随着年龄的增长，进入青春期后，青少年与父母的关系发生了微妙的变化。他们在情感上有同伴作为依恋对象，与父母不如以前亲密了。在行为上他们更加渴望独立，反对父母对他们的干涉和控制。在观点上，他们也喜欢自己进行判断和分析，不愿意接受父母的意见。这一时期，父母的榜样作用也将削弱，他们会有自己的偶像。

4. 同伴关系的发展

青少年与小学儿童的同伴交往方式有很大不同。他们逐渐减少了群体的交往方式，而是更喜欢与几个亲密的朋友交往。他们愿意把自己的秘密跟这些好朋友分享。因此，青少年的同伴关系在他们的生活中日益重要。这个时期，他们对朋友也有了新的认识。他们认为朋友之间应该能够同甘苦、共患难，能够从对方那里得到支持和帮助。青少年在这一时期的特殊同伴关系是与异性朋友之间的关系。进入青春期后，男女生之间的关系有了新的特点，双方都开始意识到了性别问题，并对对方逐渐产生兴趣。但是青春期男女同学之间的爱慕之情是很稚嫩的，很难保持并最终发展为爱情和婚姻，只有处理得当才能相对持久，并相互促

---

① 林崇德. 发展心理学 [M]. 2 版. 北京：人民教育出版社，2009.

进各方面的发展。

三、儿童青少年心理健康的标准

（一）能够正确认识和悦纳自我

一个人对自己的认识与自己的实际情况越相符，就越有利于适应环境，表明其心理处在正常健康的状态。心理健康的儿童青少年能够有正确的自我观念。每个人都有自己的长处和不足，心理健康的儿童青少年会现实地接受自己，了解自己，有自知之明，即对自己的知识、能力水平、性格的优缺点能作出恰当、客观的评价。因而他们既不会盲目自满，也不会盲目自卑。自己会根据自己的实际情况确定生活目标，对个人的前途、未来充满信心、热爱生活、乐于学习。心理健康的儿童青少年也能体验到自己存在的价值，能悦纳自己，对人生、未来抱有乐观的态度。

（二）能有效调节和控制自己的情绪

儿童青少年的情绪调节能力虽然还在不断发展变化之中，但是他们已经具备了基本的情绪调节和控制能力。因此，心理健康的儿童青少年能够对外界刺激进行合理适度的反应，该大喜则大喜，该小愠则小愠。他们的积极情绪（愉快、满意高兴等）应多于消极情绪（痛苦、不满、悲伤等）。同时，心理健康的儿童青少年也能够正确理解和表达自己的情绪，能够有效地管理自己的情绪，具有情绪调节能力。

（三）对挫折有承受力，具有正常的自我防御机制[①]

个体在活动过程中遇到障碍或干扰，使其需要得不到满足，在心理学上称为挫折。心理健康的儿童青少年遇到挫折时，会自觉不自觉地运用到一些自我防御的方法将由于需要得不到满足而产生的内心紧张消除掉，从而表现出对挫折有较好的耐受力；相反，如果因为小问题、小挫折而焦虑不安，烦闷异常，或暴跳如雷，则表明其心理承受力极低，处于不健康状态。在挫折面前，儿童青少年要能随环境的变化作出适当调整。在行动或活动中，不是害怕困难、知难就退或半途而废，而是表现出一定的坚持性、毅力，在对自己的心理与行为的调节、控制方面有一定的自制能力。

（四）行为方式符合年龄特征和角色要求

发展过程中的儿童青少年其行为方式要符合自己的年龄特征，即心理健康的儿童青少年其心理年龄与生理年龄相符。同时，社会规范和社会角色也对人的行为有着一定的约束作用，心理健康的儿童青少年的行为方式符合社会规范的要求。学生是儿童青少年的主要角色，心理健康的儿童青少年能够进行正常的学

[①] 路海东. 教育心理学 [M]. 长春：东北师范大学出版社，2002.

习，形成良好的学习习惯，能从学习中获得满足感，能在学习中增进体脑发展。

（五）拥有良好的人际关系

人际交往是人的一种正常需求与行为，心理健康的人乐于与人交往，并通过交往形成各种良好人际关系。正常的交往与良好人际关系的建立常常会给人带来满意感、归属感和安全感，个人常常能维持正常的生活、学习和工作，会减少或避免一些心身疾病。心理健康的儿童青少年对人真诚、宽容，能够与他人进行较好的沟通和交往，具有良好的师生关系、亲子关系和同伴关系。

（六）具有统一完整的健康人格

人格结构包括气质、能力、性格、理想、信念、需要、动机、兴趣等各个方面。心理健康的人格是统一的，因此行为表现出一贯性和统一性。如果人格缺乏统一性，则行为表现出不连贯性，时而这样，时而那样，变化无常甚至自相矛盾，心理学上称之为双重人格或多重人格。虽然儿童青少年的人格还处于发展之中，但健康的个体已经具有较为完整、和谐的人格了。

【建议参考资料】

1. 雷雳．发展心理学［M］．北京：中国人民大学出版社，2009．
2. 林崇德．发展心理学［M］．2版．北京：人民教育出版社，2009．
3. 刘华山．心理健康概念与标准的再认识［J］．心理科学，2001，24（4）：481－482．
4. 俞国良．心理健康教育（教师用书）［M］．北京：高等教育出版社，2005．
5. 俞国良．现代心理健康教育——心理卫生问题对社会的影响及解决对策［M］．北京：人民教育出版社，2007．
6. 于海琴，周宗奎．儿童的两种亲密人际关系：亲子依恋与友谊［J］．心理科学，2004，27（1）：143－144．
7. 周宗奎．青少年心理发展与学习［M］．北京：高等教育出版社，2007．

【问题与思考】

1. 现代社会如何理解健康和心理健康？
2. 你认为心理健康的标准应该包括哪些内容？
3. 怎样判断一个人的心理是否异常？
4. 影响个体心理健康的因素有哪些？
5. 如何创造有利条件促进儿童青少年心理健康发展？

第二章 流动儿童的常见心理行为问题

【本章提要】

　　流动儿童随父母来到城市之后，开阔了视野，增长了见识，在与不同地域文化进行的不断碰撞和融合中，提高了他们的人际交往能力和沟通能力。同时，由于有父母陪伴在身边，他们也比留守儿童更容易形成良好的亲子关系，促进其健康成长。但是，流动儿童脱离了原来的生活环境，进入到一个陌生的新环境，有时会使他们产生很多适应问题，也会导致他们产生有别于一般儿童的心理状态。近年来，不仅流动儿童的入学难问题得到了许多相关部门的重视，而且流动儿童逐渐暴露出来的许多心理行为问题也被许多学者所关注。本章主要介绍了流动儿童存在的一些心理行为问题，共包含三方面的内容。首先，本章介绍了流动儿童与其他定居儿童相比存在的一些特点。其次，本章从流动儿童面临的教育问题、学业问题、自我发展问题、情绪问题、社会适应问题以及心理行为问题等几个方面介绍了流动儿童的常见心理问题。最后，本章介绍了对上海市两所学校中流动儿童的调查，并给出了相关的对策建议。

【学习重点】

　　1. 了解"流动"给流动儿童带来的积极效应。
　　2. 掌握流动儿童的特点和家庭背景情况。
　　3. 熟悉流动儿童可能存在的常见心理问题。
　　4. 能够运用本章内容，根据本校流动儿童存在的问题，为学校提供一些建议。

【重要术语】

　　流动儿童　心理问题　教育问题　学业问题　自我发展问题　情绪问题　社会适应问题　心理行为问题

第一节　流动儿童的特点

　　随着改革开放与社会经济的发展，我国人口流动现象日益频繁，进入城市务工人员比例逐年增加，在这些人群中"举家迁徙"的人数也日益增多。而且有近1/3的流动人口带有"移民"性质，他们在城市居住的时间超过五年，并且没有返乡的意向。随之而来，我国出现了大批的随父母流动的儿童。流动儿童随父母来到城市之后，开阔了视野，增长了见识，在与不同地域文化进行的不断碰撞和融合中，提高了他们的人际交往能力和沟通能力①。同时，由于有父母陪伴在身边，他们也比留守儿童更容易形成良好的亲子关系，促进其健康成长。但是，流动儿童脱离了原来的生活环境，进入到一个陌生的新环境，有时会使他们产生很多问题，也会导致他们产生有别于一般儿童的心理状态。大多数研究者主要从社会学、教育学的角度考查了流动儿童的社会适应问题和教育问题。实际上，流动儿童进入城市之后，脱离了原来的农村环境，能够留在父母身边生活，这在某种程度上对他们的心理发展也有一定的影响。流动儿童正处于心理与行为发展的关键时期，很容易受到外界环境的影响。尤其是从原来祖祖辈辈生活过的农村来到一个完全陌生的新城市，环境变化巨大，在这种情况下，流动儿童更可能会呈现出一些不同于一般儿童的心理特点。比如，周围陌生的环境常常给这些随父母流动的儿童带来许多心理上的不适应。

一、流动儿童的数量

随着工业化、城镇化的推进，我国大量人口离开户籍地，由农村向城镇、由经济欠发达地区向发达地区流动，形成了规模庞大的流动人口。流动人口由1982年的1 000多万增长到2008年的2亿②。根据1998年原国家教委、公安部颁布的《流动儿童少年就学暂行办法》，流动儿童是指6—14岁（或7—15岁）随父母或其他监护人在流入地暂时居住半年以上的儿童。据2005年全国1%人口抽样调查数据推算，全国流动人口总量为1.473 5亿，流动儿童规模跃至1 834万，占全国流动人口的12.45%③。实际上流动儿童远远不止这些，很多6岁以下的儿童也流动到了城市，他们也是应该受到关注的群体。据估计未来15年，我国仍将有1.5亿农村人口转移到城镇，进城务工人员随迁子女的数量将增至3 700万，流动儿童群体日益庞大④。

二、"流动"给流动儿童带来的积极效应

人口流动归根到底是社会发展的需要，在这一过程中，不仅流动儿童的家庭

---

① 申继亮. 透视处境不利儿童的心理世界（下）[M]. 北京：北京师范大学出版社，2009.

② 国家人口和计划生育委员会流动人口服务管理司. 中国流动人口发展报告2010 [M]. 北京：中国人口出版社，2010.

③ 段成荣，杨舸. 我国流动儿童最新状况——基于2005年全国1%人口抽样调查数据的分析 [J]. 人口学刊，2008（6）：23-31.

④ 郭少峰. 异地高考尚无时间表 [N]. 新京报，2010-09-21.

可以提高一些经济收入，物质生活更加丰富，而且从本质上看，还有利于提高人口素质。流动儿童随父母来到城市后，他们的生活观念、行为方式和行为习惯都可能会发生明显变化。城市的教育环境、人文环境、知识环境都比农村优越，因此在适应城市生活的过程中，无论是儿童还是家长都会使自身素质不断提高。从总体和长远来看，"流动"给儿童的发展的确带来了很多积极的社会效应[1]。

首先，城市给流动儿童的发展提供了良好的教育条件和人文科技环境。虽然还有相当一部分儿童在打工子弟学校就读，但是即便是这些学生和他们的家长大多也认为，现在所在学校的老师要比原来学校的老师更负责，教学方法更得当。另外，城市的人文环境和科技环境都比农村好，可以让流动儿童养成更良好的行为习惯和卫生习惯，感受更多的高科技。丰富多彩的学校生活不仅开阔了流动儿童的视野，也吸引着他们继续留在城市中。

其次，城市生活改变了家长的教育观念，为儿童发展提供了更多的社会支持。很多家长到城市后挣的钱多了，眼界开阔了，对孩子的期望也提高了。到城市后，家长更加认识到受教育、上学是改变下一代命运的必由之路。因此，一些家长不仅重视孩子在学校的教育，也开始重视家庭教育，尽力为孩子提供好的学习条件。学校中的家长会和家长学校也给流动儿童的家长提供了一些教育的知识，给家长之间的交流提供了机会，这些都有利于家长教育观念的转变和家庭教育水平的提高。

最后，家长将儿童带在身边，有利于儿童得到家长更好的监护。这非常有利于双方亲情的交流。很多研究都表明，隔代抚养可能给孩子的发展带来不利的影响。而将孩子带在身边，则有利于了解孩子的心理和行为变化，有利于给予孩子更多的关心和照顾。

三、流动儿童的生理特点

流动儿童随父母生活在城市，但是他们与城市儿童在享受健康保障等方面仍然有差距。研究发现，对于正值生长发育时期的流动儿童来说，家庭环境变迁、人际关系变化作为较大的生活事件对其发育和健康状况都会有直接或间接影响。我国有学者对流动儿童的生长发育与营养状况进行过研究，陈丽等人（2010）通过分析发现，流动儿童营养过剩问题已经开始显现[2]。在北京、上海和杭州等地进行的外来流动儿童研究还表明，流动儿童在体重、身高评价方面有50%的比

---

[1] 邹泓，屈智勇，张秋凌. 我国九城市流动儿童生存和受保护状况调查[J]. 青年研究，2004（1）：1-7.

[2] 陈丽，王晓华，屈智勇. 流动儿童和留守儿童的生长发育与营养状况分析[J]. 中国特殊教育，2010（8）：48-54.

例明显低于当地儿童①；而流动儿童在患有多种营养性疾病、呼吸道感染发病的比例均高于当地儿童。但流动儿童的健康体检率和体检次数却很少达标。因此，加强流动儿童的保健工作，改善流动儿童的身体健康非常必要②。虽然我国卫生部在2006年已经要求落实流动儿童享有与常住儿童同等的预防接种服务政策，免费为流动儿童接种国家免疫规划疫苗，但实际上，流动儿童的保健工作还亟须加强。据调查，我国有17.7%的农业流动人口子女未能在流入地接受计划免疫接种③。这在一定程度上，也影响了流动儿童的健康。

四、流动儿童的心理特点

（一）流动儿童的个性特点

流动儿童大多数能够吃苦耐劳，个性淳朴。但是，流动儿童由于居无定所，经常随父母流动，加上父母文化程度低，无暇顾及孩子的教育，因此他们有时也会具有散漫、粗鲁、自控性差等性格特点，这部分儿童很容易出现问题行为。还有些儿童在不停变换的环境中，形成了孤独自闭的性格，不愿与周围新的环境接触，这在一定程度上会使流动儿童产生恐惧感和失落感。陈美芬（2005）运用儿童十四种人格因素问卷（CPQ），比较了181名民工子弟学校学生和170名本地儿童的人格发展特点④。结果发现，与本地儿童相比，流动儿童敏感、易感情用事、自卑感强、有较大的依赖性，遇事忧虑不安、烦恼自扰、抑郁压抑；而本地儿童则显得更加热情、好交往、思维敏捷、抽象思维能力强、独立自信，在人际交往中，精明能干、处事得体，但有可能过于圆滑世故。王瑞敏、邹泓（2008）对流动儿童人格的研究也发现⑤，流动儿童在掌控感、客观和外向性、宜人性、谨慎性、开放性等正性人格特质上表现更少，而在负性人格特质情绪性上表现更多。

自尊是个体对自我价值的判断，表达了个体对自己所持的态度，申继亮（2009）对我国流动儿童自尊的考查发现⑥，流动儿童自尊水平显著低于其他城

---

① 倪泽敏，韩仁峰. 武汉市0~7岁流动儿童保健现况调查［J］. 中国妇幼保健，2010（16）：2258-2262.

② 余小鸣. 关注留守和流动儿童生理和心理社会适应的脆弱性［J］. 中国儿童保健杂志，2011（7）：587-589.

③ 国家人口和计划生育委员会流动人口服务管理司. 中国流动人口发展报告2010［M］. 北京：中国人口出版社，2010.

④ 陈美芬. 外来务工人员子女人格特征的研究［J］. 心理科学，2006，29（1）.

⑤ 王瑞敏，邹泓. 流动儿童的人格特点对主观幸福感的影响［J］. 心理学探新，2008（3）：82-87.

⑥ 申继亮. 处境不利儿童的心理发展现状与教育对策研究［M］. 北京：经济科学出版社，2009.

市儿童。随着年级的升高，公立学校流动儿童的自尊呈"V"字形变化，初一最低，而打工子弟学校流动儿童的自尊则没有随年级变化的趋势；性别对流动儿童自尊有显著影响，女生自尊较高；公立学校流动儿童自尊水平明显高于打工子弟学校流动儿童；随着流动时间增加，儿童的自尊水平有逐步提高的趋势。李小青等人（2008）的研究发现，流动儿童的自尊与学业行为、师生关系均有显著相关。同时，学业行为中的学习效能感、学习自信心和师生关系中的低冲突性、支持性、关系满意度可以显著预测流动儿童的自尊发展水平[1]。

郑信军（2007）认为流动儿童的这些人格发展特点可以从他们在城市里所处的不利处境来解释[2]。在我国，城市社会对农民工的歧视是普遍存在的，反映在语言层面上，"城市人"与"农村人"、本地人"与"外地人"是最常使用的，并用以区别身份、地位和利益的语汇之一。进城的农民工被称为"乡巴佬"、"土包子"、"盲流"，而他们的子女则被称为"小乡巴佬"、"小土包子"、"小盲流"。外来儿童也认为自己是外来人，感觉到了城市孩子与自己的差别，这种差别在城市壁垒面前的难以逾越，让他们内心对社会差别感受到了强烈的不平等，加深了他们的被歧视感、对立感和自卑感，导致他们不自信，不敢与人交往，自我封闭，对人对事也变得敏感、忧虑不安。

（二）流动儿童的学业特点

流动儿童的家长因为受教育水平普遍较低，所以他们在城市中经常会体验到"没有文化的苦恼"。由于没文化，他们只能干一些城市人不愿意干的工作；由于没文化，即使与城市人干同样的职业却不能获得同样的报酬，所以他们更加明白知识的重要性。因而，他们对自己孩子的学业期望非常高，希望子女不要像自己一样受没有文化的苦。而对于大部分流动儿童来说，他们深知父母对自己的期望，对自己的学习还是非常重视的。

"……我非常喜欢学习，因为现在是竞争社会，我的爸爸妈妈都想让我考大学，然后找份好工作，不像他们一样没文化，找不到好工作，只能扫马路，又累又脏，工资又少，一个月挣的钱给我们交学费、吃饭、交水电房费就没了……我也想考上大学，学好本领，自己找一份好工作，让爸爸妈妈过上好日子，再也不让他们扫马路、打扫卫生了。"（来自一名流动儿童的访谈）[3]

但是，由于一些流动儿童没有接受过学前教育，或者在老家的教材、教学内

---

[1] 李小青，邹泓，王瑞敏，等．北京市流动儿童自尊的发展特点及其与学业行为、师生关系的相关研究［J］．心理科学，2008（4）：909－913．

[2] 郑信军．聚焦处境不利学生：社会性发展研究的对象关注［M］．杭州：浙江大学出版社，2007．

[3] 吕绍清．留守还是流动？——"民工潮"中的儿童研究［M］．北京：中国农业出版社，2007．

容以及教学质量与城市的学校不同,他们没有良好的学习基础,往往导致学习困难。这导致一些流动儿童出现了缺乏学习兴趣和动机的现象,有的甚至还产生了严重的厌学心理,同时学习成绩差也影响了他们与老师和同学的正常交往。

流动儿童张晓静在新的学校被认为从来没有取得过令人满意的学业成绩,无论是老师还是同学,都对她的学习情况表示失望。班主任不仅认为张晓静的基础太差,甚至还怀疑她的智力有问题,同时还指出张晓静从来不参加集体组织的任何学习类活动;同学们也不太接受张晓静,每次和张晓静所在班级的学生聊到她,他们都表现出厌恶感,把她视为"外人"[1]。

(三) 流动儿童的情绪特点

情绪是人对客观事物的态度体验及相应的行为反应,为人和动物所共有。情绪由独特的主观体验(如喜悦、悲伤和愤怒等)、外部表现(如面部表情、身体姿态、动作等)和生理唤醒(如皮层、皮层下神经活动等)三种成分组成。情绪一直被心理学家们认为是影响人类行为的一个重要方面,它与其他的心理过程(如认知、动机)有复杂的相互作用关系。同时,情绪也是人脑的高级功能,保证着有机体的生存和适应,对个体的学习、记忆和决策有着重要的影响。因此,每个人都希望能够驾驭自己的生活,最大限度地发挥情绪的积极作用,同时尽可能减少其消极作用。

研究发现流动儿童和城市儿童在积极情绪和消极情绪上都存在显著差异,流动儿童比城市儿童体验到更多的消极情绪和更少的积极情绪。流动儿童的情绪体验在男生和女生之间没有差异;随着年级的升高,流动儿童的积极情感比较稳定,但消极情感有逐渐增加的趋势;流动时间长短会影响流动儿童的情绪体验,随着时间的延长,流动对儿童情绪的消极影响有所降低[2]。

此外,一些研究发现,如果流动儿童在生活中感到自己受到了歧视,那么他们的孤独感也会显著增加。虽然流动儿童报告受到的歧视体验并不强烈,但是有75.15%的流动儿童都报告受到过歧视[3]。因此,身处异乡的流动儿童其孤独感体验还是比较强烈的。由于一些流动儿童是从农村或外地学校转入到新城市学校中的,两地学习课程内容和深度上会有一定差异,因此,一些流动儿童也常常出

---

[1] 蒋华,徐旭英,陈强.流动儿童对城市文化的适应研究——以北京市两所小学的个案为例[J].教育科学研究,2007(11):29-33.

[2] 申继亮.处境不利儿童的心理发展现状与教育对策研究[M].北京:经济科学出版社,2009.

[3] 方晓义,范兴华,刘杨.应对方式在流动儿童歧视知觉与孤独情绪关系上的调节作用[J].心理发展与教育,2008(4):93-99.

现学习焦虑情绪①。此外，流动儿童来到繁华都市后，由于各方面与城市儿童有一定差距，因此他们也容易出现自卑情绪②。

（四）流动儿童的社会适应特点

社会适应是个体逐步接受现存社会的生活方式、道德规范和行为准则的过程，对个人的成长和未来生活有重要意义。已有研究表明，社会适应能力的高低，表征着个体的细腻成熟程度和社会化发展水平。流动儿童的父母来到城市工作，大多数都怀有改变自身社会环境的强烈愿望。不管现实情况如何，他们选择继续在城市中生活，这在某种程度上表明，他们还是比较容易适应城市生活的。但是对于流动儿童来说，他们的社会适应情况如何呢？

对于流动儿童社会适应的研究相对较多，心理学界和社会学界都探讨和研究过此类问题。从研究结果上看，一般可以分为两种③。一种认为流动儿童在城市社会的适应状况不容乐观。这种研究主要从社会排斥出发，认为流动儿童虽然生活在城市社会当中，但是面临着社会福利、观念、社会关系、社区、休闲、认同等多方面的排斥，这种排斥对流动儿童适应城市社会有着消极影响。另外一些立足于考查流动儿童在城市社会生活中的各种适应能力，如价值取向、学习、生活方式、人生理想等方面的适应能力，认为流动儿童具有适应城市社会生活的能力。刘扬、方晓义、蔡蓉等人（2008）④和李柏宁、熊少严（2007）⑤的研究都发现，流动儿童适应状况较好，他们正在慢慢融入城市生活，掌握了城市语言，在行为方式和价值观念上也都实现着城市化的转换。虽然从整体上看，流动儿童的社会适应状况良好，但是在某些方面，流动儿童还存在一些不容忽视的问题。比如李柏宁、熊少严（2007）对广州市1 200名流动儿童的调查发现，有两三成左右的流动儿童明显存在"非城市人"的身份自卑感，对广州存在一定程度的"城市畏惧症"，感到自己是外地人而受歧视，在极其自信的同时又不免有几分自卑，不认可甚至反感广州人、广州同学的一些言行举止，因而更希望回老家学习与生活⑥。对于这些不一致的研究结论可能跟流动儿童来到流入地的时间长短有关。刘扬、方晓义、蔡蓉等人（2008）关于流动儿童城市适应状况的一项质性

---

① 白春玉，张迪，顾国家，等. 沈阳市部分流动儿童心理健康状况分析［J］. 中国学校卫生，2012（4）：459-460.

② 戴斌荣. 流动儿童的心理特点与教育对策［J］. 教育评论，2011（3）：35-37.

③ 王毅杰，高燕. 流动儿童与城市社会融合［M］. 北京：社会科学文献出版社，2010.

④ 刘扬，方晓义，蔡蓉，等. 流动儿童城市适应状况及过程——一项质性研究的结果［J］. 北京师范大学学报（社会科学版），2008（3）：9-20.

⑤⑥ 李柏宁，熊少严. 广州市流动儿童社会适应性调查与思考［J］. 现代教育论丛，2007（5）：27-31.

研究发现[1]，流动儿童的城市适应过程会经历四个发展阶段：兴奋与好奇、震惊与抗拒、探索与顺应、整合与融入。

也有一些研究考查了不同校际之间，流动儿童社会适应之间的差异[2]。多项研究结果均发现，在公办学校学习的流动儿童其社会适应状况要好于在打工子弟学校的流动儿童[3][4]。史晓浩和王毅杰（2009）通过对在城市就读流动儿童的社会适应结构与适应策略选择进行解读，从时间维度上看待流动儿童城市社会的适应，结果发现民工子弟学校流动儿童的选择更倾向于指向过去，适应结果是与城市文化相分离，适应策略是返回家乡，他们在城市中的身份是"旅居者"；而公立学校的流动儿童的选择更倾向于指向未来，适应结果是被城市同化，适应策略是定居城市，他们在城市中的身份是"准市民"[5]。这些分析结果进一步说明了不同校际间流动儿童社会适应的差异和表现。社会认同是社会适应中的一项重要内容。有研究发现，我国流动儿童整体对城市的认同高于老家，同化和分离模式为其最主要的适应模式，流动儿童的社会认同受到性别、家庭经济地位、流入时间、教育安置方式等因素的影响[6]。王中会和蔺秀云（2012）对北京市流动儿童的调查发现，公办学校的流动儿童更倾向于将自己归入城市，对北京认同度高，倾向于与老家孩子比较、自我肯定；打工学校的流动儿童更倾向于将自己归入农村，对老家认同度高，倾向于与北京孩子比较、自我否定[7]。

此外，还有一些研究者考查了流动儿童的生活满意度情况[8]。通过对北京市流动儿童的调查发现，与本地常住家庭的儿童相比，流动儿童的生活满意度相对要低一些。小学流动儿童比初中流动儿童具有较高的生活满意度，流动男孩比女孩具有较好的生活满意度；打工学校流动儿童的生活满意度最低，其次为公立学

---

[1] 刘杨，方晓义，蔡蓉，等. 流动儿童城市适应状况及过程——一项质性研究的结果[J]. 北京师范大学学报（社会科学版），2008（3）：9-20.

[2] 王毅杰，高燕. 流动儿童与城市社会融合[M]. 北京：社会科学文献出版社，2010.

[3] 曾守锤. 流动儿童的社会适应：教育安置方式的比较及其政策含义[J]. 辽宁教育研究，2008（7）：46-49.

[4] 李晓巍，邹泓，王莉. 北京市公立学校与打工子弟学校流动儿童学校适应的比较研究[J]. 中国特殊教育，2009（9）：81-86.

[5] 史晓浩，王毅杰. 流动儿童城市社会适应结构与策略选择——以个案叙事中时间指向为视角[J]. 广西民族大学学报（哲学社会科学版），2009（1）：52-58.

[6] 袁晓娇，方晓义，刘杨，等. 流动儿童社会认同的特点、影响因素及其作用[J]. 教育研究，2010（3）：37-45.

[7] 王中会，蔺秀云. 流动儿童社会认同特点及其对城市适应的影响[J]. 中国特殊教育，2012（3）：61-67.

[8] 申继亮. 处境不利儿童的心理发展现状与教育对策研究[M]. 北京：经济科学出版社，2009.

校的流动儿童,最高的是公立学校的本地儿童;随着流动时间的增加,流动儿童的生活满意度也呈现增加的趋势。

此外,针对流动儿童经常遭受歧视的问题,有研究者考查了流动儿童歧视知觉的特点。所谓歧视知觉是指个体知觉到由于自己所属的群体成员资格而受到了有区别的或不公平的对待,这种知觉包括对个体自身歧视的知觉,也包括对所属群体的歧视知觉。研究发现初中流动儿童比小学流动儿童具有较多的个体和群体歧视知觉经验;打工子弟学校的流动儿童比公立学校的流动儿童具有较多的个体和群体歧视知觉经验;随着时间的增加,流动儿童的群体歧视知觉体验逐渐降低[1]。但新近的研究也有发现,我国流动儿童的歧视知觉整体上并不明显,只是打工子弟学校的流动儿童感受到的歧视知觉明显高于公立学校流动儿童[2]。这可能与调查对象流入时间长短有关。

"有的本地同学衣服穿得很漂亮,而且还是名牌,所以他们总针对我们这些家里不富裕、农村里来的孩子,说我们穿的衣服又丑又旧,有几次我都要被他们气哭了。"(来自一名流动儿童的访谈)[3]

(五)流动儿童的人际交往特点

人际关系指人们用语言或者非语言信号交流想法、表达情感和需要的过程,它反映的是人与人之间的心理距离,中文中常指人与人交往关系的总称,因此也被称为"人际交往"。一般来说,人际关系包括亲属关系、朋友关系、同学关系、师生关系、雇佣关系、战友关系、同事及领导与被领导关系等。流动儿童的人际关系主要包括亲子关系、同伴关系和师生关系。良好的人际关系是心理健康的标准之一,也是人的心理需要,有了良好的人际关系,人们才能使归属与爱的需要得到满足,才能使尊重的需要得到满足。

1. 流动儿童的亲子关系特点

亲子关系与家庭气氛在很大程度上影响着孩子的成长和发展。有研究表明,结构稳定、气氛轻松愉快、亲子关系亲密的家庭对儿童个性塑造和心理行为的发展有积极作用,积极的亲子关系会让儿童感受到爱与尊重,也会让这些儿童对周围环境表现出积极乐观的认知。与留守儿童相比,流动儿童能够在父母身边生活。毋庸置疑,这对他们的成长有一定的益处。虽然,他们经常看到的是父母忙碌的背影,但是,"早熟"的他们更加懂得珍惜父母的这份深爱。总体上,大多数流动儿童的亲子关系较为良好,子女比较能够理解父母的辛

---

[1] 申继亮. 处境不利儿童的心理发展现状与教育对策研究 [M]. 北京:经济科学出版社,2009.

[2] 范兴华,方晓义,刘杨,等. 流动儿童歧视知觉与社会文化适应:社会支持和社会认同的作用 [J]. 心理学报,2012 (5):647 - 663.

[3] 王毅杰,高燕. 流动儿童与城市社会融合 [M]. 北京:社会科学文献出版社,2010.

劳，父母也能够全心全意为子女付出。从研究者的调查来看，流动家庭中的儿童对家庭最深刻最普遍的印象是贫穷和忙碌。在这样的家庭中，孩子能够较早地认识到生活的不容易，也越容易培养起对家庭的责任感。流动儿童经常会在作文中这样写："我知道爸爸妈妈对我的关怀是无微不至的，我要好好学习，取得好成绩报答他们。"

"……今天，我突然发现妈妈的额头上出现了一两道皱纹，它虽然不深，却深深地刻在我的心上。妈妈的生活太紧张了，她没有时间打扮自己，因此我萌发了买抗皱霜的念头，让妈妈恢复原来的年轻美丽的容颜。

我来到妈妈身边，妈妈仍像往常一样忙碌着。我将抗皱霜藏在身后，神秘地说：'妈妈，你猜我买了什么？''谁知道你又要什么鬼花样了，快，给我看。'妈妈兴奋地说。妈妈放下饭铲，抹了抹手。'看'，我双手捧给她，她接过去看了看，和蔼地看着我，感动地流出了幸福的泪花。"（来自一名流动儿童的作文）①

但是另一方面，现实生活中，也有很多流动儿童与父母的沟通状况十分不理想。陈丽和刘艳（2012）②采用亲子沟通问卷对北京市1 016名流动儿童和446名城市户籍儿童进行了调查。结果发现，与城市儿童相比，流动儿童亲子沟通频率、时间和主动性都较低。在亲子沟通的各维度上，城市儿童得分都显著高于流动儿童。可见，虽然有一部分流动儿童能够很好地体谅父母的苦衷，但是还有一些儿童与父母的沟通存在一定的问题，这在某种程度上影响了其心理健康水平。

"当一个小孩子就是不容易，有很多话都不敢对爸爸妈妈说，即使是他们不对，也不能说，一说不是挨骂挨批评就是挨打，好像他们说的什么都是对的，小孩子说的什么都是不对的，难道小孩子就没有说话的权利和自由吗？难道小孩子说的话就没有一句是对的吗？为什么父母天天就知道让我们写作业，不许我们出去玩，遇到不顺心的事情总是对着我们发脾气，拿我们撒气，我们又没犯错，又不是我们惹着他们了。"（来自一名流动儿童的访谈）③

2. 流动儿童的同伴关系特点

良好的同伴关系对于流动儿童的健康成长十分重要，它能够使流动儿童与同伴共同分享快乐与悲伤，也能使他们获得归属感。有研究者调查发现，流动儿童期望的朋友类别按照比率高低分别为：谈得来的同学（35.2%）、成绩好的同学（25.5%）、家近的同学（16.5%）、老乡（14.1%）和城里的同学（8.6%）。可见，流动儿童在交朋友的时候，最看重的还是"谈得来"。同时研究也发现，这

---

① 吕绍清. 留守还是流动？——"民工潮"中的儿童研究 [M]. 北京：中国农业出版社，2007.

② 陈丽，刘艳. 流动儿童亲子沟通特点及其与心理健康的关系 [J]. 中国特殊教育，2012（1）：58－63.

③ 王毅杰，高燕. 流动儿童与城市社会融合 [M]. 北京：社会科学文献出版社，2010.

些儿童在选择同伴进行交往时,并未考虑他们是城市儿童还是老乡。实际上,流动儿童与城市儿童交往,对其融入城市社会更具有重要意义。但频繁的流动,却给这些流动儿童建立新的同伴关系带来了障碍。研究发现打工子弟学校的流动儿童交友困难的比例显著高于混合学校的流动儿童和公立学校的城市儿童[1]。郑信军(2003)的调查还显示,流动儿童的同伴关系具有性别差异[2]。在流动儿童班级内部,受同伴拒斥的男生更多,女生的同伴双向选择次数显著多于男生,而本地儿童班级内部没有这些现象。这在一定程度上说明流动女生比男生更能适应生活环境的变化,并积极通过建立稳定而互动的同伴关系以增加同伴交往的亲密性,从而更好地适应环境。少数流动男生自身固有的认知与行为问题在新环境中被放大了,导致其在社会交往中出现攻击、退缩等行为,进而导致其同伴接纳和认同的丧失。

"以前在老家的时候,有很多的好朋友好伙伴,可以每天跟他们在一起玩。去了张家港以后,就跟原来老家的朋友们没有什么联系了。刚开始在张家港的时候,没什么朋友,觉得很孤独,没意思。后来就慢慢认识了学校和住的附近的一些伙伴们,感觉好多了,又有人一起玩了。但是,后来我爸爸换工作,去了苏州,又跟原来的伙伴们没有联系了,周围没有自己认识的人,老师和同学也不熟悉。没多久又来了这里,到了现在的新班级后,班里的同学因为我是新来的,就老是欺负我,他们真是讨厌死了,真觉得烦死了,想到这里我都不想上学了。"(来自一名流动儿童的访谈)[3]

3. 流动儿童的师生关系特点

良好的师生关系会促进儿童学业和个性的发展。"亲其师,信其道",学生在情感上对老师有认同感,就会激发起学生的学习兴趣。师生关系除了对学生的学习有重要影响外,还会影响到学生的自我、情绪等方面的发展。从总体上看,大部分流动儿童所在学校的教师无论在教学上还是对学生的关心上,都能获得家长及学生的认可。有调查显示,有61.2%的学生喜欢现在学校的老师,仅有1.9%的学生表示不喜欢学校的老师[4]。谢尹安、邹泓和李小青(2007)比较了北京市公立学校与打工子弟学校流动儿童师生关系的特点[5],发现两类学校的教

---

[1] 申继亮. 透视处境不利儿童的心理世界(下)[M]. 北京:北京师范大学出版社,2009.

[2] 郑信军. 聚焦处境不利学生:社会性发展研究的对象关注[M]. 杭州:浙江大学出版社,2007.

[3] 王毅杰,高燕. 流动儿童与城市社会融合[M]. 北京:社会科学文献出版社,2010.

[4] http://news.xinhuanet.com/edu/2003-06/24/content_934586.htm

[5] 谢尹安,邹泓,李小青. 北京市公立学校与打工子弟学校流动儿童师生关系特点的比较研究[J]. 中国教育学刊,2007(6):9-12.

师与流动儿童的关系程度存在显著的校际差异。小学高年级，公立学校中流动儿童的师生关系优于打工子弟学校；初一年级，公立学校中流动儿童的师生关系差于打工子弟学校；两类学校初二年级师生关系没有显著的校际差异。流动儿童的师生关系可分为疏远平淡型、亲密和谐型和紧密矛盾型三种类型，其分布比例分别为37.0%、38.1%和22.0%。但是，在一些研究中①，也发现教师在处理城乡学生矛盾上往往偏袒城市学生，在座位编排、担任班干部、上讲台示范等方面往往给予城市学生更多的机会。这些做法，在某种程度上影响了良好师生关系的建立。

第二节　流动儿童的常见心理问题

目前，流动儿童的规模在我国已经达到了1 834万，这些儿童正处于身心发展的重要时期，然而现有研究表明，由于他们在随父母迁移的过程中，涉及角色转换、生活习惯的改变、价值观念的适应等问题，往往会给这些儿童带来一定的心理冲击，对他们的心理健康发展极其不利。一些调查发现，流动儿童的心理健康状况不容乐观，他们与常住儿童相比有显著差异，在学业、自我、情绪和社会适应上都存在一定问题。刘正荣对扬州市区一所打工子弟学校和一所公立学校的421名儿童进行的调查表明，流动儿童整体心理健康状况不佳，学习焦虑水平高，孤独倾向突出，自责倾向严重，恐惧心理明显②。流动儿童的这些心理问题如果无法得到解决，将很容易使他们产生对社会的不满情绪，甚至可能会由于心理异常，产生极端行为，从而出现社会问题。

一、流动儿童的教育现状

近年来，流动儿童的数量逐渐增加，如北京市现有流动人口已经超过1 000万，在京接受义务教育的流动儿童有42万人，占学生总数的40%③。广东省是我国流动人口最多、最集中的省份，其中义务教育阶段流动儿童数量达到244.08万人，占全省义务教育阶段学生总数的16.27%④。此外，流动儿童数量较多的省还有江苏、浙江、福建、四川和山东。举家迁徙的流动人口，其子女的义务教育问题一直受到关注。根据新修订的《中华人民共和国义务教育法》的规定，每一个适龄儿童、少年都应享有接受义务教育的权利，都应享有均等的接受教育

---

① 方晓义，范兴华，刘杨. 应对方式在流动儿童歧视知觉与孤独情绪关系上的调节作用 [J]. 心理发展与教育，2008（4）：93 - 99.

② 刘正荣. 进城就业农民工子女心理健康问题研究 [D]. 扬州：扬州大学，2006.

③ 刘海霞. 京教改纲要提出流动人口子女将可在京上高中 [N]. 京华时报，2010 - 10 - 14.

④ 吴开俊，刘力强. 珠三角地区非户籍务工人员子女义务教育问题探讨 [J]. 教育发展研究，2009（2）：6 - 11.

的机会，流动儿童当然也不例外。因此，目前在一些省市的公立学校已经开始免费接收这些流动儿童入学。据统计，在流入地接受义务教育的流动儿童有1 260.97万人，其中在小学就读的有936.74万人。从目前的政策上看，总体上流动儿童主要有两种就学方式，一种是进入专门的打工子弟学校，另一种是与城市儿童一样，一起进入公立学校学习。

二、流动儿童面临的教育问题

在我国，流动儿童的入学难问题现在得到了很大程度上的解决。但是，流动儿童相比于定居儿童在受教育方面还存在一些其他问题。社会流动使得部分流动儿童丧失了受教育机会，或相对丧失了公平教育的机会。

首先，流动儿童的入学率低。有研究对武汉市的抽样调查结果表明[1]，该市流动儿童的入学率为93.6%，其中，女生的入学率只有89.7%，这不仅低于全国适龄儿童的平均入学水平，甚至低于农村儿童入学水平。另据2008年教育部的一项调查发现，农民工随迁子女入学难问题仍相当突出，北京市适龄儿童中未上学的比例达3.81%，上海达3.56%，广州高达7.19%[2]。这说明，我国流动儿童的入学情况仍不容乐观。

其次，流动儿童的辍学和失学问题在全国各地也是比较突出的问题。特别是当女童没有机会免费进入公立学校读书的时候，家长更容易让这些女童放弃入学。而且随着年级的升高，流动儿童失学现象更加普遍。其中，家庭经济负担是这些儿童失学的最主要原因[3]。不仅如此，流动儿童不能适时入学也是目前流动儿童的教育问题之一。范先佐和段成荣的调查都发现流动儿童的上学年龄一般较晚，有的9周岁才只上一、二年级。可见，很多流动儿童没有在可接受教育的年限及时入学。而流动儿童的学前教育缺失则更为常见，有相当多的流动儿童都没有接受过学前教育。

再次，流动儿童虽然可以就读于公办学校，但是大部分流动儿童上不了好学校。虽然，一些流动人口已经在居住地购买了住房，但是由于没有户口，他们的子女也不能进入住房学区入学，只能去那些学生数量少的公办学校上学，而这些学校往往教学质量和教学设备相对较差。武汉市是全国较早接受流动儿童入学的城市之一，全市有283所公办中小学接收流动儿童入学，但其中没有一所是重点

---

[1] 范先佐.三尺书桌何处寻：流动人口子女教育困难与破解[M].南京：江苏教育出版社，2011.

[2] 全国总工会新生代农民工问题课题组.关于新生代农民工问题的研究报告[N].工人日报，2010-06-21.

[3] 吕绍清.留守还是流动？——"民工潮"中的儿童研究[M].北京：中国农业出版社，2007.

学校。对北京等其他九个城市的抽样调查也表明，流动儿童进入重点学校入学率在大城市仅占6.8%。此外，还有一些流动儿童由于种种原因，不能进入到公立学校就读。这些儿童所在的打工子弟学校的教学条件就更差了。往往这些学校的教学设施、资金投入、师资配备、教育质量、教育管理等方面都无法与公办学校相提并论。

最后，流动儿童升入高一级学校难。在流入地上完小学和初中后，高中怎么上，大学怎么考？这是摆在很多进城务工人员子女面前的问题，同时也是教育部很关注的问题。目前，流动儿童还不能在非户籍所在地参加高考，很多流动儿童的学业会因此而受到影响。可喜的是，据报道，四部委即将出台一个关于做好进城务工子女接受义务教育后，在当地参加升学考试的意见。目前这个意见已得到国务院的认可，希望能够早日颁布以让流动儿童获益更多。

三、流动儿童的学业问题

流动儿童随父母来到远离家乡的城市，他们有的已经在家乡上过学，重新进入到一个新的学习环境，不一样的课程、不一样的授课方式使得这群孩子需要重新适应教育环境。从相关研究来看，流动儿童的学业主要存在以下一些问题。

（一）整体学业成绩低于城市儿童

大多数对流动儿童的调查都发现流动儿童的整体成绩不如城市儿童。比如对宜昌市部分流动儿童与城市儿童以班级为单位，对学习成绩进行自我评定的整群抽样调查分析表明，流动儿童的成绩不如城市儿童，优秀和良好的比例低于城市儿童近10个百分点，在较差和很差两项中，流动儿童的比例高于城市儿童。让家长对孩子的成绩进行评定，也得到了类似的结果①。而其他一些研究则发现，流动儿童学习困难的比例偏高，竟高达37%②。因此，流动儿童的成绩低下不是个别现象，而是较为普遍的现象。成绩低下不仅会影响流动儿童的自信心和自尊心，同时也容易引发流动儿童的辍学现象。

A今年8岁，半年前从农村来到城市，与离了婚的母亲一起生活，目前在一所民办的打工子弟小学读书。虽然A自己比较喜欢新的环境，觉得对目前的学校生活比较适应，跟班里同学的关系也比较融洽，但是学习成绩不理想，在第一次数学单元测试中就没有及格。由于A做题目的速度很慢，经常因为考题做不完而

---

① 范先佐．人口流动背景下的义务教育体制改革［M］．北京：中国社会科学出版社，2011．

② 龙一芝，杨彦平．上海市闵行区农民工子女教育现状调查报告［J］．上海教育科研，2008，(3)：42-45．

急得直哭。而且 A 做作业粗心、马虎，有时还会漏抄家庭作业①。

（二）缺乏学习兴趣和动机

在随父母流动的儿童中，流动比较频繁的儿童，往往会出现注意稳定性差，学习目的不明确，缺乏内在学习动机的现象。因为在各地就读时间较短，这群孩子往往不能在短时间内受到老师的重视，面对不同的教学环境、教材、教学进度以及教学方法，如果此时家长不能及时进行引导，那么他们会慢慢失去对学习的兴趣，甚至不能适应学校的生活。而学校适应是学生心理健康的重要评价指标之一，学生的学校适应状况会对学生的情绪、心理和行为等多方面的发展产生不可估量的影响。据调查，深圳市 80% 以上的流动儿童有过转学经历，这种经常性的变动，使得他们很难在短时间内对学习环境适应和调整，许多孩子出现了学习动机不强，甚至厌学的心理。

古人说"少年不识愁滋味"，但 12 岁的小彤却早早品尝到了烦恼的滋味。五年前，小彤随父母从湖南来到深圳，现在在宝安区一所民办小学读六年级，成绩优秀，最大的梦想是考进宝安中学。但因没有深圳户口，她的梦想无法实现。小彤和父母的住所附近没有公立初中，而私立中学对外地生收费较高，父母承受不起，小彤面临转学。虽然转学对小彤不是新鲜事，但还是让她非常伤心。父母先后在罗湖、龙岗和宝安等地打工，小彤随父母辗转换了四所小学。她成绩优秀、爱好文艺，但几乎没有固定的朋友。小彤在给心理咨询师的信里写道："我不愿意离开生活多年的宝安，舍不得这里的好朋友。但一想到反正怎么努力都是白搭，真的不想再上学了。"②

（三）厌学

学校是青少年生活的重要场所之一，学生大部分时间都是在学校中度过的。学生在学校中学到了各种知识，形成了各种角色意识，习得了不同角色行为规范，掌握了不同活动的规则。然而，有一部分流动儿童却出现了严重的厌学现象。一方面，由于一部分流动儿童原来的学习基础比较差，他们不能适应新的学习环境和学习任务。另一方面，各地教材版本不一致，有些流动儿童在学习过程中也会遇到困难，遭受失败。因此，一部分流动儿童会出现学习断层、成绩跟不上的现象。这些儿童渐渐地就把学习当成了一种负担，长此以往，就会慢慢滋生厌学心理，甚至对学习产生抵触情绪。

（四）学业焦虑

流动人口由于受到自身文化程度的限制，在城市中的生活往往不尽人意。他

---

① 童敏. 流动儿童应对学习逆境的过程研究——一项抗逆力视角下的扎根理论分析[M]. 北京：中国社会科学出版社，2011.

② 李薇，姚钒."我是外地生，请不要歧视我"[N]. 深圳商报，2009-07-29.

们的体验让他们对下一代的学业寄予更高的期望。他们往往希望子女在城市中可以受到良好的教育，不再重复自己打工的命运，而是能够改变自己的未来。所以，农民工对自己子女的教育期望都较高。有调查显示，85.3%的流动儿童的家长都希望自己的孩子能接受大学本科及以上教育①。蔺秀云、王硕、张曼云等人（2009）的研究发现，流动儿童感知到的父母的教育期望显著高于流动儿童对自己的教育期望②。而对于一些流动儿童来说，虽然他们对自己的学业没有那么高的期望，但是，他们深知父母工作辛苦，对自己学习的期望高，因此他们也会非常看重自己的学业成绩。但是，由于学习内容、学习环境各方面都发生了变化，流动儿童可能在短时间内无法达到父母和自己的期望。据调查，流动儿童的成绩与同学相比具有一定的差距。往往流动儿童的优良率较低，而差劣率却较高。因此，流动儿童就很容易产生学业焦虑情绪。一方面，他们会认为父母为自己的学习已经投入太多，不能辜负父母的期望；另一方面，他们的成绩可能又不尽如人意。这种反差往往会导致流动儿童对学业的高焦虑。有些流动儿童对学习和考试非常害怕，甚至上课时读课文也会紧张。人们在焦虑状态下，经常表现为持续性精神紧张（紧张、担忧、产生不安全感）或发作性惊恐状态（运动性不安、小动作增多、坐卧不宁、激动哭泣），常伴有自主神经功能失调表现（口干、胸闷、心悸、出冷汗、双手震颤、厌食、便秘等）。因此，长期的学业焦虑必然会影响流动儿童的身心健康。

流动儿童 D 的父母说："目前我们的家庭还处于社会的最底层，每天要想着如何改善家里的经济条件和状况，没有过多的时间和精力花在孩子的教育上，也没有能力过多地指导孩子的学习。但孩子又是我们未来的希望，我们这么辛苦来到城市打工就是为了孩子有一个好的未来，能够改善我们目前的生活状况。我们时常能够感受到这样的压力。"③

（五）对学校的满意度低

曲可佳、邹泓和李晓巍（2008）对北京市流动儿童的研究发现④，有44%的流动儿童对学校的满意度水平低于全体学生的学校满意度，而且打工子弟学校学生的学校满意度水平显著低于公立学校和混合学校。这可能是由于打工子弟学校

---

① 范先佐. 三尺书桌何处寻：流动人口子女教育困难与破解 [M]. 南京：江苏教育出版社，2011.

② 蔺秀云，王硕，张曼云，等. 流动儿童学业表现的影响因素——从教育期望、教育投入和学习投入角度分析 [J]. 北京师范大学学报（社会科学版），2009（5）：41-47.

③ 童敏. 流动儿童应对学习逆境的过程研究——一项抗逆力视角下的扎根理论分析 [M]. 北京：中国社会科学出版社，2011.

④ 曲可佳，邹泓，李晓巍. 北京市流动儿童的学校满意度及其与师生关系、学业行为的关系 [J]. 中国特殊教育，2008（7）：50-55.

的流动儿童享有的教育资源远远少于混合学校和公立学校,这不仅体现在学校环境和教室环境这些硬件设施上,也体现在儿童可以获得的教育机会上。此外,打工子弟学校的老师流动性较高,一部分老师还缺少责任心,难以与学生建立良好的师生关系,这在一定程度上都影响了学生对学校的满意度。比如在一所打工子弟学校有老师曾经这样评价学生①:"我觉得这帮孩子实在是太讨厌了,烦得要死,多看他们一眼都觉得难受。""可不是吗,要我说这帮孩子就是神经病,头脑有问题,教不好的。"面对老师这样的评价,学生怎能对学校满意呢?

"这里的老师没有几个上过大学,我们那里的老师都上过大学。还有,我们那里的老师管得严些。""我们老家都是教学大楼,都有五六层。宿舍都比这好,比较旧的教室全都拿来做宿舍了,教学楼比较宽敞。"(来自对打工子弟学校不满意的两位流动儿童的访谈)②

四、流动儿童的自我发展问题

(一)流动儿童的自我认同感低

虽然社会大环境和媒体一直在倡导公平对待流动儿童,但是有些老师和同学还会对一些流动儿童冷嘲热讽,甚至有些老师直言将这些儿童称为"双差生"。在这种情况下,很多流动儿童对自我的认同也会降低,认为自己是一个失败者,甚至"破罐子破摔",放弃自己。此外,从农村到城市,流动儿童的周围环境发生了变化,他们常常被视为城市中的边缘群体,经常受到各种不平等的待遇,在这种情况下,流动儿童往往也会产生身份认同的困惑。对于这些二代流动人口而言,他们是城市中的农村人,不知道自己到底是农村人还是城市人。特别是对于一些出生在城市的打工子弟来说,他们的这种困惑就更加明显,他们会想:为什么我也出生在城市,但却和其他的城市儿童不同呢?在对广州市流动儿童的调查中就发现,大多数儿童在广州居住已超过五年(63.4%),近三成(28.8%)出生在广州,但仍然有33.1%的孩子常常觉得自己是"外地人",有21.5%的孩子对自己的身份表示犹疑("说不准")③。这种种困惑导致流动儿童的自我认同感低,很容易在自我认同危机中迷失自己,又容易导致流动儿童同城市儿童产生严重的心理隔膜,缺乏完整的城市归属感,这不仅决定了他们的城市适应发展既缓慢困难又脆弱,也导致他们更容易出现心理健康问题,出现"城市边缘人人格"。

---

① 王毅杰,高燕. 流动儿童与城市社会融合[M]. 北京:社会科学文献出版社,2010.
② 申继亮. 透视处境不利儿童的心理世界(上)[M]. 北京:北京师范大学出版社,2009.
③ 李柏宁,熊少严. 广州市流动儿童社会适应性调查与思考[J]. 现代教育论丛,2007(5):27-31.

(二) 流动儿童的自我归因不当

归因是个体在完成一件事情后,对自己成功或失败原因的分析。研究发现,流动儿童的自我归因往往存在一些问题。他们往往看不到自己的长处和优势,只看到自己的劣势和缺点。当他们取得成功时,他们也会不自信地认为是运气等偶然的因素使然;而当失败时,他们往往归结为是自己智力低、能力差。这些不当的归因,使得流动儿童缺乏获得成功的积极努力,也导致他们更容易出现学习问题。

(三) 流动儿童的自尊水平低

自尊是个体对自我价值的判断,表达了个体对自己所持的总体态度。以往研究表明,低自尊者更倾向于采用"压抑"、"逃避"和"退缩"的应对方式,从而产生孤独、抑郁等消极心理感受,影响个体的环境适应和心理健康水平。董慧中等人 (2012) 通过对重庆市北碚区及成都市的 843 名儿童进行调查①,发现流动儿童的自尊水平低于非流动儿童,男流动儿童的自尊水平又显著低于女流动儿童。流动儿童的自尊受到其身份认同、班级氛围及班级凝聚力的显著影响,流动儿童的低自尊也会影响其对学校的态度。

五、流动儿童的情绪问题

(一) 孤独感较强

虽然流动儿童会在父母身边生活,可以感受到父母的关爱和照料,但是学校也是学龄儿童的主要生活场所,同伴关系对于他们的成长也至关重要。然而这些流动儿童经常会面临频繁转学的问题,每当他们来到一个新学校的时候,经常面临一个人也不认识的状况,因此,面对新情境这些儿童会产生强烈的陌生感。此外,由于城市社区对流动儿童的文化排斥,流动儿童和城市儿童难以正常沟通和交流,流动儿童缺少城市儿童作为好朋友,这也会增加他们的孤独感。孤独感是个体对自己社交状况的一种主观体验,是一种消极的、弥漫的心理状况②。我国学者周皓 (2006) 采用阿舍等人 (Asher, 1984) 编制的儿童孤独感自我评定量表,对流动儿童的孤独感进行了研究。结果发现,在严重的孤独感群体中,公立学校的流动儿童所占比例最高,状况最差③。总体上,无论是公立学校还是打工子弟学校的流动儿童,其孤独感得分都高于城市儿童,说明流动儿童中有孤独感的人数较多。2010 年,周皓又对上述研究对象进行了跟踪调查,结果发现公立

---

① 董慧中, 唐春芳, 吴明霞, 等. 流动儿童自尊特点及其与学校态度的相关研究 [J]. 内蒙古师范大学学报 (教育科学版), 2012 (2): 43-46.

② 周宗奎, 孙晓军, 赵冬梅, 等. 童年中期同伴关系与孤独感的中介变量检验 [J]. 心理学报, 2005 (6): 776-783.

③ 周皓. 流动儿童心理状况及讨论 [J]. 人口与经济, 2006 (1): 48-36.

学校中的流动儿童和打工子弟学校中的流动儿童孤独感都得到了改善，但是流动儿童的孤独感和抑郁感始终强于本地儿童①。可见，流动儿童的孤独感问题不是随着流入时间或者年龄增长就可以解决的，这为流动儿童将来能否顺利融入城市社会埋下了一定的隐患。

（二）自卑感强烈

大量关于流动儿童的研究都发现，自卑心理是流动儿童心理问题的集中体现。自卑，即一个人对自己的能力、品质等作出偏低的评价，总觉得自己低人一等并因此悲观失望、惭愧、羞涩甚至畏缩不前。这种意识还能不断扩散到其他方面，并逐步形成否定自我的倾向。一个自卑的人，接纳自己是建立在一系列条件的基础上的，只有达到了某些标准，才能接纳自己存在的价值，如"获得好成绩，我才能得到大家的认可和喜欢"等。流动儿童由于与城市儿童的家庭背景、经济条件、生活方式等多方面存在不同，通过与同学比较，他们往往对自己作出过低的评价，产生自卑心理。同时，老师、同学和社会各个方面的歧视又会加重他们这种自卑心理。自卑心理对流动儿童的影响较大，往往会使他们变得胆小、不敢进取、自我封闭，影响他们正常的人际交往和学习。这些自卑感严重的流动儿童，容易在他人面前胆怯、害羞，不敢参与到其他儿童的活动中，有了问题也不敢问老师，表现为比较"老实"。在这种情况下，他们的人生观和价值观容易出现偏差，在一些特定的条件下，这些流动儿童会选择自杀、离家出走，甚至做一些违法乱纪的事情②。

"我不喜欢和杭州的小朋友玩，他们会嫌弃我们穷，笑话我们穿得差，不愿意和我们一起玩。有个周末我跟爸爸去一个小区送水，爸爸上楼去了，我在楼下等，我看见旁边有好多小朋友在玩一个玩具，好像很好玩，我就凑过去看到底是什么好东西。他们看见我就很快收起玩具跑开到别的地方玩去了。当时我很难过，我只是想看看。我的朋友都是外地来的小朋友，大家在一起很开心，我们穿的用的都差不多，没有谁比谁条件更好。"（小郑，男，来自江西，M校，三年级学生）③

（三）恐惧倾向

流动儿童的流动性，造成他们频繁转换学校，这在一定程度上导致这些儿童在成长中缺乏一定的安全感。而安全感的缺失又导致这些儿童常常有恐惧情绪。

---

① 周皓. 流动儿童的心理状况与发展——基于"流动儿童发展状况跟踪调查"的数据分析 [J]. 人口研究，2010（2）：66-75.

② 张洪菊，崔万秋. 流动儿童自信心培养探析 [J]. 继续教育研究，2012（4）：37-38.

③ 胡书芝，吴新慧，李洪君. 社会结构异质性与流动儿童社会网络的建构——以同伴关系为核心 [J]. 青年研究，2009（3）：27-35.

恐惧是指因受到威胁而产生并伴随着逃避愿望的情绪反应。人类的大多数恐惧情绪是后天获得的。恐惧反应的特点是对发生的威胁表现出高度的警觉，常见的生理反应有心跳猛烈、口渴、出汗、神经质发抖等。白春玉等人（2012）采用心理健康诊断测验（MHT）对沈阳市6所学校1 881名学生进行调查①，发现流动儿童的恐惧倾向高于常住儿童。这可能是由于流动儿童往往居无定所，他们对基本的生活保障会产生担忧，同时他们由于经常面对陌生环境、陌生的同学和陌生的老师，这在一定程度上也会使他们感到恐惧。据报道，广州市对城区10所中小学校共计1 200名流动儿童进行问卷调查，结果发现，20.9%的流动儿童患有"城市畏惧症"。

六、流动儿童的社会适应问题

在流动儿童中，有的是跨省流动的，有的是跨市流动的，有的来自北方，有的来自南方。每一位流动儿童都面临着对环境的适应问题。介于城市和农村这两个群体中的流动儿童，往往无法在短时间内很好地适应城市生活。

（一）缺少归属感

一部分流动儿童生活环境和学校环境经常变化，往往会使他们缺少老师的肯定和同学的接纳，尤其是在班级活动中，如果经常受到排斥和歧视，那么他们往往就会缺少归属感，缺少必要的社会支持系统。歧视在一定程度上，会导致流动儿童出现两种问题②。一种是使流动儿童变得退缩、不敢与人交往、不自信。心理学研究表明，被忽视、被看不起的儿童往往有更多的退缩行为。第二种是使他们更容易出现行为问题。受歧视儿童往往对周围人甚至社会产生敌意，从而导致问题行为的出现。如果流动儿童在城市不能被平等对待，经常遭受歧视，那么从长远来看，不仅会对流动儿童本人造成心理伤害，而且也会给社会的稳定埋下隐患。此外，一部分流动儿童采取了随班就读的形式，与城市中的其他儿童在同一所公立学校，或者在同一个班级，这样虽然有利于这些儿童逐渐融入城市生活，但是在某种程度上，这也进一步导致了歧视出现的可能。尤其是在中学阶段，学生的心理敏感性增强，当班级中仅有少数流动儿童的时候，他们往往会缺乏归属感。而当缺乏学校归属感的儿童遇到学业问题时，他们也更不愿意去主动求助于老师和同学。此外，学校归属感对流动儿童的学校适应有重要影响。彭丽娟等人（2012）研究发现，学校归属感和学校适应之间存在显著相关，并且流动儿童的

---

① 白春玉，张迪，顾国家，等. 沈阳市部分流动儿童心理健康状况分析［J］. 中国学校卫生，2012（4）：459 - 460.

② 邹泓，屈智勇，张秋凌. 我国九城市流动儿童生存和受保护状况调查［J］. 青年研究，2004（1）：1 - 7.

集体自尊在学校归属感和学校适应之间起部分中介作用①。

（二）疏离感强

疏离感是个体与社会分离，缺乏社会支持或有意义的社会联系所产生的一种情感体验。白文飞等人（2009）研究发现，流动儿童与社区居民关系疏离，不能融入城市的主流生活②。疏离感与流动儿童的人际交往状况有密切关系。流动儿童是一个相对较为特殊的群体，他们的出身和经历决定了他们人际交往的范围和特点③。流动儿童的人际交往空间较小，主要停留在家庭成员和相邻的同学之间，很少有其他方面的交往和接触。至于与城市居民的交往就更为少见。首先，这是源于他们的父母自身交往范围比较狭窄，因此在一定程度上限制了其子女的交往范围；其次，流动儿童父母工作繁忙，很少有机会带孩子去接触外面的世界，又不希望他们自己到外面去，这也在一定程度上限制了流动儿童与外界人员接触和交往的机会；再次，由于流动儿童居住范围相对狭窄和固定，与城市居民之间在居住区域上有距离和差别，同样在一定程度上限制了流动儿童的活动范围。最后，由于流动儿童很少参加课外班和兴趣班，也减少了流动儿童的交往范围。这些因素导致流动儿童出现了比较单一的交往现状，不仅不利于流动儿童开阔视野，学习社会规范和社会角色，也使得流动儿童产生了强烈的疏离感。此外，邱剑和安芹（2012）进一步研究发现，流动儿童的疏离感体验不存在显著性别差异，但是曾远离父母生活过的流动儿童疏离感总分以及社会疏离感和人际疏离感均显著高于一直与父母一起生活的儿童④。

（三）社会融合程度差

流动儿童的研究是诸多学科关注的问题，社会学研究者从社会融合的角度考查了流动儿童的社会适应问题。社会融合是指流动儿童纳入（或流入）人口迁入地逐步接受与适应迁入地的社会文化，以此构建良性互动交往，并最终形成相互认可，相互"渗透、交融"，"互惠、互补"⑤。一般来说，社会融合包括经济融合、文化适应、社会适应、结构融合和身份认同五个维度，对于流动儿童的社

---

① 彭丽娟，陈旭，雷鹏，等. 流动儿童的学校归属感和学校适应：集体自尊的中介作用[J]. 中国临床心理学杂志，2012（2）：237-239.

② 白文飞，徐玲. 流动儿童社会融合的身份认同问题研究——以北京市为例[J]. 中国社会科学院研究生院学报，2009（2）：18-25.

③ 李运庆. 区隔与认同：农民工子弟的人际交往现状研究——以南京市一所民工子弟学校为例[J]. 青年研究，2006（5）：20-27.

④ 邱剑，安芹. 初中流动儿童疏离感与亲社会行为的关系：社会支持的中介作用[J]. 中国特殊教育，2012（1）：64-48，46.

⑤ 张文宏，雷开春. 城市新移民社会融合的结构、现状与影响因素分析[J]. 社会学研究，2008（5）：117-141.

会融合研究一般不包括经济融合。相关研究发现，总体上，流动儿童与城市社会的融合处于困境之中，其身份认定模糊；家长的社会融合状况影响儿童的社会融合，公立学校儿童的社会融合好于打工学校的流动儿童的社会融合状况。生活在夹缝中的流动儿童，如果不能很好地融合到新的社会环境中，将会对他们的心理发展产生多方面的负面影响。研究发现，流动儿童的身份认同直接影响他们健康人格的形成，并在一定程度上阻碍了他们与城市的融合①。因此，使流动儿童更快、更好地适应城市生活，改善流动儿童的心理问题，让他们在新的环境下，真正融入城市生活，对于他们的健康成长是非常重要的。

七、流动儿童的心理行为问题

心理行为问题的含义非常广泛，指个体一切不适应行为与心理状态，即对自己、他人或环境中事物不利的心理与行为，在一定情况下被视为没有价值的行为。调查表明，在我国中小学生中，约 1/5 左右的儿童青少年都存在着不同程度的心理行为问题，如厌学、逃学、偷窃、说谎、作弊、自私、任性、退缩、焦虑等种种外显和内在的心理行为问题。而现有研究表明，流动儿童的心理行为问题较一般儿童更多一些。

（一）流动儿童的意外事故多

流动儿童随父母来到城市后，居住在城乡结合部的居多。这些地方交通状况和安全措施往往不是很好，又由于流动儿童的父母疏于管教，他们往往更容易出现一些意外事故。首先，据调查，流动儿童的交通意外事故远远高于城市儿童。我们也经常在媒体上看到有关流动儿童发生交通意外事故的报道。其次，流动儿童的溺水事故多。当假期来临时，流动儿童很少与父母去游乐场所，也很少有去参加各种兴趣班和补习班的，因此他们往往自己与同伴外出游玩。在这一过程中，经常发生溺水等事件。据报道，2005—2011 年，广州容桂街道社区共发生学生溺水事故 14 起，出事的大部分学生是外来务工人员子女，出事时间大多都在假期、放学后②。

（二）流动儿童的问题行为

问题行为一般指的是个体表现出的妨碍其社会适应的异常行为③。有学者把儿童的问题行为分为两类：内化问题行为和外化问题行为。前者指焦虑、抑郁、

---

① 郑友富，俞国良. 流动儿童身份认同与人格特征研究 [J]. 教育研究，2009（5）：99 - 102.

② http://news.enorth.com.cn/system/2012/07/13/009634127.shtml.

③ 林崇德，杨治良，黄希庭. 心理学大辞典 [M]. 上海：上海教育出版社，2005.

孤僻、退缩等情绪问题，后者指攻击反抗、违纪越轨、过度活动等行为问题①。问题行为会阻碍儿童个性、社会性发展，对其身心健康十分不利。由于流动人口来到城市，要不断为生计奔波，因此他们在繁忙的工作之余常常无暇顾及孩子。有些家长虽然有时间管教孩子，但是他们经常寄希望于"知识改变命运"，因此，这些家长往往只关心孩子的学习，而对其他方面不闻不问，缺乏对孩子良好行为养成的教育。同时，对于流动儿童来说，往往他们经常要面对各方面成长的任务和不断接受环境变化带来的压力，他们要适应新的生活环境，他们要面对城里人的歧视，所以他们经常会有焦虑、抑郁和迷茫的内部心理问题，也经常会出现打架、斗殴、逃学等外部问题行为。李晓巍等人（2008）的研究表明，我国流动儿童内、外化问题行为的自我报告率分别达 31.0% 和 20.1%，流动儿童的行为问题均高于城市儿童，同时流动儿童的内化问题行为较为突出。并且，在外化问题上，存在显著性别差异，男生的外化问题行为显著高于女生②。申继亮（2009）以北京市流动儿童为调查对象的研究也得到了类似结果③。谢子龙等人（2009）的研究还表明，流动儿童的打架、逃学等违纪行为也存在显著的性别和年级差异，男生高于女生，初二年级高于初一和初三年级。此外，初三女生总的问题行为要多于初一和初二女生④。

（三）流动儿童的违法犯罪行为

正处在身心发展时期的流动儿童，很容易受到社会因素的影响。当面对社会不公和歧视的时候，他们的心理防线往往十分脆弱，更容易产生心理失衡现象。当心理的失衡受到外界不恰当的刺激时，很容易导致他们人格的扭曲，形成反社会心理。因此，流动儿童的这种失衡心理状态很容易诱发他们进行犯罪活动。据调查，近年来流动人口在青少年犯罪案件中所占比例呈不断上升趋势。在上海市，2000 年上海市户籍与外省市户籍的未成年犯罪人数之比在 6∶4；到 2003 年，这个比例为 4∶6；到 2005 年，比例已达 3∶7，也就是 10 个少年犯中有 7 个是外省市户籍的⑤。

---

① ACHENBACH T M, MCCONAUGHY S H, HOWELL C T. Child/adolescent bahavioral and emotional problems: implications of cross-informant correlations for situational specificity [J]. Psychological Bulletin, 1987, 101 (2): 312 – 232.

② 李晓巍，邹泓，金灿灿，等. 流动儿童的问题行为与人格、家庭功能的关系 [J]. 心理发展与教育，2008 (2): 54 – 59.

③ 申继亮. 处境不利儿童的心理发展现状与教育对策研究 [M]. 北京：经济科学出版社，2009.

④ 谢子龙，侯洋，徐展. 初中流动儿童社会支持与问题行为特点及其关系分析 [J]. 中国学校卫生，2009 (10): 898 – 900.

⑤ 肖春飞，苑坚. 农民工子女渴望"归属"城市 [J]. 瞭望，2006 (42): 46 – 47.

另有一部分流动儿童由于过早失学，使得他们缺少学校提供的道德教育和基本道德规范约束。当未到法定年龄就进入劳动力市场时，他们成为了第二代打工流动人口。这部分儿童由于缺乏社会阅历和经验，往往不能适应工作场所的要求。不仅会经常与他人产生人际关系矛盾，而且有时还进行偷盗、抢劫等违法犯罪活动。

另外流动人口的聚居地往往在城市边缘地带，情况十分复杂，社会环境恶劣，打架斗殴时常发生，赌博之风盛行，耳濡目染这些现象，流动儿童也容易受到负面道德认知的影响，做出一些类似的行为。

第三节　上海市两所学校流动儿童的现状调查[①]

我国城市的经济发展带来了大量流动人口，流动儿童的教育状况是目前社会关注的焦点之一。学生的学习、人际交往是适应新环境的直接反应。本研究通过问卷法和访谈法对上海市浦东新区流动儿童的家庭背景和心理健康状况进行了调查。

一、选题依据和研究目的

新中国成立以来，由于社会管理制度的制约，农村人口向城市的流动受到限制。特别是1958年1月，我国颁布了《中华人民共和国户口登记条例》，将中国公民划分为"农业户口"和"非农业户口"两大类，导致农村人口的子女只能获得"天生"的"农业户口"。二元的户籍登记隔离制度，以及围绕这种制度建立起来的一系列社会保障制度成为严格限制城乡人口流动与迁移的一道道门槛。在这样的制度背景下，中国的城市化进程严重地滞后于工业化。由此积蓄了大量的农村剩余劳动力，阻碍了我国城乡的发展。随着时代的发展，自20世纪80年代中期以来方兴未艾的"民工潮"向全国各地涌进，并且随着中国城市化的不断扩张，农村人口转化为非农村人口，人口普遍向城镇集聚。伴随着出现了务工人员举家搬迁和带着子女流动等一系列现象，随着经济的进一步发展，流动儿童的教育、心理健康等问题越来越显著，引起了各方面对于这些问题的关注。

上海地处长江三角洲，是工商业发达地区，同时也是流动人口聚集的地区之一。根据官方公布的数据来看，截至2009年，上海外来人口中约有45万为应受义务教育的适龄少年儿童。其中绝大部分是外来务工人员的子女，而且数量在未来的一段时间内还会上升，在大城市和原来家乡的巨大差距之间，由经济发展水平所带来的文化和生活上的差异，在这些孩子幼小的心灵上肯定会产生一定的影响，因此我们要探寻和调查外来务工子弟在上海这种大城市中生活的心理状态，

---

① 参与本节内容撰写的还有刘钊帅、唐淼、徐斌。

尤其是学习与人际交往情况。本次调查选取上海市为例，了解我国流动儿童的心理状况，尤其是学习与人际交往状况。根据本次访谈和调查研究的结果，我们试图提出一些有利于促进和改善流动儿童的心理健康状况的建议和对策。

二、研究的意义

上海作为我国最发达的城市之一，社会发展具有前瞻性，上海市外来务工子弟学校中存在的问题，在全国其他城市里也相对广泛存在，所以对于切实解决流动儿童的心理健康问题有一定的理论和现实借鉴意义。

（一）理论意义

首先，有利于在思想和观念上引起人们对城市流动儿童的心理健康问题的重视，推动教育公平理念的深入，进一步完善国家的政策。其次，我们会将自己的研究成果提供给相关的教育部门，让他们了解我们的调查成果，了解现在这种同城教育存在的优势，以及可能存在的问题，为制定一系列政策来改变其中存在的问题提供依据。再次，我们会将得到的数据分析反馈给相关的学校，让了解自己学生的心理健康状况以便他们更好地了解自己的学生，因材施教。

（二）实践意义

首先，解决好城市流动儿童的心理问题有利于该特殊群体健康快乐地成长。尽管随迁子女的教育问题是随着社会主义市场经济发展的条件形成的，但也应属于义务教育的范畴，所以，我们应尽最大的努力发挥义务教育的作用，解决流动儿童教育硬件条件的同时，给予他们心灵更大的关怀。只有当这些孩子能融入到城市主流价值观、道德观念时，他们才能真正地融入城市，这也成为在社会人文关怀下城市流动儿童心理健康成长的关键之所在。其次，解决好这些孩子的心理健康问题还能在一定程度上促进城市的发展。它可以减轻随迁子女的自卑感，使他们以后加入到城市生活的竞争中来，提高社会整体人力资本水平，把我国沉重的人口负担转变为人力资源优势，促进经济发展，加速城镇化进程以及和谐社会目标的建设；也可以解决他们的心理问题，使他们更好地投入到学习中去，发自内心地承认"城市化"，促进社会的和谐发展。

三、相关研究的文献综述

（一）国家对流动儿童教育政策的演进

从新中国成立到今天，国家制定并颁布了众多关于农民、外来务工及外来务工子女的法规。其中户籍制度对外来务工子女的教育研究最为深刻。国家对外来务工子女的教育态度、政策转变，是和国家对外来务工的政策转变紧密联系在一起的。国家对外来务工的政策基本上可以分为五个阶段：严禁农民流动（1978—1983年）；允许农民流动（1984—1987年）；控制农民流动（1988—1991年）；

引导农民流动（1992—1998年）；放开并支持农民流动（1999年到现在）。相应地，国家在对外来务工子女的教育政策上也基本采取了同样的态度，由以前的"取缔"和"限制"到"默认"，再到"关心"和"扶持"，逐步形成了以鼓励人口流动、提倡公办学校接受外来务工子女为主，办好外来务工子弟学校为辅的政策。

20世纪80年代中期是政策的空白期。这段时期，国家在政策上对农民流动的限制虽有所松动，但总体而言，农民的流动还是受到严格控制和约束的。因此，在流动的过程中，主要以个体流动为主，随同父母进城的儿童数量十分有限，大部分外来务工子女就学问题基本在其户籍所在地解决。所以这一时期外来务工子女的教育没有形成一种社会问题，国家政策和措施上也很少涉及关于外来务工子女就学方面的内容。

自1992年社会主义市场经济体制建立，国家对外来务工的管理政策由"控制盲目流动"转向"鼓励和引导有序的流动"。进城务工农民数量再度爆发式增长，"举家迁徙"的趋势明显，子女随迁人数急剧增加。但由于缺乏相关教育政策的有效保障，外来务工子女教育问题日趋突出。1995年，教育部将研究解决流动人口子女教育问题列入当年的议事日程。1996年4月，国家教委印发《城镇流动人口中适龄儿童、少年就学办法（试行）》，在京、沪等省市进行试点。1998年3月，国家教委、公安部联合颁发了《流动儿童少年就学暂行办法》（简称《办法》），规定流动人口子女户口所在地无监护条件的可在流入地入学。这些措施表明国家已经承认外来务工子女可以在城市就读，并开始着手解决外来务工子女的教育问题。

面对由于政策限制所产生的儿童转学、辍学等问题，国家逐步进行了政策上的调整。2001年中央政府出台了《国务院关于基础教育改革与发展的决定》（简称《决定》）。《决定》强调："要重视解决流动儿童少年接受义务教育问题，以流入地区政府管理为主，以全日制公办中小学为主，采取多种形式，依法保障流动儿童少年接受义务教育的权利。"这是国务院首次明确指出流入地政府是解决流动人口子女接受教育问题的主要责任人，改变了以往流入地与流出地相互推诿的现象。

2003年9月，国务院办公厅转发教育部等部门《关于进一步做好进城务工就业农民子女义务教育工作的意见》（以下简称《意见》）。《意见》明确提出了具体目标——"使进城务工就业农民子女受教育环境得到明显改善，九年义务教育普及程度达到当地水平"，并全面部署了进城外来务工子女接受义务教育的工作，建立了"进城务工就业农民工子女全面接受义务教育保证制度和机制"，作出了外来务工子女与城市学生上学收费"一视同仁"，学习及活动"一视同仁"的规定，加强了对以接收进城务工就业农民子女为主的社会力量所办学校的扶持和管理。《意见》的出台表明了国家在保障儿童受教育权、保证受教育质量和对贫困外来务工子女受教育的经济援助等方面所作出的努力。

2005年5月25日,《教育部关于进一步推进义务教育均衡发展的若干意见》中第五部分"落实各项政策,切实保障弱势群体学生接受义务教育"中第13条规定:要以公办学校为主,认真做好进城务工农民子女义务教育工作,切实落实收费"一视同仁"的政策。要加强对以接受进城务工农民子女为主的民办学校的扶持和管理。地方各级教育行政部门和学校要有针对性地采取措施,及时解决进城务工农民托留在农村的"留守儿童"在思想、生活等方面存在的问题和困难。

2006年1月,国务院颁发了《关于解决农民工问题的若干意见》,提出将流动儿童义务教育纳入当地教育发展规划,列入教育经费预算,按照实际在校人数拨付公用经费,城市公办学校对流动儿童接受义务教育要与当地学生在收费、管理等方面同等对待,不得违反国家规定向流动儿童加收借读费及其他任何费用等。此次在教育经费问题上国家所表现出的明确态度和公平理念,表明了我国教育政策的不断进步。2006年6月,十届人大常委会第22次会议通过了《中华人民共和国义务教育法(修订案)》,其中第二章第十二条明确规定:"父母或者其他法定监护人在非户籍所在地工作或者居住的适龄儿童、少年,在其父母或者其他法定监护人工作或者居住地接受义务教育的,当地人民政府应当为其提供平等接受义务教育的条件。"这标志着政府以法律的形式,将解决流动儿童平等接受义务教育问题推向了一个新的阶段。流动儿童平等接受义务教育成为了一个有法律保障和指导的政府行为。

2010年《国家中长期教育改革和发展规划纲要(2010—2020年)》规定流动儿童的入学问题"坚持以输入地政府管理为主、以全日制公办中小学为主,确保进城务工人员随迁子女平等接受义务教育,研究制定进城务工人员随迁子女接受义务教育后在当地参加升学考试的办法"。

纵观流动儿童教育政策的演变过程,可以说,让流动儿童接受"平等教育"的政策理念已经成为新时期众多政策文本指导思想的核心内容。政策的新理念凸显了国家对弱势群体——进城流动儿童教育问题的关注,同时也体现出国家政策导向在不断地向着弱势补偿和人性关怀的方向转变。

(二) 流动儿童教育中存在的问题

虽然,我们国家已经制定了相关的政策法规保障流动儿童的学习和生活,在上海、北京等大城市已经取得显著成效,入学率和人均受教育水平等都在上升,但在某些方面,我国流动儿童教育中还存在一些问题。

1. 学习环境较差

外来务工人员因为工作忙碌的原因,很少能辅导、督促孩子的学习,而且他们学历较低，即使有时间也很难对孩子的学习有很多帮助。此外，有些孩子还需要帮助家长干活，学习时间会受到影响。同时，外来务工子弟学校往往设施落后、师资不强。这样，不管是家庭还是学校，都很难保证一个很好的学习环境。

2. 进公办学校就读的流动儿童就学受到了不公平待遇

受户籍地制约，流动儿童要进入城市公办学校，不仅申请手续繁琐，而且每学期需要缴纳的杂费、借读费和赞助费等达1 000—2 000元，这对于外来务工家庭是一笔不小的支出。同时，由于外来务工人员流动性强，其子女的转学、辍学率较高，导致他们的学习基础比较差，一些公立学校为了保持较高的升学率，往往不愿意接收他们入学。而就算一些流动儿童进入了公立学校，也常常由于生活习惯、方言、性格、学习基础等原因，有时会受到同学甚至老师的歧视、冷落。

（三）流动儿童的心理状况及其原因

1. 流动儿童的心理问题

由于地域文化、家庭背景等多方面的原因，流动儿童还常常出现心理问题，主要表现有：（1）认知偏差。有些流动儿童很不自信，只看到自己的缺点和不足，看不到自己身上的闪光点，过分介意家庭的经济情况，从而对未来失去信心。还有一些流动儿童虚荣心重，为了缩小与城市人的差距，他们追求名牌，追求高消费，给本来就不宽裕的家庭带来更大的负担。（2）封闭心理。有的流动儿童沉默寡言，性情孤僻，不喜欢与人交往，甚至完全把自己封闭起来。（3）自卑心理。几乎所有流动儿童或多或少有自卑的倾向，平时总觉得低人一等，缺乏自信心，不敢坚持自己的看法，总是迁就顺从别人。（4）心理失衡。有一些流动儿童觉得社会对自己不公平，自己不能享受到和城市人一样的待遇，加上自己受到歧视、排斥，于是心理失衡，仇视城市人，甚至仇视社会。（5）迷茫心理。很多流动儿童对自己的前途感到迷茫，他们没想过或者不知道自己读书为了什么，对学习的兴趣不高，有的甚至染上网瘾，难以自拔。

2. 流动儿童心理问题的原因分析

（1）社会环境

外来务工人员来到城市以后，一般到外来务工集中地点居住。一个城市的外来务工者来自祖国各地，人员的复杂性、管理的不规范性致使居住地的社会风气不太端正。在这种社会环境下，流动儿童由于心理、思想尚未发展到成熟阶段，极易受到环境的污染和不良因素的影响，在与人交往时，自身所表现出的不规范行为及不文明举止都容易被社会所厌恶，成为心理问题形成的诱因。而且，他们还容易遭到城市居民的歧视、冷落和排斥。

（2）学校环境

流动儿童到了适龄阶段进入学校学习，在受教育的过程中，有时会受到同学甚至是老师的不公正对待，同学当面或是背后的议论，会给流动儿童造成很大的心理压力。流动儿童自身存在着一些与城市学生明显的差异，如个人卫生习惯、人格修养、思维方式等方面的差异，使流动儿童在人际交往中受歧视、遭冷遇，使流动儿童在学校与人交往时遇到较大的困难和障碍。

（3）家庭环境

流动儿童这一群体较为特殊，他们的家庭有许多相似之处，如居住环境较差，父母的教育方式死板，缺乏民主，家庭经济和职业地位差，等等。在这种家庭环境的影响下，流动儿童很难像其他城市子女一样健康成长。

四、调查方法

（一）调查对象

选取了上海市浦东新区高东中学和育英中学的初中部作为我们问卷的发放处，因为这里是上海市本地学生和外地学生在一起学习的学校，在发放问卷时便于我们减少生活学习环境等额外变量对调查效果的影响。我们选取的是初中部从预备班到初三四个年级的学生，这样的取样方式有利于我们获得全面准确的数据信息。调查对象性别与年级的分布情况见表 2-1。

表 2-1 调查对象的基本情况

		人数	有效百分比
年级	预备	142	25.90%
	初一	105	19.20%
	初二	101	18.40%
	初三	200	36.50%
性别	女	259	47.30%
	男	289	52.70%
学生类别	外地学生	287	52.37%
	上海学生	261	47.63%

（二）调查方法及工具

1. 文献资料法

收集和阅读有关流动儿童的学校教育状况，特别是上海市流动儿童的学校教育、家庭教育等书籍，并通过中国期刊网、维普科技期刊网、万维网查阅有关的学术论文和期刊杂志文章，对相关文献资料进行研究分析，为研究提供较为坚实的理论基础。

2. 访谈调查法

在调查研究之前，我们首先对打工子弟所在学校的老师和所在地区的教育研究人员进行了半结构访谈，目的在于了解关于上海市流动儿童的一些基本状况，对于他们的心理和日常行为表现有了进一步深入的了解，这为我们开展调查研究提供了思路。访谈提纲举例如下：

（1）那么多的外来人员放弃接受当地教育的机会，却来上海接受教育，会不会给上海的教育带来一些不利的影响或者负面的因素？

（2）在上海市有没有对于同城子女接受教育，针对不同的人群提出不同的政策？

（3）您认为都有哪些原因导致流动儿童和上海市的儿童在学业和人际交往上产生了差距？

3. 问卷调查法

在本研究中，采用了自编的《中学生心理健康状况调查表》，该调查表由学生基本信息和心理状况（包括学习与人际交往两个方面）两部分组成。在本研究中，测量工具的信度（学习和人际交往部分）均达到0.8以上。

（三）调查程序

1. 选取调查地区与学校

本项目组在查阅相关文献基础上，发现上海市作为务工子女教育问题解决较好的城市，在有关政策和措施方面均采取了较好的模式，具有一定的代表性和典型性。所以本项目小组决定选取上海市为调查地区，并选取浦东新区高东中学和育英中学的初中学生作为调查对象。

2. 对相关人员进行访谈

为进一步明确上海市的有关政策以及外来务工子弟在上海学习与生活的基本情况，为本项目的调查研究部分作准备，研究小组分别对一线教师和浦东新区的教研人员进行了访谈。

3. 编制问卷

根据访谈结果，项目组决定对外来务工子弟的学习和人际交往及影响因素进行调查。项目组自编了中学生心理健康状况调查表，分为两个部分。第一部分是中学生的基本信息，第二部分是学生的学习与人际交往适应性的调查。

4. 施测问卷

采用班级集体施测的方式对四个年级（预备、初一、初二和初三）的16个班级的学生进行了施测。

5. 问卷回收与数据处理

本项目共发放问卷700份，由于采取邮寄问卷的方式，回收问卷562份，回收率80.3%，其中有效问卷547份，有效率97.3%。对回收的问卷数据进行整理、加工并逐项输入，然后运用SPSS13.0 FOR WINDOWS和EXCEL等统计软件对调查数据进行了方差分析、相关分析和回归分析。

6. 撰写调查报告

最后，根据统计分析结果撰写了研究报告，并进行了多次修改。

五、调查结果

(一) 访谈结果分析

根据对一线教师和教育研究人员的访谈，我们了解到的情况如下：

1. 上海市积极贯彻和落实党和中央"优先发展教育，建设人力资源强国"的方针政策，将教育放在了重要的地位。

2. 上海市不仅关注本地学生的教学活动，同时综合考虑流动儿童的家庭和生活状况与学习能力来制定一系列的相关政策和措施，鼓励学生认真学习，提高成绩。

3. 在学习的过程中，上海市本地学生和流动儿童的学习成绩差异并不是很大，流动儿童的成绩普遍集中在班级的中游，而上海市本地的学生成绩分布在两端。

(二) 调查对象的基本信息

1. 调查对象的家庭背景

通过调查，我们发现外来务工子弟与上海本地学生家中孩子的数量比例分布相似（见图2-1和图2-2），都是一个孩子的最多，其次是两个孩子的家庭。不同的是，外来务工子弟家庭中有一个孩子的人数比例少于上海本地学生，而两个孩子的人数比例多于上海本地学生。

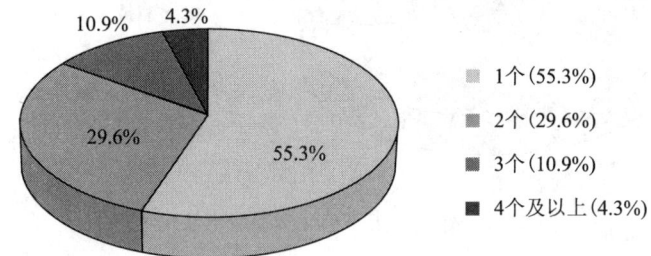

图2-1 上海本地学生家中孩子数量比例

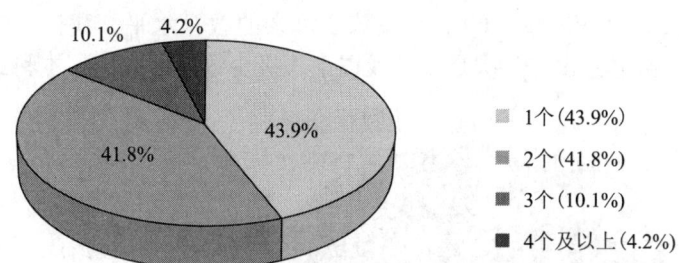

图2-2 外来务工子弟家中孩子数量比例

2. 调查对象的父亲受教育状况

通过调查，我们得到了外来务工子弟与上海本地学生父亲受教育状况的比例分布（见图2-3和图2-4）。就两者比较而言，占比例最大的都是初中教育文化程度，其次是高中和小学，也许是时代背景的原因，父母的文化水平普遍偏低。就高学历来说，上海本地学生的父亲高学历要多。

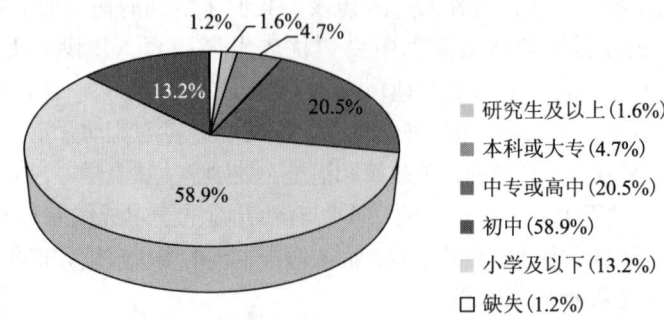

图2-3 上海本地学生父亲受教育状况比例

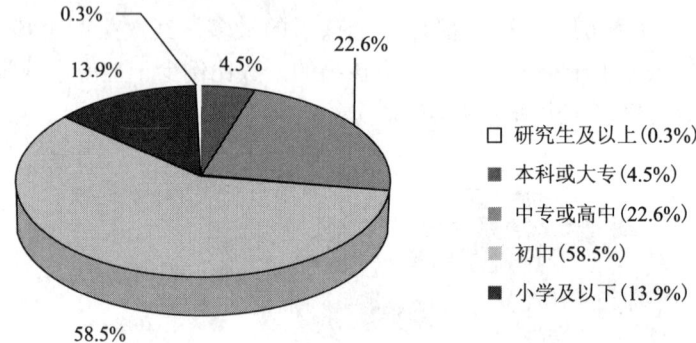

图2-4 外地务工子弟父亲受教育状况比例

3. 调查对象的母亲受教育状况

通过调查，我们发现外来务工子弟与上海本地学生母亲受教育状况的比例分布相似（见图2-5和图2-6）。有关孩子母亲的教育水平，我们发现将近一半的孩子母亲是初中文化，其次是小学及以下，极少数是研究生、本科或大专。

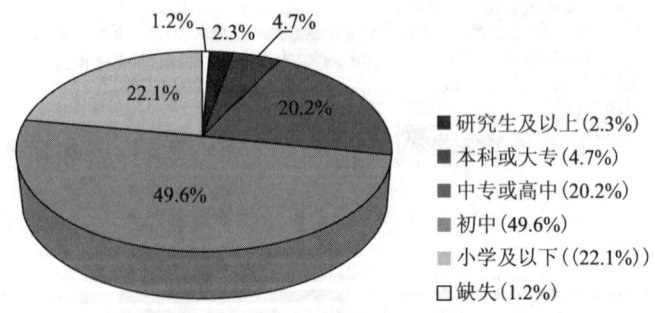

图2-5 上海市学生母亲的受教育程度

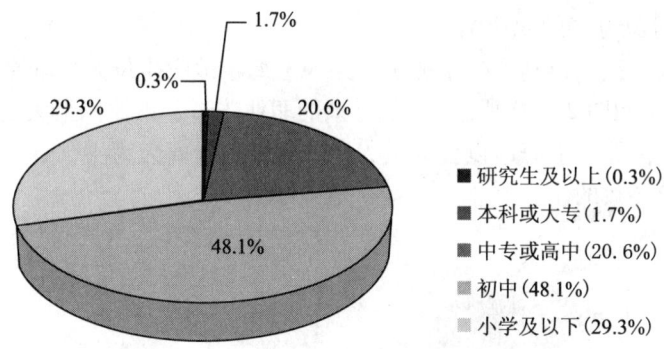

图2-6 流动儿童母亲的受教育水平

4. 调查对象父亲的职业情况

通过调查，我们得到了外来务工子弟与上海本地学生父亲职业情况的比例分布（见图2-7和图2-8）。就父亲的职业来讲，占比例最大的都是工人，排在第二位的，上海市以公务员为主，而外地以商人为主，这也是由他们的文化差异导致的。

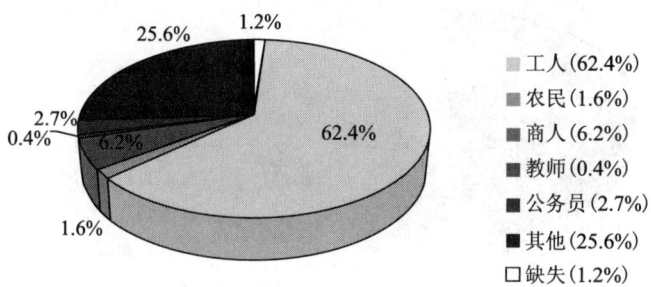

图2-7 上海市学生父亲的职业

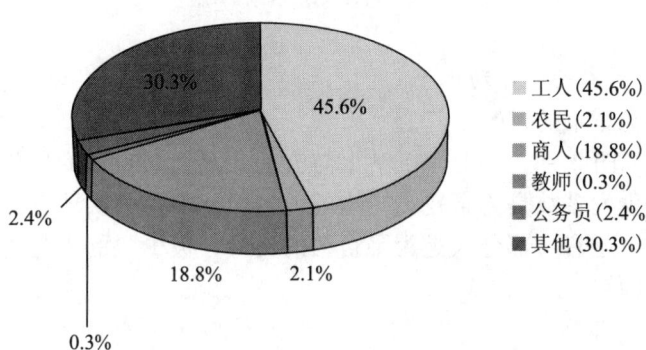

图2-8 流动儿童父亲的职业

5. 调查对象母亲的职业情况

通过调查，我们得到了外来务工子弟与上海本地学生母亲职业情况的比例分布（如图2-9和图2-10所示）。就母亲的职业来讲，占比例最大的是农民、工人，排在第二位的，上海市以公务员为主，而外地以商人为主，这可能也是由他们的文化差异导致的。

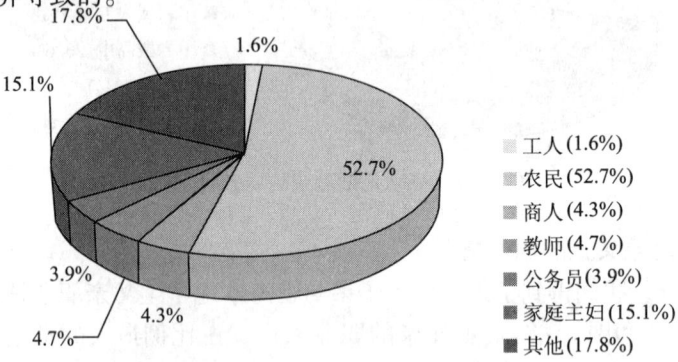

图2-9 上海市学生母亲的职业

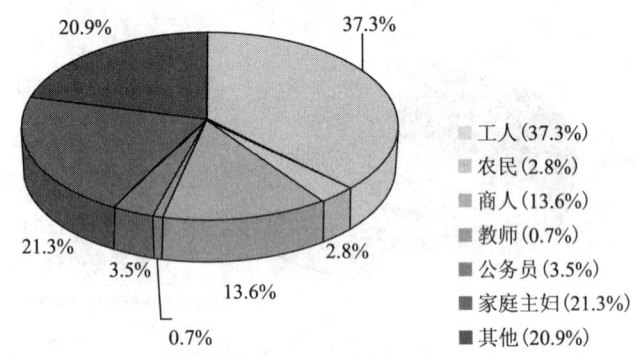

图2-10 流动儿童母亲的职业

（三）调查对象的学习动机

1. 调查对象读书的目的

图2-11和图2-12是上海市学生与流动儿童读书目的的比较。通过调查发现，两类学生大多数是为了自己个人的前途而读书，其次还有一些人没有考虑过这个问题，还有一部分人是为了自己的父母，极少数的人是为了超过其他同学和不让老师骂。

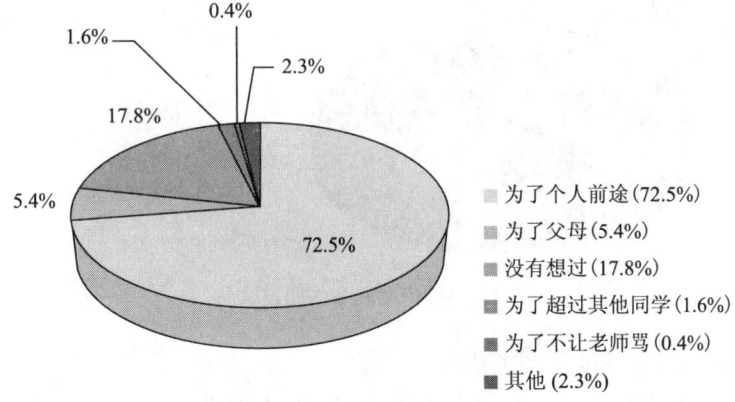

图 2-11　上海市学生读书的目的

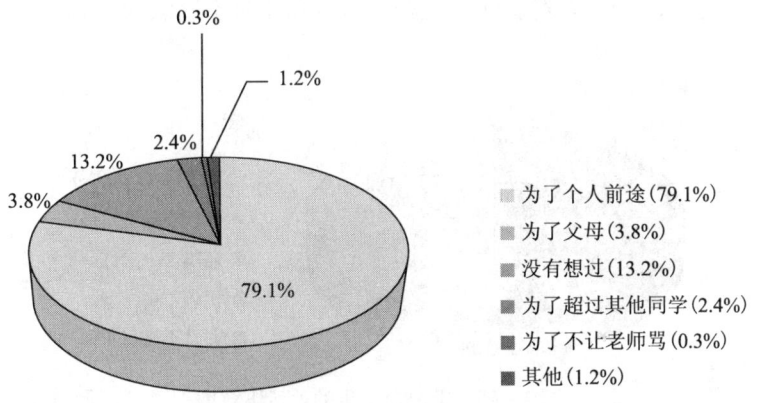

图 2-12　流动儿童读书的目的

2. 朋友数量

通过调查，我们得到了外来务工子弟与上海本地学生朋友数量的比例分布（见图 2-13 和图 2-14）。其中很多同学的好朋友非常多，其次是选择 3—5 个的，接下来是 5—10 个的，极少数是没有好朋友的。

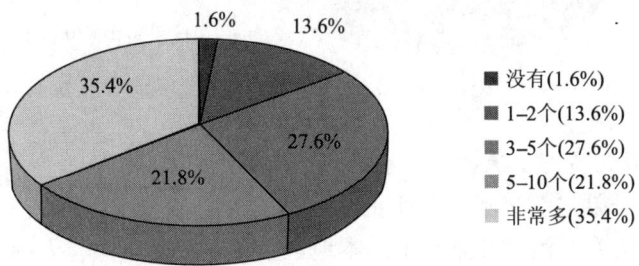

图 2-13　上海市学生的朋友数量

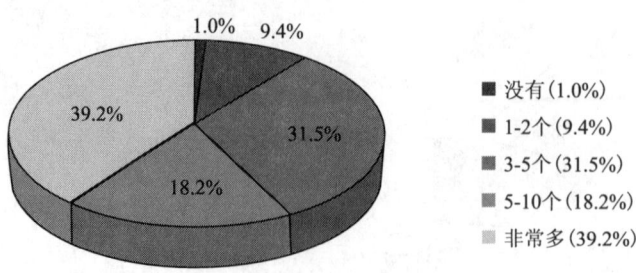

图 2-14 流动儿童的朋友数量

3. 关于生活满意度的调查情况

通过调查,我们得到了外来务工子弟与上海本地学生生活满意度的比例分布(图 2-15 和图 2-16)。有关生活满意度的调查表明,两类学生中的大多数人对生活比较满意,极少数人对生活是比较不满意和非常不满意的。

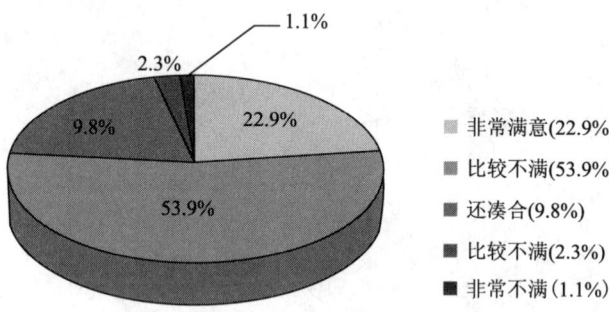

图 2-15 上海市学生的生活满意度

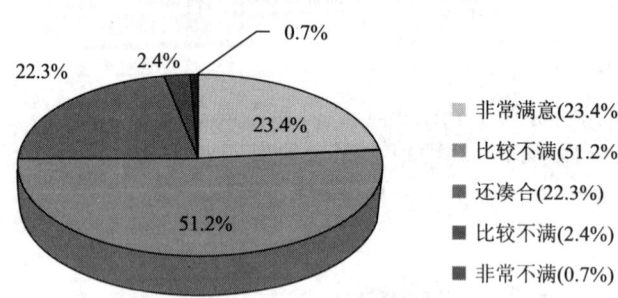

图 2-16 流动儿童的生活满意度

(四) 流动儿童与上海本地学生的心理状况

外地务工子弟与上海本地学生的学习适应性与人际交往情况得分如表 2-2 所示。从数据上看,流动儿童与上海本地学生在学习适应性与人际交往方面差距并不明显。流动儿童的学习适应性的平均值高于上海本地学生,由于该调查问卷是得分越低说明适应性越好,所以说明流动儿童在上海地区的学习适应性相对差于本地学生,对于城市的学习环境和条件还需要进一步适应。从人际交往方面来看(得分越低人际交往能力越强),上海本地学生得分高于外来务工子弟,说明两类学生尽管可能在行为处事和其他方面会有一些偏差,但外来务工子弟人际交往方面并不比上海本地学生差。流动儿童在来到上海后,因为自己的行为举止和处事方式都和自己周围的同学相差很多,他们的一言一行都会引起别人的注意,所以他们自己也会慢慢注意到自己的行为,也会更加注意人际交往中的细节,时间长了,他们也就表现出了更为良好的人际交往能力。同时,我们也考查了学生类别(外来务工子弟和上海本地学生)与年级对学习和人际交往方面的交互作用。结果表明,在学习适应性方面,学生类别与年级的交互作用不显著,而年级对两类学生的人际能力有一定影响。在较低的年级时,外地务工人员随迁子女的表现会不如上海本地学生好,也许是因为他们刚刚来到一个地方,还没有融入到这个环境中,他们的人际交往能力得分较高,说明他们的人际交往能力较差。随着他们在这个环境中的时间越来越长,慢慢地他们就会认识到自己受到了大家的尊重,所以初二、初三的学生就会表现出相对而言比较低的分数,也就是他们认识到了自己人际交往上的成功点,对自己有了自信,相信自己的所作所为是可以被大家接受的,从而其自身的人际交往能力有了显著增强。

表 2-2　外来务工子弟与上海本地学生的学习适应性与人际交往情况

	流动儿童		上海本地学生	
	均值	标准差	均值	标准差
学习适应性	2.37	0.71	2.33	0.79
人际交往情况	2.13	0.64	2.16	0.62

五、针对流动儿童心理健康问题的基本对策与建议

从上海市两所学校中定居儿童与流动儿童的比较来看,两类学生在诸多方面并不存在显著差异。这进一步说明,上海市在解决流动儿童教育和入学问题上,有非常好的经验值得其他地区学习和借鉴。下面是根据这次调查结果,我们结合上海市的做法提出的一些建议。

(一)建立流动儿童教育公平制度新途径

1. 政府端正思想认识

对政府来说,要端正对流动人口子女教育重要性的认识。很多地区流动人口子女教育公平问题未能得到妥善解决,我们从对教育研究人员的访谈中发现这些问题不单单是学校的资金不足、师资缺乏等物质条件上的因素,而且与思想认识上的不足有关,对上海本地学生和流动儿童产生不同的看法。所以要消除人们对流动人口的歧视和偏见,要真正接纳外来务工人员和其子女,努力让他们融入城市。

2. 推动部分地区试点

在户籍管理方面，广东省推出外来务工入户城镇的"积分制"办法。根据《关于开展农民工积分制入户城镇工作的指导意见》，凡已办理《广东省居住证》，纳入就业登记，缴纳社会保险的人员，均可申请纳入积分登记。符合积分入户条件的外来务工者，可选择在就业城镇（街）或产权房屋所在地镇（街）申请入户，其配偶和未成年子女可以随迁。如此，则通过渐进的方式，将外来务工者转化为城市居民，流动儿童也将同城市居民享有同等的教育政策，实现了教育公平。同时上海也是农民工外来随迁子女学习的典型案例，前面我们也已经提到上海各方面的优势包括地理上的和经济上的，所以造成流动儿童的人数特别多，但是上海在流动儿童教育和入学问题的处理上，表现得游刃有余，流动儿童的学习和人际关系状况也表现得比较良好，因此，这种典型的例子应当在全国得到进一步推广和借鉴。

（二）给政府相关职能部门和学校的建议

1. 学校开展激励教育、关注教育

在教学实践中，学校可以大力倡导实施激励教育，对流动儿童的点滴进步和每一个闪光点都要加以表扬，并且可以告知他们自己的价值，帮助其树立正确的人际交往规范。在课堂上，更多地关注流动儿童，可以把回答问题的机会有意识地留给流动儿童，如果学生出现跟不上学习的情况，老师应该给予一定帮助。

2. 帮助流动学生自觉抵制社会不良思潮的侵害和腐蚀

从调查中看到，还有很多流动儿童不清楚学习的目的和意义，有的则觉得是为了父母读书，还有的流动儿童认为上学是为了挣钱或者不被别人嘲笑。学校可以多开展一些关于学习观、世界观的主题班会，努力消除社会上一些腐朽没落思想对学生的侵蚀，帮助学生更好地认识自己，增强学习气氛。

3. 倡导学生之间的相互沟通和相互赏识

增强流动儿童的自信心和上进心可以通过结对子等活动来实现，让流动儿童与城市定居儿童多交往，互相学习，互相帮助，改变原来流动儿童只和流动儿童、城市学生只和城市学生交友的交往模式，提高流动人口子女的自信心和归属感。特别是对于低年级和刚刚转到新学校的流动儿童来说，这一点显得尤为重要。

4. 加大师资力量的配备

为了提高流动儿童的身心健康，应为流动儿童增加一些优秀的师资，尤其是应当配备一定数量的心理辅导教师。学校应当争取让每个学生都能感受到老师的关怀，他们从外地来到城市时，父母工作忙碌，自己又没有伙伴，这时老师是他们最好的引导人，如果放任他们，他们内心的变化可能会产生两个极端：一是感到害怕，把自己圈禁在内心之中，一直走不出去，最后可能会引发抑郁等心理疾

病；二是对于外在的好奇，把他们引导到社会的不良人群中去，浪费自己的美好青春，甚至误入歧途。所以我们要注意教师素质的提高，特别是具有心理学背景教师力量的配置，要懂得如何去开导他们。

5. 为流动儿童创造合适的闲暇场所，丰富他们的课外生活

学生时期是求知欲最为旺盛的时期，图书馆和书店是中小学生首要选择的闲暇场所。相对来说城市学生比农村学生有更多的闲暇场所可供选择，家庭经济条件好的学生可以选择的闲暇场所比家庭经济条件差的学生要多。为了充实他们孤独的内心，应丰富中小学生的闲暇生活，加强文化和教育设施建设以满足他们求知的愿望。另外，社会各个部门还要重视去增加和改善城乡结合部地区和社会弱势群体居住地区的闲暇场所和设施，让农村学生和家庭经济条件薄弱学生能有更多的选择机会，不要让他们幼小的心灵只是拘束在自己的圈子里，这样才能使他们更加健康地成长。

【建议参考资料】

1. 段成荣，杨舸. 我国流动儿童最新状况——基于2005年全国1%人口抽样调查数据的分析 [J]. 人口学刊，2008 (6)：23 - 31.
2. 范先佐. 三尺书桌何处寻：流动人口子女教育困难与破解 [M]. 南京：江苏教育出版社，2011.
3. 方晓义，范兴华，刘杨. 应对方式在流动儿童歧视知觉与孤独情绪关系上的调节作用 [J]. 心理发展与教育，2008 (4)：93 - 99.
4. 国家人口和计划生育委员会流动人口服务管理司. 中国流动人口发展报告2010 [M]. 北京：中国人口出版社，2010.
5. 吕绍清. 留守还是流动？——"民工潮"中的儿童研究 [M]. 北京：中国农业出版社，2007.
6. 王毅杰，高燕. 流动儿童与城市社会融合 [M]. 北京：社会科学文献出版社，2010.
7. 郑友富，俞国良. 流动儿童身份认同与人格特征研究 [J]. 教育研究，2009 (5)：99 - 102.
8. 周皓. 流动儿童心理状况及讨论 [J]. 人口与经济，2006 (1)：48 - 36.
9. 李柏宁，熊少严. 广州市流动儿童社会适应性调查与思考 [J]. 现代教育论丛，2007 (5)：27 - 31.

【问题与思考】

1. 流动儿童有哪些与一般儿童不同的特点？
2. 流动儿童可能会存在哪些社会适应问题？
3. 流动儿童可能会存在哪些情绪问题？
4. 在自我发展方面，流动儿童可能会遇到哪些问题？
5. 在教育和学业方面，流动儿童可能会遇到哪些问题？

第三章　流动儿童心理健康的影响因素

【本章提要】

近年来，除了流动儿童的入学难问题之外，流动儿童的身心健康问题也逐渐受到了各方面的广泛关注。个人的一些人格特征、不良的家庭环境、频繁流动的现实、粗暴的教育方式、老师的偏见以及社会制度带来的歧视和排斥等因素都会引发流动儿童的心理问题。本章基于流动儿童的特点及其存在的心理问题，首先分析了个人因素和家庭因素对流动儿童心理健康的影响；其次剖析了学校和社会因素对流动儿童心理健康的影响；最后基于对上海市两所学校流动儿童的调查，分析了影响流动儿童学习成绩和人际交往的一些个人心理特征。

【学习重点】

1. 了解流动儿童的哪些特征更容易导致其出现心理问题。
2. 掌握影响流动儿童心理健康的家庭因素。
3. 了解学校里的哪些因素会对流动儿童的心理健康产生影响。
4. 熟悉影响流动儿童心理健康的社会因素。
5. 能够运用所学内容，分析某个流动儿童具体心理问题的成因。

【重要术语】

流动儿童　心理健康　个人因素　家庭因素　学校因素　社会因素　社会支持　家庭条件　教育方式　教学条件　教师素质　班级气氛　社会制度　社会歧视

第一节　个人和家庭因素对流动儿童心理健康的影响

研究发现，流动儿童的心理健康水平比一般城市定居儿童要低，存在较多的心理行为问题。除了流动儿童自身的一些因素容易导致其产生心理健康问题之外，流动儿童的家庭特点和父母教养方式也会影响流动儿童的心理健康水平。

一、个人因素对流动儿童心理健康的影响

虽然从整体上看，流动儿童的心理健康程度较差，但是这并不意味着所有流动儿童都一定具有心理问题。实际上，流动儿童的心理健康水平与其自身的一些个人特征有着密切的关系，这些个人因素对流动儿童心理健康的影响是巨大的。

（一）个性特征的影响

流动儿童表现出的问题行为与个体稳定的人格特征有一定关系。有研究者探

讨了反社会行为与人格之间的关系，结果发现，宜人性抑制了攻击行为，显著预测了亲社会行为①。我国学者谷传华和张文新则发现，神经质与欺负行为相关②。李晓巍等人针对北京市 806 名流动儿童进行的研究则发现，人格的情绪性、开放性显著正向预测流动儿童的内化问题行为，外向性显著负向预测其内化行为问题，并且情绪性、开放性显著正向预测流动儿童的外化问题行为，宜人性、谨慎性显著负向预测外化问题行为③。李承宗和周娓娓（2011）采用儿童版艾森克人格问卷和心理健康诊断问卷的调查发现，流动儿童的人格特征能够很好地预测心理健康水平，人格是影响心理健康水平的重要因素④。此外，由于流动儿童在很多方面不如周围的城市儿童，导致一些流动儿童产生了自卑心理。这种自卑的个性特征往往导致一些流动儿童表现为不自信、不合群，不愿意参加集体活动等，这会进一步影响流动儿童的心理健康。

（二）社会支持的影响

进入城市的流动儿童，与其原来的同伴渐渐疏远，需要与城市儿童建立新的伙伴关系。但是，由于流动儿童经常变换学校和生活环境，因此他们很少有长久的同伴关系，这在一定程度上使得他们从同伴那里获得的社会支持很少。此外，群内成员对于群外成员有一定的消极态度和感受，会形成群际偏差⑤。在流动儿童与城市儿童交往的过程中，可能会因为流动儿童的家庭生活条件较差、生活习惯与当地儿童不同，使得当地儿童不愿与流动儿童交朋友。所以，当地儿童有时会对流动儿童产生一定的偏见，这又会进一步导致流动儿童只能获得更少的社会支持。而现有的研究表明，社会支持与流动儿童的心理健康有着密切的关系。尤其是社会支持能够预测和解释内部和外部的行为问题，其解释率分别高达44.6%和43.5%，并且，社会支持在生活事件和流动儿童内外部问题行为之间起到了部分中介作用⑥。范兴华等人（2012）的研究还发现，社会支持在歧视知觉和社会文化适应中起到了部分中介作用，同时这种中介作用受到城市认同和老家认同的

---

① ASHTON M C, PAUNONEN S V, HELMES E, et al. Kin altruism, reciprocal altruism, and the Big Five Personality Factors [J]. Evolution and Human Behavior, 1998, 19：243 - 255.

② 谷传华，张文新. 小学儿童欺负与人格倾向的关系 [J]. 心理学报，2003（1）：101 - 105.

③ 李晓巍，邹泓，金灿灿，等. 流动儿童的问题行为与人格、家庭功能的关系 [J]，心理发展与教育，2008，2：54 - 59.

④ 李承宗，周娓娓. 流动儿童人格特征对心理健康的影响 [J]. 中国健康心理学杂志，2011（1）：51 - 55.

⑤ 克里斯普，特纳. 社会心理学精要 [M]. 赵雷，高明华，译. 北京：北京大学出版社，2008.

⑥ 杨阿丽，赵洪朋. 生活事件、社会支持与流动儿童问题行为的关系 [J]. 心理研究，2011，4（6）：67 - 71.

调节①。

（三）自身流动性的影响

流动儿童本身一般都是从老家随父母流动到城市生活的，但是有些儿童流动到某一城市后并未停止流动的脚步，他们还会随父母辗转于不同的地方。流动儿童的流动性如果过于频繁，也会对其身心健康发展带来一定的影响。首先，对于学龄流动儿童来说，频繁流动会对其学业带来一定影响。当老师还没有完全熟悉学生、没能帮助他们解决一些学业问题时，他们就可能又带着问题流动到了别的学校。赵娟（2005）分析了频繁转学给学生学习带来的不利影响②。她认为流动儿童的学习困难受到教师歧视、学校拆迁、家庭拆迁、父亲工作变迁等多重因素的影响，其中家庭的流动对孩子的学习连续性造成很大影响。由于各个地区使用的教材不一样，教师教学方法和教学进度不一致，孩子在一个学校刚刚适应，又要随父母流动到另外一处，很容易造成知识结构的断层。其次，频繁流动也会影响流动儿童心理上的安全感和归属感。按照马斯洛的需要层次理论，这两种情感需要对于个体的成长和发展是非常重要的。最后，频繁地流动、更换环境，也不利于这些流动儿童的社会适应。各地的风土人情不尽相同，每到一处他们都需要重新适应，这会给流动儿童带来很多困扰，也会导致他们缺乏自信。甚至有些比较内向的儿童会渐渐产生孤独感。

"流动儿童小强（化名）的上学历程颇费周折，小学一至四年级他先后在四个学校就读，几乎是每年换一所学校。小强入学是在云南老家镇里的小学，由于家长不满意那里的教学质量，就带着孩子到打工的地方（福建厦门）接着读小学二年级，由于工作不顺利，一家人又回到老家，这次孩子被送到县里的小学读三年级，第四年因父亲在南京找到工作，小强又被接到南京的一所小学读书。四年期间小强一直在转换学习环境，到了新学校还没有完全适应就再度离开转到了另一所学校，始终处于一种熟悉与摸索的状态。"③

二、家庭因素对流动儿童心理健康的影响

"好父母胜过好老师"，家庭是儿童的第一个学习场所，家长对孩子各方面的影响都非常重要。家庭作为一个微系统对学生的学业情绪和学业成就的影响是持久而深远的，其作用也是巨大的。并非在每天具有固定家庭生活的时期（如小学或初中阶段），家庭微系统才具有直接或者间接的作用，即便是已经离开家庭

---

① 范兴华，方晓义，刘杨，等. 流动儿童歧视知觉与社会文化适应：社会支持和社会认同的作用 [J]. 心理学报，2012（5）：647-663.

② 赵娟. 流动儿童少年学习困难的非智力因素分析——多次转学经历的个案研究 [J]. 青年研究，2005（10）：8-13.

③ 王毅杰，高燕. 流动儿童与城市社会融合 [M]. 北京：社会科学文献出版社，2010.

的大学生，其家庭矛盾同样会引起其学业情绪、学业成就的改变①。对于流动儿童来说，虽然有父母陪伴在身边，但较差的家庭环境、不适当的教养方式以及不良的亲子关系等也会影响流动儿童的心理健康水平。从相关的研究上看，影响流动儿童心理健康的家庭因素主要有以下几点。

（一）较差的家庭环境

为了生存进行流动的人口，大多数处于社会的底层。流动儿童的家庭环境处于相对不利的地位，如家庭的经济来源较少，在城市的社会关系网络尚未建立，这些都会影响到流动儿童身心健康的发展。已有研究发现，流动儿童家庭环境中的经济资本、家庭外社会资本、人力资本对流动儿童的整体自尊有显著影响②，而自尊是一个人心理健康的最核心指标。由此可见，家庭环境对流动儿童的心理健康有重要影响。

1. 流动儿童父母的职业

很多流动儿童的父母来到城市中工作，不仅繁忙、辛苦，而且收入不高。对北京市流动人口的调查表明，被调查者主要集中于服务业（39.6%）和餐饮业（31.6%），还有少数分布在批发和零售业（7.1%）、建筑业（3.9%）、制造业（3.3%）、交通运输与仓储业（2.4%）、国家机关和社会团体（2.4%）。虽然有少数流动人口已经进入了国家机关和社会团体中工作，但大部分流动人口还在从事脏、累、差的体力工作。而且作为雇员的流动人口中，未与雇主签订劳动合同的甚至占到67.3%③。从工作时间上看，流动人口每周工作7天的人最多，其次是工作6天和5天的，平均是每周工作6.3天，且被调查者平均每天工作10.2小时。此外，流动儿童父母的工作一般不太稳定，容易受到一些外在因素的干扰，有时会面临短暂失业的状态。由此可见，流动儿童父母的工作性质决定他们很少有时间与孩子进行沟通、交流和分享，也没有时间对孩子的学业进行辅导。因此，流动儿童的父母职业会影响流动儿童的亲子关系以及学业状况。

2. 流动儿童的家庭收入

从收入水平上看，当前北京市流动人口的月收入主要集中在1 000—3 000元

---

① BAHRASSA N F, SYED M, SU J, et al. Family conflict and academic performance of first-year Asian American undergraduates [J]. Cultural Diversity and Ethnic Minority Psychology, 2011, 17 (4): 415 – 426.

② 申继亮，胡心怡，刘霞. 流动儿童的家庭环境及对其自尊的影响 [J]. 华南师范大学学报（社会科学版），2007 (6): 113 – 118.

③ 侯佳伟. 北京市流动人口聚集地：趋势、模式与影响因素 [M]. 北京：光明日报出版社，2010.

之间。其中,"1 000—2 000 元"占被调查者的 40.9%,"2 001—3 000 元"占 34.0%[①]。对武汉市的流动家庭调查则表明,62.6% 的人认为家庭生活的基本需求难以得到较好的保障[②]。由此可见,这部分家庭物质条件与城市人口平均水平相比还是相对较差。流动儿童的家庭收入直接影响流动儿童家庭可支配使用的资源,给流动儿童的物质和精神生活带来了直接影响。虽然在我国的传统文化中,家长对子女的成长往往是不计成本的,但流动人口的经济生活状况决定了他们也不会经常给流动儿童投入太多的物质资本用于学习和成长。即使是在北京的流动人口,其为子女每个月投入的费用也只有 200 多元。有学者研究发现,流动人口相对较低的经济地位导致了其子女的自卑心理以及心态的边缘化[③]。虽然外出务工人员用在孩子身上的钱增多了,其支出占总收入的比例平均达到 31.7%[④],但是由于家庭经济条件所限,流动儿童只能保证有纸笔等基本的学习用具,而电脑等学习用具则很缺乏,他们也往往缺乏充足的学习资源。有研究也发现,即使在北京,大部分流动儿童也没有参加过任何形式的辅导班[⑤]。

3. 流动儿童的居住条件

流动儿童在城市中的家往往是暂时的,据调查,租房是流动人口的首选(59.7%),并且其居住面积大部分人均不足 5 平方米。有调查表明 79.24% 的流动儿童没有自己的房间,与大人同住,更没有独立的学习环境和学习空间。通常是"巴掌大的地方,吃、喝、拉、撒全在一起"。在蜗居的房间中,孩子没有书桌,没有台灯,只能在昏暗的灯光下,凑合找个角落,在乌烟瘴气的嘈杂声中完成作业[⑥]。因此,在这样的环境中学习,进一步导致了流动儿童更容易缺乏学习兴趣和动机。他们的作业本常常油渍斑斑,脏兮兮地卷着边角。可见,流动打工者很难给孩子创造良好的家庭环境,他们只能够满足家庭成员的生活需求,对其日益增长的心理和文化需求难以满足。

此外,大多数流动儿童的居住场所往往也不利于他们融入新的城市生活。大部分流动家庭的居住环境处于城市边缘的乡镇、城乡结合部或历史较为悠久的老式社区内,他们往往集聚而居,形成大城市内的小城市、小群体,如"河南

[①] 沈千帆. 北京市流动人口的社会融入研究 [M]. 北京:北京大学出版社,2011.

[②] 范先佐. 人口流动背景下的义务教育体制改革 [M]. 北京:中国社会科学出版社,2011.

[③] 孙璐. 论流动人口子女的社会融入问题 [J]. 理论月刊,2006 (11):35 - 38.

[④] 全国妇联儿童工作部. 农村留守流动儿童状况调查报告 [M]. 北京:社会科学文献出版社,2011.

[⑤] 曲可佳,邹泓,李晓巍. 北京市流动儿童的学校满意度及其与师生关系、学业行为的关系 [J]. 中国特殊教育,2008 (7):50 - 55.

[⑥] 赵娟. 南京市流动人口子女家庭教育的现状调查 [J]. 上海教育科研,2003 (8):38 - 40.

村"、"安徽村"、"四川村"等。社会生活的分隔往往导致了流动儿童的生活、教育等发展的分隔,不利于流动儿童的社会融入和城市化进程①。此外,由于经济条件所限,大多数流动儿童的家庭租住的房子面积很小,环境拥挤,卫生条件差,人员混杂、治安较差,还是刑事案件的高发地带。当流动儿童觉知到自己与定居儿童的区别后,他们往往会产生自卑心理,甚至可能影响他们对自己家庭的认同,对自己的家庭产生排斥心理。同时,他们也很容易受周围环境的影响,而做出一些违法犯罪的事情。

某流动儿童的家住在一个小区最深处的角落里,面积大约为十六七平方米,地面坑洼不平。房子被隔为上下两层,中间用木板隔开,靠墙角有一个小木梯作为沟通一二层的工具。一层用来做饭、吃饭以及堆放杂物,没有任何家具,几乎没有一件耐用消费品,只有一台煤气灶和一台旧电视机可以算是电器;没有孩子学习的桌椅,除了孩子必须用的教材外,没有什么课外书,吃完饭后孩子就在家里的饭桌或椅子上完成自己的作业。所谓的二层大约只有一米高,上去以后人不能直立只能弓着腰行走,用来隔开一二层的木板直接当床,在上面铺上被子,一家四口人就睡在上面,边上摆着一台19英寸的彩色电视机,还有简单的几个箱子,里面放着一家人的衣服以及稍微贵重的物品。房子的内墙没有抹石灰,也没有窗户,一块水泥砖的两个小孔就当做窗户,所以尽管白天进去,也必须开着电灯,房内湿气很重,弥漫着一股浓烈的气味②。

(二)父母的文化程度

流动儿童的父母文化水平一般较低,根据某项对杭州外来务工人员的调查,流动人口中初中学历的占据55.7%,而大专及以上学历的仅占8.5%③。来自全国妇联对12省市的调查也发现,流动儿童的父母初中学历的比例最高,达56.3%,其次是小学和高中/中专学历的④。为了弥补自己知识不足、学历不高的问题,流动儿童的父母往往对孩子抱有相当高的期望。对昆明市流动儿童家长的调查显示⑤,父母对孩子的学业要求都很高,希望孩子能有大学学历或者出国留学的人数比例占到了76.5%。但同时这些家长又对孩子现在的成绩持不满意态度(71.9%)。然而,面对孩子教育的问题,他们又深感力不从心,常常是束手

---

① 董钰萍. 流动儿童社会融入困境的个案研究[J]. 宁波教育学院学报,2012(2):95-105.
② 王毅杰,高燕. 流动儿童与城市社会融合[M]. 北京:社会科学文献出版社,2010.
③ 徐祖荣. 流动人口社会融合问题研究[J]. 北京城市学院学报,2008(4):96-100.
④ 全国妇联儿童工作部. 农村留守流动儿童状况调查报告[M]. 北京:社会科学文献出版社,2011.
⑤ 刘芳. 昆明市流动人口子女家庭教育特征分析[J]. 社会工作(学术版),2011(1):46-47.

无策,没有办法进行辅导。在调查中发现,经常辅导孩子作业的家长仅占25.9%。当家长把自己的高期望传递给孩子后,如果孩子不能达到父母的高期望,往往就会产生学业焦虑。

"希望爸爸能帮我补补英语、数学,但是爸爸在老家没学过英语。""来到北京后,爸妈非常关心我,但我最希望他们能辅导我作业,可惜他们不会。""希望写作业的时候父母能在我身边,我不会的时候可以问问他们。但是我不会的题,问他们,他们都不会,也不理我。"(来自流动儿童的访谈)①

(三)简单粗暴的教育方式

由于流动儿童的父母文化程度较低,他们往往没有好的方式耐心地与孩子进行沟通和交流。此外,由于工作繁忙,一些家长虽然将孩子带在了身边,但是却没有时间与孩子进行交流。这些原因导致一些流动儿童家长的教育方式极其简单粗暴,对孩子的教育除了打就是骂。有记者对北京一所打工子弟学校三到六年级的孩子进行过问卷调查②,200份有效问卷中,仅有一名孩子"从没挨过打",13名孩子"经常挨打,严重时父母会用棍棒、皮鞭责罚"。孩子们挨打的原因则五花八门,除去贪玩、成绩不好等常见"罪状","偷看爸爸的手机报"、"吃饭声音大"、"吵醒妈妈睡觉"都成了挨打的理由。这种家庭暴力会导致孩子出现严重的心理问题,离家出走、打架、自闭、厌学甚至厌世。更多的家长则是把孩子的教育问题推给了学校,推给了老师。孩子在学校所学的知识得不到及时的巩固和加强,其学习效率低下,成绩赶不上,渐渐就产生了厌学心理③。当任课老师反映学生不能及时完成作业、考试成绩下降或与其他同学发生冲突时,班主任就会把家长请来,而家长往往不等老师把事情说完,就开始教训学生:"我们花这么多钱把你接出来,辛辛苦苦工作挣钱就是为了供你上学,你在学校不给我好好上学,我马上把你送回老家",或者说:"老师,孩子不听话,你尽管打"。有的家长还当着老师的面,直接打骂孩子。可想而知,这种粗暴的家庭教育方式带给孩子的不是敌意就是过分自责,他们的身心健康肯定会受到伤害,不仅影响其健康人格的形成,也会影响其对社会的正确认知。

流动儿童小征(化名)是小学四年级学生。父亲是搞建筑装潢的,每天早出晚归。母亲只有小学二年级的文化水平,没有工作,在家里给孩子和丈夫做饭。小征根本不怕妈妈,只怕爸爸,但是爸爸白天根本没有时间管他,只有晚上回来后,最多问他作业做完了没、会不会做。他说不会做,爸爸教过一遍之后,

---

① 申继亮. 透视处境不利儿童的心理世界(上)[M]. 北京:北京师范大学出版社,2009.

② 卢美慧,范春旭. 流动儿童成家暴重灾区[N]. 新京报,2012-06-04.

③ 刘贵金. 流动儿童厌学心理的成因及矫治对策[J]. 小学时代(教育研究),2011(1):12.

如果他还是不会做,爸爸马上就扇他一个巴掌。小征见了爸爸,就像老鼠见了猫似的。爸爸也认为,孩子很怕他,但孩子调皮很让人费心,不打他根本就教不了他①。

(四) 缺少沟通与关爱

大部分流动人口从农村到城市打工,由于文化素质不高,在城市中找到的工作一般都比较辛苦,职业地位低,工作时间长,因此这些父母很难有时间管教孩子。他们往往与孩子的沟通少,且缺乏对孩子的关心和关爱。流动儿童虽然知道父母辛苦,但毕竟年龄较小,有时不会主动与父母沟通学校的一些事情。此外,开始学校生活后,他们的知识日益丰富,视野更加开阔,父母的文化程度很难满足孩子在学习和精神上的需要。因此,这个时候,他们之间的沟通障碍也就出现了,孩子明白的事情,家长不懂,这样父母的权威就会逐渐削弱,孩子也就不愿意再与父母沟通了,这也是流动儿童亲子关系的一个特点。据调查,流动儿童与父母之间的沟通并不频繁,只有30.5%的被调查流动儿童经常与父母聊天。而在沟通中,也是与母亲的沟通为主。并且由于父母工作繁忙,他们很少有时间陪伴自己的孩子。此外,通过对流动儿童的访谈,有研究者发现流动儿童和父母之间的沟通内容比较单调②,一般都是围绕孩子的学习进行,缺乏灵活性。在接受访谈的24名孩子中,有23名流动儿童提到家长会经常关心自己的学业情况,如作业是否完成、在校的表现以及考试成绩等,如"我爸吃饭的时候会问我,作业有没有写完,考试有没有得90分这些,除了这些,就不说其他的了"。因此,虽然生活在城市中,但很多孩子未能像城市的孩子一样得到父母的关爱。这在某种程度上,也影响了流动儿童的人际关系。程黎等人(2007)的研究发现,流动儿童的校园人际关系与流动儿童的家庭因素密切相关,其父母受教育程度越高,则其同学关系越积极;其亲子关系以及父母的夫妻关系越密切,其师生关系及同学关系也越积极③。

8年前,4岁的小萌随父母从安徽来到深圳。爸爸是流水线上的装配工,妈妈在保险公司做业务。父母因忙于工作,很少有时间与孩子交流,更无暇顾及孩子的成长。在学校里,小萌要好的朋友都是自己的老乡,随着时间推移,她慢慢由小时候的活泼开朗,变得沉默寡言,不爱说话。"爸爸为什么总是不带我出去玩呢?"小萌在给心理咨询师的信中写道:"我最大的愿望就是,妈妈每天晚上

---

① 王毅杰, 高燕. 流动儿童与城市社会融合 [M]. 北京: 社会科学文献出版社, 2010.

② 申继亮. 透视处境不利儿童的心理世界 (上) [M]. 北京: 北京师范大学出版社, 2009.

③ 程黎, 高文斌, 欧云, 等. 流动儿童校园人际关系及相关因素的研究 [J]. 中国临床心理学杂志, 2007 (4): 389 – 394.

能在家陪我，爸爸妈妈周末带我去一次动物园。"①

（五）失调的家庭功能

家庭功能是指家庭对家庭成员生存和发展所能起到的作用，是影响家庭成员心理发展的重要变量之一。麦克马斯特（McMaster）提出了家庭功能模式理论，认为健康的家庭要实现其基本功能，须具备五个方面的能力②：1. 良好的问题解决能力。每个家庭都需要有解决所面临的各种物质和情感问题的能力。能否意识到家庭面临的主要问题，是否按照合适的方式努力解决这些问题，都体现了家庭的问题解决能力。心理健康水平高的儿童的家庭能较准确地意识到问题的实质，全家一起讨论，设想各种解决问题的方案，在尝试解决的过程中调整努力的方向；心理健康水平低的儿童的家庭却很少遵循上述步骤去努力，缺乏问题解决的能力。2. 良好的沟通能力。家庭要解决面临的问题，必须以家庭成员良好的沟通为基础。在家庭沟通中孩子能否和父母平等对话，孩子的发言和想法是否得到尊重是非常关键的。3. 合理的家庭角色分工。这是指家庭是否建立了完成一系列家庭功能的行为角色模式，如提供生活来源、支持个人发展、管理家庭等。衡量角色分工的质量，要看任务分工是否明确和公平，家庭成员是否认真地完成了任务。4. 温馨的情感关系。能否对特定刺激作出合适的情感反应，体现了家庭成员的情感反应能力。情感反应既体现在对他人的反应敏感性上，也体现在反应方式的恰当性上。比如，许多孩子在学校里受到挫折，考试不好，上课听不懂，回到家里不仅得不到理解、鼓励和支持，反而遭受痛斥，使其自尊心和自信心受到严重打击。5. 对家庭成员的行为控制宽严适度。家庭对孩子的行为方式过分控制，或者放任自流，都不利于孩子的健康成长。国外大量研究表明，家庭情感关系中的亲密度和适应性较差对青少年的问题行为较多起到了关键作用③。

研究发现对比流动儿童和城市儿童，流动儿童在家庭功能的亲密度和适应性维度上都显著低于城市儿童④。对于流动儿童家庭来说，虽然大多数家庭成员能够团聚在一起，但是，往往父母忙于工作，没有多余的时间和精力与孩子沟通，存在亲子沟通不畅的问题，流动儿童也缺少父母足够的关爱和支持。同时流动人员夫妻之间的沟通质量也比较低，他们很少能够就流动儿童的环境适应问题进行

---

① 李薇，姚钒．"我是外地生，请不要歧视我"[N]．深圳商报，2009-07-29．

② 俞国良．现代心理健康教育——心理卫生问题对社会的影响及解决对策 [M]．北京：人民教育出版社，2007．

③ SHEK D T. Family functioning and psychological well-being school adjustment, and problem behavior in Chinese adolescents with and without economic disadvantage [J]. Journal of Genetic Psychology, 2002, 163 (4): 497-500.

④ 侯娟，邹泓，李晓巍．流动儿童家庭环境的特点及其对生活满意度的影响 [J]．心理发展与教育，2009（2）：78-85．

沟通，因此，这种失调的家庭功能会导致流动儿童出现一系列的身心发展问题。流动儿童的家庭亲密度能够显著正向预测流动儿童的家庭、环境满意度和总体生活满意度，家庭的适应性显著正向预测其家庭满意度。此外，李晓巍等人（2008）针对我国流动儿童的研究也发现，家庭的亲密度与流动儿童的问题行为呈显著负相关，显著负向预测内化问题行为。亲密度是指家庭成员之间情感联系的紧密程度，家庭成员彼此联系，在情感上相互支持[1]。

第二节　学校和社会因素对流动儿童心理健康的影响

除了流动儿童的个人因素和家庭因素对其心理健康水平有较大影响之外，学校和社会因素对流动儿童心理健康的影响也非常大。

一、学校因素对流动儿童心理健康的影响

学校不仅是儿童青少年的学习场所，也是他们最主要的生活场所，学校中的物理和心理环境对学生的心理健康有重要影响。对不断变换学习环境的流动儿童来说，教学条件、教师素质以及班级氛围都会影响到他们的心理健康水平。

（一）不良的教学条件

目前，我国不少城市的公办学校仍以种种理由拒收或少收进城就业农民的子女入学，特别是一些优质和重点学校则不允许招收流动儿童。因此，流动儿童在较差的公立学校或者打工子弟学校接受教育的居多。这些学校收费往往较低，收费方式灵活，有些学校的文化氛围还要优于流动儿童老家的学校。但是这类学校往往在教学设施、教学方法、教学设备上还需进一步改进。甚至有些学校连基本的教学器材，如三角板、圆规等都没有。而打工子弟学校的老师也比较缺乏教学经验，有些是半路出家，有些是刚刚从职业高中、高中、中专毕业的学生。这里老师的工资待遇不高，导致老师的流动性大、责任心差。所有这些因素都会导致流动儿童容易出现学习困难、安全感低等问题。

"校舍是租来的，受到房东极大的限制，因此从学校创办至今已经搬过三次家，而且还有再一次搬家的可能性。"（来自南京市外来工子弟学校生存现状调查）

"硬件看起来还比较齐全，电脑室、实验室什么的都有，但实际上只是一种摆设，从来没用过，也无法用。电脑是一个公办学校的淘汰品，机器很老、很旧，有的根本无法使用。要真的用起来，恐怕维修的费用都支付不起。"（来自一所打工子弟学校的现状调查）[2]

---

[1] 李晓巍，邹泓，金灿灿，等．流动儿童的问题行为与人格、家庭功能的关系 [J]．心理发展与教育，2008（2）：54-59．

[2] 王毅杰，高燕．流动儿童与城市社会融合 [M]．北京：社会科学文献出版社，2010．

(二) 教师的素质

在我国现阶段，打工子弟学校是流动儿童教育的一个重要场所。因此，这些学校中教师的素质也直接影响了流动儿童的身心健康发展。但是现有打工子弟学校大多存在师资严重不足的现象，这些教师具有很大的流动性，一般只签半年或一年的合同，他们只是把打工子弟学校作为自己将来留在大城市工作的跳板，一旦有好的机会，他们就会离开。他们有些没有经过专业训练，也不是出于对教育事业的热爱，不会认真钻研教学方法，对学生没有太多的责任感，也缺乏与学生的课外交流。因此，种种因素导致打工子弟学校的教师给学生带来了一些师源性心理问题。首先，很多课程无法按时开设。一些学校只能开设语文、数学等基础课，比较缺少英语、音乐、体育、美术等科目的教师，更不用说心理辅导，这样的课程根本就无法开设。因此，在这种情况下，学生就不能得到全面发展。其次，一些教师的教学经验严重不足。虽然有一些教师来到打工子弟学校是出于奉献精神，也非常具有爱心。但是，爱心并不能代替良好的教学质量。特别是一些打工子弟学校教师的流动性很大，这不仅影响了正常的教学秩序，而且也会让学生产生不安全感，影响良好师生关系的建立，不利于流动儿童的健康发展。此外，打工子弟学校的教师虽然也是流动者，但他们往往忘记了自己的身份，有些还会对流动儿童有一定歧视。来自重要他人——教师的歧视很容易导致流动儿童产生心理问题。

(三) 教师的认知偏见

教师对学生的认知会直接影响学生的心理健康状况，这具体表现在教师对学生的理解，教师对学生的态度以及教师对学生的期望上。例如，一些流动儿童教师对流动儿童受先入为主、以偏概全观念的影响，认为流动儿童都是学习较差、品德不良的落后者，还有些教师缺少对流动儿童应有的关爱，对他们不问不管，这些认识都会在教师的日常行为中有所流露，进而会影响到流动儿童对自身价值的肯定，也会伤害流动儿童的自尊心，从而影响流动儿童的身心健康。还有些公立学校的教师对于招收流动儿童对班级教学以及对教师的影响都持消极态度，调查显示有17.9%的教师不欢迎流动儿童到自己任教的班级就读[1]。

打工子弟学校某教师眼里民工子弟学校的学生："不要太高看这些学生，他们大脑里90%是一片空白，大部分人是在混日子，对我课堂上讲的内容根本不感兴趣，他们只想玩。我理想的教学状况是教师认真教，学生用心学，这个愿望在民工子弟学校是无法实现的。"[2]

---

[1] 曾守锤. 教师对流动儿童入读公办学校的态度研究 [J]. 教育导刊, 2008 (7): 24-25.
[2] 修路遥, 高燕. 试析民工子弟学校教师的特点及其影响——以南京市C民工子弟学校为例 [J]. 河海大学学报 (哲学社会科学版), 2007, 9 (3): 32-35.

（四）教师的不公平对待

在学校教育中，教师对学生的身心发展起着非常重要的作用。首先，只有教师无差别地对待流动儿童和城市儿童，才能保证流动儿童的受教育公平。但是，部分学校和教师对流动儿童还存在文化排斥，一些学校会将流动儿童与城市儿童分班进行教学，甚至不将流动儿童的学习成绩和操行计入对教师的考评。他们学好学坏都与教师的教学业绩和利益无关，这样就会导致有些学校和教师对学习成绩较差的流动儿童往往缺乏责任感，对其学习放任不管。比如，在安排学生座位时，常常将流动儿童安排在较差的座位上。学校和教师的这些做法可能也有他们自己的难处和理由，但是对于心理尚处在发展期的孩子来说，对他们稚嫩的心灵或多或少还是会有些伤害，这导致一些流动儿童经常感到自己在学校中不受重视，并感到自卑。因此，一些调查发现，即使有条件可以免费去公立学校，还是会有很多学生不愿意去。这些学生"担心家里穷，抬不起头做人"，"担心学习成绩跟不上被人耻笑"或者"担心说话带方言被老师同学嘲笑"等①。实际上，由于流动儿童的特殊经历，他们的学习基础与城市儿童之间有较大差异。在教学过程中，教师更应该做到差异性教学，关心而不是排斥流动儿童。

这是一位流动儿童家长讲述的经历："下课后，我找到老师想说说孩子的情况。还没开口，那个老师就说，你的孩子底子实在太差了。我的孩子确实底子不太好，但他的成绩已经慢慢有进步了，像这次考试就进步很大，数学已经90分了。孩子慢慢在变化，但是老师看不到。"②

（五）教师的心理健康水平

心理健康的老师不仅能够很好地对学生的学业进行指导，而且还会对学生的心理健康起到积极的影响。对于流动儿童来说，心理健康的老师往往会以积极、科学的方式对待他们，会使这些流动儿童在与老师相处时感到轻松、愉快，从而有助于流动儿童形成健康的人格。相反，心理不健康的教师，可能会经常以冷漠的态度和粗暴的方式对待流动儿童，这将不利于流动儿童的健康发展。如果得不到重要他人——老师的认可，这些流动儿童很可能去社会中寻找自我价值，也可能会因为交友不慎，从而走向犯罪道路。此外，教师的心理健康水平也会对流动儿童的学习产生直接影响。教师的积极情感，对于保持学生良好的学习心境，促进师生关系的协调，以及形成良好的课堂气氛，都有积极的作用。心理健康的教师会积极主动地为流动儿童创造开放、宽松的学习氛围，当他们取得一些小成绩

---

① 李朝晖. 农民工的流动儿童生存环境与就学的相关分析[J]. 南方人口，2006 (4): 40-47.

② 童敏. 流动儿童应对学习逆境的过程研究——一项抗逆力视角下的扎根理论分析[M]. 北京：中国社会科学出版社，2011.

或者小进步时，教师会注意给予他们热情的鼓励，这样流动儿童就会体验到成就感，进一步增强克服和战胜学习、生活困难的勇气。

（六）班级气氛

对于成长中的流动儿童来说，群体的影响是非常巨大的。因此，班级气氛会影响他们各方面的发展。师保国等人（2008）认为班级气氛由教室中的环境及人际互动（如物资设备、师生感情或态度）和既定的班级规范综合而成，在五六年级学生中，城市公立学校班级气氛好于打工子弟学校和农村公立学校，后两者没有差异。这种差距是由学生、教师、家庭、学校环境和社会风气等多种因素造成的①。王毅杰、高燕的研究也发现，公立学校的学生对班级学习氛围持肯定态度的要多于打工子弟学校的学生，而打工子弟学校的学生中认为"大部分同学不刻苦，较少同学学习努力"的比例要高于公立学校的学生②。这可能是因为不同的班级氛围影响了流动儿童的学业，导致出现了更多的学习困难儿童。

二、社会因素对流动儿童心理健康的影响

在流动儿童中，有相当一部分是在年龄较小时来到父母身边的，他们从小就目睹了父母工作的艰辛和自己与城市人所处生活环境的不同，也可能过早感受到了社会的不公与歧视。这些社会因素极易使这些流动儿童心理失衡，甚至产生反社会情绪，铤而走险走上犯罪道路。

（一）社会制度因素

在我国，很久以来义务教育一直与户籍挂钩，国家财政根据户籍所在地来划拨义务教育经费，而流动儿童则是介于农村儿童和城市儿童之间的特殊群体，他们就无法在城市中享受流入地政府财政负担的教育经费。这曾经一度导致流动儿童在城市中接受义务教育的基本权利遭到剥夺，成为不能在居住地接受义务教育的边缘群体。这种不平等的对待，使得一些流动儿童从心理上抵制、排斥城市生活及其他群体，造成孤独、自卑、不信任的人格特点。按照我国目前的户籍管理制度，流动儿童虽然随父母到城市中生活了，在户籍上他们仍然属于农村人口，这种双重身份使得他们在高考、就业等方面不能完全享受到与城市儿童同等的权利和保障。就在2012年中考结束后，深圳市被指"四大名校"不招非深圳户籍考生，只有少量择校生名额留给非深圳户籍考生，这样做存在歧视③。可想而知，这些问题一定会严重影响流动儿童的学业兴趣和社会融入状况。值得欣慰的是，目前上述状况已经得到了政府的重视，而且也得到

---

① 师保国，申继亮，许晶晶. 打工子弟学校班级气氛的特点[J]. 教育科学研究，2008（8/9）：58-61.

② 王毅杰，高燕. 流动儿童与城市社会融合[M]. 北京：社会科学文献出版社，2010.

③ 游春亮. 深圳中考招生规定被指户籍歧视[N]. 法制日报，2012-07-09.

了一定程度的改善。1998 年以来，政府已经出台了一系列保障流动人口子女平等接受义务教育的条例和法规，全社会在保障流动儿童受教育权益方面已经达成了共识。2010 年《国家中长期教育改革和发展规划纲要（2010—2020 年）》规定流动儿童的入学问题"坚持以输入地政府管理为主、以全日制公办中小学为主，确保进城务工人员随迁子女平等接受义务教育，研究制定进城务工人员随迁子女接受义务教育后在当地参加升学考试的办法"。近期流动人口的义务教育是近年来北京市流动人口政策中改革力度较大的领域之一，随着义务教育阶段户籍等多种身份限制的取消、高昂的择校费逐渐退出一般的义务教育机构，流动人口子女接受义务教育的环境已经有了较大改善[①]。相信在不久的将来，由于社会制度导致流动儿童出现的心理问题会逐渐减少并慢慢消失。

（二）社会歧视的存在

公平一直是我国社会和公众关注的主题，但是流动儿童有时也会遭受一些社会排斥和不公平待遇。比如在对流动儿童的访谈中，有儿童就谈到了自己感受到的三点不公平待遇：一是上学受到户口限制问题，"你若是北京当地人上学根本就无所顾虑，你要是外地人，找个好学校上就特别麻烦，我觉得这就不公平"；二是与城里人生活条件差距较大的问题，"你看人家住得又宽又亮，我们住的是随时都可能漏雨的房子；饮食也不同，他们早上可能是一杯热牛奶和面包，我们要是忙了早上根本就吃不上饭"；三是外地人很难找到工作的问题，"我妈妈有时候说，现在凭力气干活都找不着，大街上贴的广告，一个月一千、九百什么的，但有时候你会被骗，凭力气干活还没有人要，最不公平的就是这个"[②]。

有研究表明[③][④]，流动儿童是被排斥的群体，包括消费排斥（流动儿童的经济状况差，因此被排除在社会主流的消费方式之外）、社会关系排斥（流动儿童的交往人数和频率下降、社会网络分割和社会支持减弱）、文化排斥（流动儿童已有的文化价值观、行为规范与流入地儿童的文化价值观和行为规范发生了冲突）和福利制度排斥（流动儿童因没有户籍，在入学和升学方面存在困难）。流动儿童在日常生活中，有时也会受到来自老师、同学以及同学家长的歧视，甚至有时候是一些讥讽和嘲笑。很多城市儿童拒绝和流动儿童交朋友、玩游戏，通常

[①] 沈千帆. 北京市流动人口的社会融入研究 [M]. 北京：北京大学出版社, 2011.

[②] 申继亮. 透视处境不利儿童的心理世界（上）[M]. 北京：北京师范大学出版社, 2009.

[③] 任云霞, 张柏梅. 社会排斥和流动儿童的城市适应研究 [J]. 山西青年管理干部学院学报, 2006 (2): 14 – 16.

[④] 方晓义, 方兴华, 刘杨. 应对方式在流动儿童歧视知觉与孤独情绪关系上的调节作用 [J]. 心理发展与教育, 2008 (4): 93 – 99.

采用冷漠和拒绝的态度对待流动儿童。遭到排斥和歧视的流动儿童往往会感到："有的老师、同学看不起我们，他们有钱，我们没钱，他们是城里人，我们是乡下人。"有调查发现①，75%的流动儿童在日常生活中感到被嘲笑和讽刺，这种歧视知觉影响了其对城市和城市人口的认同，并对他们与城市同伴群体的交往和认识产生了消极影响。50%多的流动儿童认为北京人对自己"不好"或者"很不好"；在不喜欢北京的流动儿童中，70%是因为"北京人看不起我们"。还有50%的流动儿童认为自己不能像北京孩子一样上公立学校不公平。而在南京市的一所招收流动儿童较多的公立学校中，学区内学生招生为零。这是因为常住学生的家长对农民工子弟存在一定的歧视。他们会在择校时考虑这所学校的其他家长是做什么的，家长的学历等情况。

　　在针对流动儿童的研究中发现，男童感知到的歧视要高于女童，公立学校流动儿童感知到的歧视要少于打工子弟学校的流动儿童。歧视对个体的心理健康有明显的不利影响，研究发现，受歧视的流动儿童更容易产生孤独感，歧视也会负向影响流动儿童的城市适应状况、社会文化适应，正向影响流动儿童社会身份冲突状况②。总体上，对流动儿童排斥和歧视是导致流动儿童种种心理问题的根源之一。因为这些现象的存在，流动儿童会感觉缺乏社会保障和支持，无法获得安全感和归属感，会表现出抑郁、焦虑、孤独、愤怒等不良情绪，同时也可能会通过逃学、打架斗殴，甚至违纪违法等外部问题行为发泄自己的不满。2004年9月，一名13岁的安徽籍流动女童因在上海就读遇到歧视而自杀。该生父亲是从安徽到上海的务工人员。2003年，在家人的努力下，该生进入上海一所学校读书，一些上海学生的冷眼和老师的态度让其觉得自己和上海的学生处在两个不同的世界，在强大的精神压力下，她最终以自杀方式结束了自己年轻的生命。这一悲剧，一方面说明了流动儿童心理的脆弱；另一方面也体现了城市社会对流动儿童的冷漠和排斥③。

　　"我们班42名同学，其中31名是像我这样的外地生。"来自潮州的阿敏从小在龙岗长大，在他的印象中，深圳就是他的故乡。他学习努力，希望考上清华大学。去年夏天的一个傍晚，阿敏和同学们一起回家，迎面走来的几个公办学校学生远远指着阿敏的校服大声地说："咦？原来是垃圾学校的垃圾学生啊。"阿敏在给心理咨询师的信中写道："他们有时候甚至称我们为'野鸡学生'。我真的非常愤怒，他们有什么资格歧视我们呢？我想我一定要加倍努力

---

　　① 申继亮. 处境不利儿童的心理发展现状与教育对策研究 [M]. 北京：经济科学出版社，2009.

　　② 刘杨，方晓义，戴哲茹，等. 流动儿童歧视、社会身份冲突与城市适应的关系 [J]. 人口与发展，2012（1）：19 – 57.

　　③ 朱学仕. 一个"乡下娃"之死 [N]. 光明日报，2004 – 09 – 04.

学习,因为我要证明给公办学校的同学看,我们这些小学校也一样可以出尖子生。"①

第三节 流动儿童学业成绩和人际交往的影响因素调查②

一、引言

外来务工人员流动儿童群体是我国经济社会转型时期的特殊现象,是我国工业化、城市化、现代化与传统二元经济社会制度相撞击的产物。随着时代的发展,自20世纪80年代中期以来方兴未艾的"民工潮"向全国各地涌进,并且随着中国城市化的不断扩张,农村人口转化为非农村人口,人口普遍向城镇集聚。同时也出现了务工人员举家搬迁和携带子女流动等一系列现象。

上海市作为我国最发达的城市之一,社会发展具有前瞻性。截至2009年,上海外来人口中约有45万为应受义务教育的适龄少年儿童,其中大部分是外来务工人员的子女,而且数量在未来的一段时间内还会上升。2011年上海市教委等五部门联合发表文件,公布已有70%的外来子女进入公办中小学就读,全面取消了中小学借读费,形成以公办学校为主、社会力量办学为辅的运作格局,在各个方面对流动儿童与上海户籍生同等对待。可以说,上海市的做法在一定程度上保障了流动儿童的受教育权利。但是,进入城市以后,外来务工人员子女表现出一些积极特点的同时,一些值得人们关注的教育、心理问题也渐渐地凸显出来,这对其学习、人际交往产生了一定的影响③。上海市外来务工子弟学校中存在的问题,在全国其他城市里也相对广泛存在。

在以往的研究中发现,流动儿童的学业和人际交往问题是较为突出的,因此,本文拟考查影响上海市流动儿童学业成绩和人际交往的因素,为进一步提高其学业成绩,改进其人际交往水平提供帮助和支持。

二、对象与方法

(一) 研究对象

本研究采取分层取样,抽取上海市浦东新区两所中学预备、初一、初二、初三四个年级中16个班内的外来务工人员子女为研究对象,在研究者的指导下,进行集体施测,所有问卷当场回收。共发放问卷350份,回收问卷330份,剔除资料填写不完整问卷,实际回收有效问卷305份,其中预备年级102人、初一年级85人、初二年级80人、初三年级38人。被试的基本信息见表3-1。

---

① 李薇,姚钒."我是外地生,请不要歧视我"[N].深圳商报,2009-07-29.
② 本节内容与刘钊帅合写。
③ 韩嘉玲.北京市流动儿童义务教育状况调查报告[J].青年研究,2001(8):1-7.

表 3-1 学生基本信息

	预备		初一		初二		初三	
	男	女	男	女	男	女	男	女
人数	57	41	45	38	44	34	18	16
平均年龄	12.8	12.9	13.8	13.4	14.8	14.9	15.8	15.8

（二）研究工具

本研究中使用的测量工具包括三个部分。

首先是基本信息部分，为自编。包括被试基本信息、父母文化程度、交往情况等内容。交往情况包括人际关系自身感觉、对同学看法和公平感等9个题目，内部一致性信度为0.769。

其次是影响学业成绩和人际交往因素调查部分，选用了以往研究中信度和效度较高的问卷。包括埃利奥特和麦格雷戈（Elliot & McGregor，2001）的成就目标问卷、董妍与俞国良（2007）的学业情绪问卷中的羞愧与愤怒情绪部分、PALS中的自我效能感问卷、卡普拉拉（G. V. Caprara，2008）的情绪调节效能感问卷。在本研究中，成就目标问卷内在一致性信度为0.80；羞愧学业情绪的内在一致性信度为0.84；愤怒学业情绪的内在一致性信度为0.85；自我效能感的内在一致性信度为0.78；调节积极情绪效能感的内在一致性信度为0.74，调节消极情绪效能感的内在一致性效度为0.66，调节愤怒情绪效能感的内在一致性效度为0.57。

最后本研究以每个年级学生期末考试语文、数学和外语成绩总分为学业成绩的指标。

（三）统计方法

运用SPSS19.0对收集到的数据进行了相关分析和逐步回归分析。

三、结果

（一）影响上海市流动儿童学业成绩的因素

采用相关分析发现（见表3-2），上海市流动儿童学业成绩与掌握接近、成绩接近、自我效能感呈正相关，$p<0.05$，表明越能够树立掌握接近的学业目标或者成绩接近的学业目标，上海市流动儿童的学业成绩就越好。如果学生有较强的自我效能感，那么学生也会有较好的成绩。这些学生的成绩还与父亲文化程度、学业羞愧、学业愤怒呈负相关，$p<0.05$。这说明，当学生的羞愧情绪和愤怒情绪越多的时候，其学业成绩越差。而由于父亲的文化程度计分是得分越高，程度越低，所以该负相关表明，父亲的文化程度越高，学生的学业成绩越好。

表3-2 学业成绩影响因素的相关分析表

	1	2	3	4	5	6	7	8	9	10
1 父亲文化程度	—									
2 母亲文化程度	0.376**	—								
3 学业羞愧	0.095	0.087	—							
4 学业愤怒	0.051	0.066	0.504**	—						
5 掌握接近	0.045	-0.017	0.333**	0.102	—					
6 成绩接近	0.038	-0.033	0.242**	0.139*	0.546**	—				
7 成绩回避	0.101	0.045	0.338**	0.360**	0.294**	0.395**	—			
8 掌握避免	0.1	0.056	0.501**	0.429**	0.438**	0.335**	0.489**	—		
9 自我效能感	-0.033	-0.022	0.342**	-0.065	0.350**	0.344**	0.08	0.083	—	
10 学业成绩	-0.186**	-0.097	-0.196**	-0.254**	0.217**	0.154**	-0.051	-0.088	0.265**	—

注：*代表 $p<0.05$；**代表 $p<0.01$。

在相关分析的基础上，进一步以学业成绩为结果变量，采用逐步回归分析方法考查了相关因素对学业成绩的预测作用。结果显示，自我效能感、学业羞愧、掌握接近和父亲的文化程度能够显著预测学业成绩（见表3-3）。

表3-3 学业成绩相关因素的逐步回归分析

	B	Beta	T	Sig.	R square	F
自我效能感	22.212	0.301	5.366	0	0.7	22.869
学业羞愧	-35.268	-0.365	-6.54	0	0.164	33.696
掌握接近	16.417	0.24	4.314	0	0.209	17.311
父亲文化程度	-11.924	-0.152	-2.977	0.003	0.232	8.863

(二) 影响上海市流动儿童人际交往的因素

采用相关分析发现（见表3-4），上海市流动儿童人际交往与生活满意度呈正相关，与自我效能感、调节消极情绪效能感、调节积极情绪效能感、调节愤怒情绪效能感、自我同情呈负相关，$p<0.05$。此处人际交往的计分实得分越高，其人际交往问题越多；生活满意度得分越高，其实际生活满意度越低。因此，相关分析的结果说明，上海市流动儿童的生活满意度越低，其人际交往问题越多；自我效能感、调节积极情绪效能感、调节消极情绪效能感和自我同情程度越高，其人际交往问题越少。

表3-4 人际交往影响因素的相关分析表

	自我效能感	愤怒情绪调节效能感	消极情绪调节效能感	积极情绪调节效能感	自我同情	生活满意度
人际交往	-0.142*	-0.207**	-0.157**	0.044	-0.326**	0.176**

注：*代表$p<0.05$；**代表$p<0.01$。

在相关分析基础上，进一步以人际交往状况为结果变量，采用逐步回归分析方法考查了相关因素对学业成绩的预测作用。结果显示，自我同情、生活满意度能够显著预测人际交往情况（见表3-5）。

表3-5 人际交往相关因素的逐步回归分析

	B	Beta	t	Sig.	R Square	F
自我同情	-0.478	0.088	-5.453	0	0.106	35.997
生活满意度	0.090	0.045	1.989	0	0.118	3.958

四、讨论

本研究结果显示，外来务工人员流动儿童的学业成绩和人际交往与许多心理因素存在显著相关；一些心理因素会显著预测流动儿童的学业成绩和人际交往水平，这与已有研究的结论一致[①]。

（一）影响流动儿童学业成绩的因素

学业羞愧是很多学生在学习过程中体验到的一种"破坏性"情绪，具有学业羞愧体验的学生会在认知和行为上有一系列的负性表现，如降低对学业的标准或者放弃对目标的追求。科温顿和贝里（Covington & Berry, 1976）的自我价值理论认为，在面对可能的失败时，个体会通过有目的地做出某些行为使失败归因

[①] 韩嘉玲．北京市流动儿童义务教育状况调查报告［J］．青年研究，2001（8）：1-7．

于能力之外，从而保护自我价值感①。学业羞愧与学业成绩呈显著的负相关，并能够预测学业成绩，说明高水平的学业羞愧会阻碍学生取得良好的成绩。

掌握接近和成绩接近两种成就目标取向与学业成绩之间均存在显著正相关，掌握接近目标对学业成绩有正预测性，这与陈妍（2007）的研究结果②基本一致。陈妍在研究中也发现，具有掌握接近目标取向的学生更倾向于选择那些有助于他们学习的活动，他们对学习、努力、失败等概念都有正确的认识，能意识到学习是一个努力的过程，是对自己能力的提高，甚至在获得了反馈之后还要继续努力，把成绩看做是对自己能力的证实和别人对自己能力的评价③。此外，流动儿童来到城市中就读，感觉到一切环境都是陌生的，认为只有学业成绩是证明自己的关键。研究中发现自我效能感与他们的学业成绩也呈显著正相关，同时也对他们的成绩有显著预测作用，这与马尔顿（Multon）等人的元分析研究结果一致④。学业自我效能感之所以能够决定和预测学业成就，是因为在学业上有高自我效能感的学生在面对挑战性学习任务时有更多的动机卷入，能为自己设置更高的学业成就目标，在完成这些目标时会投入更多的努力和坚持，在学业情境中他们有更积极的态度和情感，有较少的焦虑。最后，由于在研究中采取反向计分的方式，父亲的文化程度与学业成绩呈显著的负相关，即父亲的文化程度越高，子女的学业成绩也就越好，父亲的文化程度也可以显著预测学业成绩。实际上，父亲的文化素质除对子女的学业成绩有影响外，还会影响其日常行为表现。

（二）影响流动儿童人际交往水平的心理因素

内夫（Neff）定义了自我同情的三个基本成分⑤：自我宽容（self-kindness）、普遍人性（common humanity）和正念（mindfulness）。自我宽容是指当我们痛苦、失败或感觉不完美时，对自己的同情和理解，而不是忽略我们的痛苦或苛刻地自我批评，高自我同情的人认识到不完美、失败等一切困难都是无法避免的，所以当与朋友相处中出现不愉快的时候可以避免生气以正确对待生活。普遍人性是指未能得到想要的事物的挫折感通常伴随着一种非理性但又弥漫着的孤独感，高自我同情的人明白人非完人，当朋友的行为出现纰漏的时候，会最大限度地给

---

① COVINGTON M V, OMELICH C L. Effort: the double edged sword in school achievement [J]. Journal of Educational Psychology, 1979, 71: 169–182.

② 陈妍. 中学生成就目标取向、学业效能感与情感反应的关系研究 [D]. 长春：东北师范大学，2007.

③ MAYER R C, DAVIS J H. An integrative model of organization trust [J]. Academy of Management Review, 1995, 20 (3): 709–734.

④ MULTON K D, BROWN S D, LENT R W. Relation of self-efficacy beliefs to academic outcomes: a meta-analytical investigation [J]. Journal of Counseling Psychology, 1991, 38 (1): 30–38.

⑤ NEFF K D. The development and validation of a scale to measure self-compassion [J]. Self and Identity, 2003 (2): 223–250.

予谅解，减少人际交往中的不愉快，提高自己的人际交往水平。正念是指自己的负面情绪保持在平衡的意识中，这样的行为可以减少朋友交往中的不愉快，减少影响人际交往事件的发生。所得结果显示自我同情与人际交往问题呈显著负相关，与内夫的理论相一致。

生活满意度与人际交往之间也存在显著的相关。生活满意度是心理幸福感的认知成分，是一个人根据自己选择的标准对其生活质量所作的总体评价。生活满意度是人际关系和谐的润滑剂，一个人抱着一种真诚的态度去为人处世，相对而言，对自己的人际关系感到更为满意，进而也会提高生活满意度。对生活满意的人，在生活中、学习上可以从他人身上获得更多的支持，从而对自身的生活、学习、人际关系等感到更多的满意，体验更少的负性情感，乐于与他人进行交往。

五、结论

流动儿童的学业成绩和人际交往水平与很多心理因素有关。流动儿童的自我效能感、学业羞愧情绪、掌握接近目标以及父亲的文化程度能够显著预测其学业成绩；自我同情和生活满意度能够显著预测其人际交往状况。

【建议参考资料】

1. 范兴华，方晓义，刘杨，等．流动儿童歧视知觉与社会文化适应：社会支持和社会认同的作用［J］．心理学报，2012（5）：647-663.

2. 曲可佳，邹泓，李晓巍．北京市流动儿童的学校满意度及其与师生关系、学业行为的关系［J］．中国特殊教育，2008（7）：50-55.

3. 李晓巍，邹泓，金灿灿，等．流动儿童的问题行为与人格、家庭功能的关系［J］．心理发展与教育，2008，2：54-59.

4. 刘杨，方晓义，戴哲茹，等．流动儿童歧视、社会身份冲突与城市适应的关系［J］．人口与发展，2012（1）：19-57.

5. 申继亮，胡心怡，刘霞．流动儿童的家庭环境及对其自尊的影响［J］．华南师范大学学报（社会科学版），2007（6）：113-118.

6. 沈千帆．北京市流动人口的社会融入研究［M］．北京：北京大学出版社，2011.

7. 童敏．流动儿童应对学习逆境的过程研究［M］．北京：中国社会科学出版社，2011.

8. 杨阿丽，赵洪朋．生活事件、社会支持与流动儿童问题行为的关系［J］．心理研究，2011，4（6）：67-71.

【问题与思考】

1. 有哪些个人因素容易导致流动儿童出现心理问题？
2. 不良的家庭环境会给流动儿童心理健康带来哪些影响？
3. 教师的哪些做法很有可能给流动儿童带来师源性心理问题？
4. 为了提高流动儿童的心理健康水平，还需要改善哪些社会因素？

第四章　流动儿童学校心理健康教育

【本章提要】

　　流动儿童的身心健康不仅对其自身发展有影响，而且还关系到整个国家未来劳动力的素质。因此，必须大力提高流动儿童的身心健康水平。学校是开展流动儿童的心理健康教育、提高流动儿童的心理健康水平的重要阵地。考虑到流动儿童的特殊性及其生活的不利处境，开展流动儿童学校心理健康教育有其特殊的目标与内容。因此，本章基于流动儿童的特点及其存在的心理问题，提出了流动儿童学校心理健康教育的目标与内容，以及流动儿童学校心理健康教育的途径与方法。同时，本章还精心选择介绍了两所学校开展流动儿童心理健康教育的经验，并对这两所学校的做法进行了点评。

【学习重点】

1. 了解开展学校心理健康教育的总目标和一般原则。
2. 掌握开展学校心理健康教育的重要目标和特殊原则。
3. 熟悉流动儿童学校心理健康教育的途径与方法。
4. 能够运用本章所学内容，设计一个针对本校或本班流动儿童的心理健康教育方案。

【重要术语】

　　学校心理健康教育　学校心理健康教育目标　学校心理健康教育原则　学校心理健康教育内容　学校心理健康教育途径与方法　流动儿童

第一节　流动儿童学校心理健康教育的目标与内容

　　流动儿童的心理健康问题不仅对其自身发展十分重要，而且还关系到整个国家未来劳动力的素质，而这又必将影响到整个国民经济的发展。这就要求我们必须要大力提高流动儿童的心理健康水平，解决其心理问题，以适应经济社会发展对劳动者素质日益提高的要求。

一、流动儿童学校心理健康教育的目标

（一）学校心理健康教育的总目标

培养身心健康发展的高素质人才是学校教育的根本目标，开展学校心理健康教育是实现这一目标的途径。为了适应中小学心理健康教育工作的需要，我国教育部 2004 年印发了《中小学心理健康教育指导纲要》，其中明确规定了我国中小学心理健康教育的目标与任务。开展心理健康教育的总目标是：提高全体学生的心理素质，充分开发他们的潜能，培养学生乐观、向上的心理品质，促进学生人格的健全发展。心理健康教育的具体目标是：使学生不断正确认识自我，增强调控自我、承受挫折、适应环境的能力；培养学生健全的人格和良好的个性心理品质；对少数有心理困扰或心理障碍的学生，给予科学有效的心理咨询和辅导，使他们尽快摆脱障碍，调节自我，提高心理健康水平，增强自我教育能力。

实际上，要实现上述心理健康教育的目标，不仅需要学校精心设计心理健康教育活动、学生密切配合学校工作，也需要家庭和社会共同作出努力，为学生营造一个良好的身心发展环境。

（二）流动儿童学校心理健康教育的重要目标

相对于自己的父母，流动儿童来到城市后，他们更容易融入城市生活，他们的言谈、举止、穿戴和爱好很容易城市化。尤其是进入学校的儿童，他们的知识丰富了，视野开阔了，更容易接受许多城市的新观念、新事物。但是流动儿童由于其家庭背景的特殊性以及自身的特殊经历，他们在融入城市的过程中，也滋生了一些特殊的心理问题。因此，在针对流动儿童开展心理健康教育时，还需要着重强调一些针对流动儿童的重要心理健康教育目标。

1. 塑造流动儿童自尊、自信的良好个性特征

流动儿童处在比较弱势的地位，研究发现他们受到的不公平待遇以及歧视要比城市中的其他儿童更多一些，同时流动儿童知觉到的歧视又会显著影响他们的心理健康水平。研究发现，自尊在歧视知觉和心理健康之间起到了显著的部分中介作用[①]。因此，在这种大的社会环境和背景下，塑造流动儿童自尊、自信的良好个性特征就显得尤为重要。形成积极健康的自我观念，可以为流动儿童未来成功的人生奠定坚实的基础。当个体能够对自己持一种积极态度时，就不会因为遇到了一些不公平待遇而自暴自弃或者感到自卑了，这样更有利于流动儿童身心更健康地发展。

---

① 蔺秀云，方晓义，刘杨，等. 流动儿童歧视知觉与心理健康水平的关系及其心理机制[J]. 心理学报，2009 (10)：967－979.

2. 改善流动儿童的学业状况

流动儿童的教育问题和学业问题一直备受人们的关注。一些流动儿童与城市儿童相比，学习基础差、底子薄，学业状况不佳。流动儿童对学习缺乏兴趣、厌学、成绩落后现象较为严重。因此，改善流动儿童不良的学业状况也是开展流动儿童心理健康教育的目标之一。具体来说，要改善流动儿童的学业状况，需要从改善家庭教育功能、改善就学条件、提高流动儿童学习兴趣、改进流动儿童学习方法、提高流动儿童学业成绩等几个方面着手。

3. 改善流动儿童的不良情绪

对流动儿童的研究表明，与城市儿童相比，流动儿童的孤独感、焦虑感、恐惧感和自卑感较强。因此，改善流动儿童的不良情绪，让流动儿童掌握情绪调节的方法和策略也是流动儿童学校心理健康教育的重要目标。

4. 减少流动儿童的行为问题

研究表明，有些流动儿童小时候并没有在父母身边生活，而是隔辈抚养。年老的长辈并没有帮他们养成良好的行为习惯。到了城市之后，这些不良行为习惯严重影响了他们正常的同伴交往，他们会因此而受到同伴的排斥和歧视。因此，流动儿童需要改掉自身的一些不良行为习惯，养成良好的行为习惯。此外，有些流动儿童由于父母疏于管教，行为规范意识和法律意识不强，出现了一些偏差行为。在对流动儿童开展心理健康教育的时候，也要把减少流动儿童的不良行为作为工作的一个目标。

5. 增强流动儿童的社会融入度

从农村来到城市，面对新的环境、新的伙伴、新的学习任务，流动儿童往往无所适从。来自我国多位学者的调查都发现，流动儿童的社会融入度较差。因此，在流动儿童的心理健康教育方面，增强流动儿童的社会适应性，提高其社会融入程度是一个十分关键的问题，这也是针对流动儿童开展心理健康教育的最根本目标。

二、流动儿童学校心理健康教育的原则

（一）学校心理健康教育的总原则

在《中小学心理健康教育指导纲要》中还明确指出了开展心理健康教育必须坚持的原则：根据学生心理发展特点和身心发展规律，有针对性地实施教育；面向全体学生，通过普遍开展教育活动，使学生对心理健康教育有积极的认识，使心理素质逐步得到提高；关注个别差异，根据不同学生的不同需要开展多种形式的教育和辅导，提高他们的心理健康水平；尊重学生，以学生为主体，充分启发和调动学生的积极性。积极做到心理健康教育的科学性与针对性相结合；面向全体学生与关注个别差异相结合；尊重、理解与真诚、同感相结合；预防、矫治

和发展相结合；教师的科学辅导与学生的主动参与相结合；助人与自助相结合。

（二）流动儿童学校心理健康教育的特殊原则

1. 保护流动儿童的自尊心

流动儿童与城市儿童相比，他们在很多方面存在差异。这样很容易导致他们形成自卑和低自尊的心理。因此，在开展流动儿童心理健康教育的时候，要特别注意维护流动儿童的自尊。尤其是在课堂教学中开展互动时，要特别注意保护那些内向、胆小的流动儿童的自尊心。

"在课堂让同学们小组讨论时，一般情况下流动儿童小朋（化名）不会主动参与到小组讨论中，我就走到小朋身旁，告诉她等一下要叫她回答问题。这样，小朋就会主动参与到讨论中。由于小朋的性格内向，我把一个非常外向的男孩调到她旁边成为她的同桌，希望两个人的性格能够互补，让小朋变得活泼一点。结果发现，小朋和同桌男孩的关系很不错。"（一位流动学校教师的做法）[①]

2. 给流动儿童更多的关爱

相比留守儿童，流动儿童非常幸运地可以得到父母更多的关心和照顾。但是，在学校和社会中，流动儿童却经常感受到同学、老师和社会上其他人员的歧视。因此，相比于其他儿童来说，需要在心理健康教育过程中坚持更多的关爱原则。比如，通过各种活动，让流动儿童认识到社会上大多数人能够平等对待他们，党和政府也十分关心和关注他们的入学、成长和就业问题。坚持这一原则的目的是让温暖的爱来融化隔阂，让流动儿童敢于主动融入社会。

3. 坚持整体性原则

为了促进流动儿童的全面发展，流动儿童的学校心理健康教育应坚持整体性原则，即不仅要把流动儿童的各方面心理活动有机联系起来，注重知、情、意、行与个性的协同发展，而且要与流动儿童学业成绩的提高、良好行为习惯的养成、社会融入程度的提高结合起来，促进流动儿童各方面的全面发展。

4. 关注个体差异的原则

心理健康教育的总原则强调要将面向全体学生与关注个别差异相结合，这一原则对于开展流动儿童学校心理健康教育显得尤为重要。流动儿童与其他城市定居儿童不同，他们从全国各地来到同一座城市，之前他们的教育背景、家庭成长环境、生活习惯都不相同。这给开展学校心理健康教育带来了难度，也提出了更高的要求。因此，在针对流动儿童开展心理健康教育工作时，更需要教师细心地尊重他们的个体差异，找到每个个体心理问题背后的真正原因。学校要针对每名流动儿童的心理特点和个性差异区别对待，有的放矢，使每名流动儿童的问题都

[①] 童敏. 流动儿童应对学习逆境的过程研究——一项抗逆力视角下的扎根理论分析[M]. 北京：中国社会科学出版社，2011.

能得到解决，使每位学生都能按照不同条件得到相应的发展。

5. 坚持学校—家庭—社会相结合的原则

流动儿童的心理健康问题有多方面的原因，其中家庭和社会是导致其产生心理问题的主要因素之一。为此，要解决流动儿童的心理健康问题，提高其心理健康水平，必须坚持学校—家庭—社会相结合的原则。比如，学校可以定期召开流动儿童家长会，开办流动儿童家长学校。同时，为了改善打工子弟学校的师资力量不足以及教学质量不高的问题，可以充分发挥大学生志愿者的作用。这些大学生支教志愿者不仅可以提供文化课的讲授，而且可以提供一些音、体、美的教育。这样可以解决打工子弟学校的实际教育教学困难。同时，也可以充分发挥热心的社会工作者的作用。在我国，流动儿童的问题也受到了很多社会工作者的关注，他们往往以自己的专业优势进入流动儿童生活中，帮助流动儿童克服各方面的困难，促进其身心健康发展。因此，在学校心理健康教育中，可以充分发挥社会工作者的作用，共同促进流动儿童健康发展。我国学者童敏的研究发现[①]，社会工作者在指导学习逆境中的流动儿童克服学习困难过程中，非常关注学习逆境中的流动儿童与学校教师间的互动，特别是与班主任老师之间的沟通交流。他们会把学校老师的肯定意见转告给流动儿童，或者把流动儿童的进步反映给学校老师，或者在服务活动中运用学校教师的影响力布置学习任务，或者制作"家校联系表"等。通过这些方式，社会工作者加强了流动儿童与老师之间的沟通交流，让流动儿童及时了解学校老师的肯定和要求，也让学校老师及时发现了流动儿童的进步和优点。显然，社会工作者的这些工作有利于流动儿童的学业进步和健康成长。

此外，一些流动儿童居住的社区条件也不利于其身心健康发展。为了给这些儿童提供正常发展的空间环境，学校也可以结合流动儿童的居住社区共同开展一些流动儿童的心理健康教育工作。比如，开展一些心理健康知识的科普宣传工作，给家长开设一些子女教育的公益讲座等。

三、流动儿童学校心理健康教育的内容

（一）普及心理健康知识

从流动儿童现象出现至今，我国研究者着重关注的大多是流动儿童的受教育权利以及社会融入的问题，而仅有少量的研究者和实践者关注了流动儿童的心理健康问题。但随着教育问题的逐渐解决，流动儿童的身心健康问题必将逐渐浮出水面。流动儿童也是祖国的花朵，他们的心灵也需要呵护。因此，流动儿童的学校心理健康教育的第一项内容就是要为流动儿童以及流动儿童的家长普及心理健

---

① 童敏. 流动儿童应对学习逆境的过程研究——一项抗逆力视角下的扎根理论分析[M]. 北京：中国社会科学出版社，2011.

康知识，提高其心理健康意识；要让流动儿童和流动儿童家长了解心理健康的标准是什么，什么时候需要进行心理调适，以及如何进行心理调适；也要让流动儿童知道，当他们不能自己解决心理问题时，该去哪里、找谁来帮助自己。因此，无论是在流动儿童所在的公立学校，还是在打工子弟学校，都应该增强对流动儿童的心理健康教育。

（二）流动儿童自我发展方面的心理健康教育

儿童青少年时期是自我意识发展的关键时期，能够正确认识自我和评价自我，形成自尊、自信、自爱、自立的性格对个体的发展是终生有益的。然而由于种种原因，流动儿童往往会比城市儿童更加缺乏自信，他们的自尊心也较低。因此，针对流动儿童的自我特点，要开展好流动儿童自我发展方面的心理健康教育工作，着力提高流动儿童的心理健康水平。

1. 挖掘流动儿童的优点

在与孩子的沟通中具有丰富经验的教师，不仅会关注学生的成绩，也会尽可能发挥流动儿童的长处，让他们体会到自己的优势。比如有的班主任抓住流动儿童爱劳动、有责任心的特点，会让他们担任班里的劳动小组长，负责教室的卫生工作，并且在全班同学面前表扬他们。这样，渐渐地这些流动儿童也得到了全班同学的喜爱，同学们在各个方面也更愿意帮助这些流动儿童，随之，他们在学习方面也会有所进步。

2. 使流动儿童正确认识自己

所谓自我认识就是对自己存在的觉察，即认识自己的一切，包括自己的生理状况、心理特征、自身能力以及自己与他人的关系等。通过与城市同学比较，流动儿童经常会感到自卑。特别是当受到周围同学的嘲笑和讥讽时，他们的这种自卑心理就更强烈。因此，学会正确认识和评价自己，是对流动儿童开展心理健康教育的重要内容之一。首先，要让流动儿童学会从自我评价和外界评价中全面、客观地评价自己。看到自己的优点和不足，不高估自己，也不低估自己。其次，不仅要让流动儿童学会与周围同学比较，也要学会与自己的过去比较，看到自己的变化，学会欣赏自己的优点，接纳自己的短处。最后，让流动儿童认识到理想自我与现实自我的差距，帮助他们树立正确的目标，让他们更好地获得自我认同感。

3. 培养流动儿童自尊、自强、自立、自信的个性特征

良好的个性特征是一个人人生成功的关键所在。由于流动儿童特殊的经历，他们中有很大一部分人的个性特征存在一些问题，如自尊心较弱等。而自尊心较弱又会带来一些其他问题，自尊在流动儿童的歧视知觉和心理健康水平之间以及

应对方式和心理健康水平之间起到了中介作用①。因此,开展流动儿童的心理健康教育,其主要目标就是要增强流动儿童的自尊心和自信心,提高其自强、自立的品质,从而形成积极的自我认识。自立、自信、自尊和自强的品质是非常重要的自我品质,具备这些品质的流动儿童能够更好地面对社会、面对现实,也更容易付出更多的努力,为自己赢得一个完美的人生。

(三) 流动儿童学业状况的心理健康教育

当流动儿童随父母来到城市后,面对新的学习环境、新的教学方式、新的教学内容可能会有种种心理不适,甚至可能导致成绩低下。因此,改善流动儿童的学习状况是提高其心理健康水平的一个重要内容。

1. 提高流动儿童的学习兴趣

由于成绩差,一部分流动儿童的厌学情绪严重,而厌学又会进一步带来成绩低下、同伴关系差等问题。因此,提高流动儿童的学习兴趣,增加其积极学业情绪是非常重要的。研究表明,积极学业情绪对学业有显著的正向预测作用,消极学业情绪对学业有负向预测作用②。所以,改善流动儿童的厌学情绪能促进其学业成绩的提高。要想改变流动儿童的厌学状况,首先要明确流动儿童的学习目的。儿童青少年这一时期如果没有明确的目标,或者不能将未来的生活目标与学习相联系,他们就会对学习失去动力。因此,学校老师要利用各种机会帮助流动儿童明确自己的人生目标,明确自己的学习目的。可以采用不同的形式,如讲座、主题班会等形式对流动儿童进行学习目的性教育,使他们确立一个明确的志向。其次,要创造条件让流动儿童在学业上体验到成功。虽然一些流动儿童学习基础较差,但是他们的智力水平其实与正常儿童没有本质区别。因此,流动儿童的老师也一定要对流动儿童充满信心,鼓励他们好好学习,让他们有机会和条件体验学习的成功感,这样流动儿童慢慢地也就会对学习产生兴趣了。对于基础较差的学生,还需要各科老师相互配合,多付出一些时间和精力来帮助他们。而千万不能因为流动儿童终究要流动走,他们的成绩不计入工作量或者考核,而对他们放任自流。这样做不仅误人子弟,而且也有悖于为人师表的职业道德。最后,教师要改变教育方法,培养孩子的学习兴趣。苏霍莫林斯基认为,教师在课堂上精神饱满和乐观愉快的语调,可以激起学生学习的愿望和提高学习成绩。因此,教师应在教法上经常改进,刻意求新,让学生时常有一种新鲜感。这样会有利于学生提高自己对老师的认可度,进而会提高流动儿童对学业的兴趣。

2. 培养流动儿童的良好学习习惯

幼儿阶段是培养儿童良好习惯的关键时期,但是对于流动儿童来说,这一阶

---

① 蔺秀云,方晓义,刘杨,等. 流动儿童歧视知觉与心理健康水平的关系及其心理机制[J]. 心理学报,2009,41 (10):967—979.

② 董妍,俞国良. 青少年学业情绪对学业成就的影响 [J]. 心理科学,2010 (4).

段或者他们在老家还是留守儿童，或者在父母身边，但是繁忙的父母根本没有时间训练自己养成好的习惯。尤其是一些流动儿童，由于家庭经济条件有限，学前阶段没有接受过幼儿教育，所以他们没有养成良好的学习习惯。因此，在小学阶段，培养流动儿童的良好学习习惯也是非常关键的。首先，班主任老师要有足够的耐心和信心指导流动儿童养成按时完成作业、上课认真听讲、积极举手发言等良好学习习惯。其次，要让流动儿童养成勤于思考、善于动脑的良好习惯。再次，大量阅读对学习有所裨益。但是研究表明，流动儿童的阅读数量比城市儿童少，与城市儿童相比，他们在阅读过程中也没有养成做笔记这一良好习惯，流动儿童家中的藏书量也远远低于城市儿童。基于这些问题，培养流动儿童良好的阅读习惯也是非常重要的①。最后，由于一些流动儿童比较内向，到了新环境不能马上适应，因此，还要让流动儿童养成主动寻求帮助的习惯，培养勤学多问的精神。这样当他们在学习上有问题的时候，能够及时找同学和老师求助，不仅可以弥补家长文化水平低、不能辅导他们的不足，也可以让他们随时化解学习上的问题，而不会让问题日积月累，最终导致成绩越来越差。

3. 改进流动儿童的学习方法

根据儿童认知发展的特点，在小学这一阶段重点在于培养流动儿童的元认知能力，在中学阶段则应该重点培养流动儿童的逻辑思维能力和问题解决能力。当流动儿童从农村来到城市之后，他们面对新的学习任务和学习课程，也可能需要改进自己原来的学习方法。改进学习方法可以提高流动儿童的学习效率，提高其学业成绩，进而提高其自信心。因此，让流动儿童掌握科学的学习方法和策略也是开展流动儿童心理健康工作的内容之一。

4. 提高流动儿童的学业成绩

研究表明，流动儿童的成绩普遍低于城市儿童，并因此导致一部分流动儿童失学。如果能够提高流动儿童的学业成绩，不仅有助于解决流动儿童失学率、辍学率高的问题，也有助于解决其因成绩差而受到同学、老师歧视的问题。因此，在开展心理健康教育时，要通过调整学生归因、改进其学习方法、提高其学业努力程度等方法，来提高流动儿童的学业成绩。

5. 缓解流动儿童的学业焦虑

学业焦虑是困扰很多流动儿童的学习问题。学业焦虑可以带来一系列身心反应，如肌肉紧张、心跳加速、血压升高、出汗、无助感、担忧、自我否定、头疼、无法集中注意力、思维阻滞等。流动儿童产生学业焦虑主要是因为学习基础差，父母期望高，担心自己不能达到父母的要求而产生了过大的压力，当这些压

---

① 王霆. 公办学校中流动少年儿童阅读状况的调查报告 [J]. 当代教育科学, 2006 (5): 33-34.

力超过流动儿童的心理负荷时,他们就会产生焦虑情绪。在开展流动儿童心理健康教育的过程中,要想缓解流动儿童的学业焦虑,首先要降低儿童自己对自己的高期望,端正他们对学习的认识,不要把考试分数看得过重。其次要帮助流动儿童给自己设立合适的学业目标,鼓励学生树立起学习的自信心。最后,要帮助流动儿童提高学习效率,注意劳逸结合,让流动儿童学会多感官学习,全面用脑。当流动儿童的学业焦虑状况缓解后,他们的学习效率也会进一步提高。

(四)流动儿童问题行为方面的心理健康教育

1. 培养流动儿童良好的卫生与行为习惯

由于流动儿童的父母工作繁忙,文化水平低,导致家庭教育的不足。一些流动儿童行为习惯较差,通过习惯和行为方式养成的训练,对流动儿童进行引导和培训,可以提升流动儿童的精神面貌,也可以改善其自信心。与城市相比,一些农村地区的生活条件和卫生条件要差一些。因此,一些流动儿童刚刚来到城市的时候,并没有养成良好的卫生习惯。比如,不知道勤剪指甲、勤洗澡等。这样不仅不利于他们个人的健康成长,也会使他们更不受同学的欢迎。因此,养成良好的卫生习惯也是开展流动儿童心理健康工作的内容。要让流动儿童养成饭前便后洗手、勤剪指甲、勤洗澡、勤换衣、早晚洗脸刷牙等良好的卫生习惯。当流动儿童以整洁、干净的形象出现在城市儿童面前时,他们的自尊心和自信心就会得到提升,也会更加受到同学的喜爱。不良的行为习惯一旦养成,就很难改变。而习惯是在一定时间内逐渐养成的,培养良好的行为习惯会让流动儿童终生受益。微笑是我们的语言,文明是我们的信念。因此,让流动儿童养成文明有礼、遵纪守法、诚实守信的良好行为习惯会使他们更快地融入新的环境,提升他们进入城市的融入度。

常州蓝天学校在这方面曾经开展过很好的工作,值得其他学校学习和借鉴。该校95%以上的学生是流动儿童,来自全国17个省市。在道德教育方面,该校教育孩子在学习中学会倾听、学会合作,在公共场所不高声喧哗、不影响他人,使学生从小明白,遵纪守法、维护公共秩序的实质就是为了保护自身的利益和他人的利益;在家庭生活里,要求孩子为父母分忧、不让父母操心,"心中有他人"先从"心中有父母"做起。该校还十分注重让学生养成良好的学习习惯、卫生习惯和读书习惯[①]。

2. 减少流动儿童违纪行为和偏差行为

流动儿童的心理行为问题更多的是表现在违反学校纪律方面,特别是一些学习基础较差的流动儿童,经常课堂纪律也不好,比如会迟到或者上课说闲话、下座位、搞恶作剧等。流动儿童违纪除了有性格上的问题之外,还有的是因其合理

---

① 蔡炜. 常州首推流动儿童道德认知和行为教育[N]. 扬子晚报,2008-08-07.

需要没有得到满足，或者是缺乏基本的社会认知技能。通常违纪的流动儿童没有在班级中找到自己的位置，缺乏归属感，为了获得同学和老师的注意，他们可能会故意制造一些事端引起老师和同学的关注。而缺乏社会认知技能的儿童则不知道如何正常地表达自己的愿望和需求，不懂得人际交往的技巧。

流动儿童的违纪行为不仅影响其自身的学业和人际交往，而且也会干扰其他同学的正常学习和生活。因此，流动儿童的学校心理健康教育也要减少其违纪行为。首先，老师可以给流动儿童制定明确的课堂规则和秩序，让其了解哪些是自己在课堂上可以做的，哪些是自己在课堂上不能做的。其次，老师要敏感于学生的需要，创造一个尊重学生需要的校园环境，让学生的合理心理需要如归属感、自尊的需要能够在班级中得到满足。最后，老师要培养学生的社会认知技能，比如如何正确处理冲突与挫折情境。当学生面临人际冲突，无法取得一致意见时，可以建议他们运用如下八种方式来处理问题①：（1）分享（我们一起来做）；（2）轮换（这回按照你的方法做，下回按照我的方法做）；（3）妥协（有所失必有所得）；（4）几率（投掷硬币来决定）；（5）外援（请教老师或同学）；（6）推迟（等双方冷静下来再解决）；（7）回避（双方保留不同意见，彼此尊重）；（8）幽默（以夸大或幽默方式予以化解）。减少流动儿童的偏差行为，重在通过干预，防患于未然，预防偏差行为的出现。

此外，流动儿童在社会适应过程中，有时会因为受到歧视和不公平待遇而滋生逆反心理，从而产生偏差行为，甚至做出违法犯罪的事情来。减少流动儿童的偏差行为不仅关系到其自身健康发展，也关系到整个社会的安定团结。特别是近年来，流动儿童和青少年犯罪比例激增，他们的犯罪行为主要集中在抢劫、故意杀人、故意伤害、寻衅滋事和强奸等暴力犯罪，以共同犯罪为主，较集中于过度追求物质享受，犯罪时盲目性较强。专家认为，这些流动人口犯罪率上升，有一个重要的原因就是他们很难获得对城市的"文化认同"并存在社会融入问题②。这些"二代移民"相比于父辈，更喜欢作横向比较，在比较中他们感受到了强烈的不公平感，导致了自卑、怨恨等心理。因此，为了减少流动儿童的偏差行为，最好从小就让孩子能够到公立学校接受主流价值观，解决他们的文化认同问题，提高其社会融入度。同时要注意减少家庭暴力和溺爱，给孩子提供一个良好的生存环境。

（五）流动儿童社会适应方面的心理健康教育

据调查，流动儿童将来更有可能留在城市中生活，处在夹缝中的流动儿童能否很好地融入社会，不仅关系到流动儿童自身的身心健康问题，而且也会关系到

---

① 俞国良. 现代心理健康教育——心理卫生问题对社会的影响及解决对策［M］. 北京：人民教育出版社，2007.

② 肖春飞，苑坚. 农民工子女渴望"归属"城市［J］. 瞭望，2006（42）：46-47.

国家和社会的安定和团结。因此,提高流动儿童的社会融入度,减少其逆反和反社会心理非常重要。

1. 掌握情绪调节的方法

流动儿童的情绪问题比较严重,他们往往比一般儿童有更多的孤独感、焦虑感和恐惧感,因此,掌握适当的情绪调节方法有利于流动儿童身心健康发展。针对流动儿童孤独感较高的问题,可以多提供一些流动儿童与其他同学一起合作的活动,让他们更多地感受到集体的温暖。对于焦虑感和恐惧感较多的流动儿童,可以通过放松训练等方式减轻其不良情绪。此外,也可以通过开设专门的心理辅导课程或者讲座,专门教授给流动儿童一些情绪调节方法。例如,对于年龄小的流动儿童,可以让他们学习如何正确理解、表达和识别情绪;对于年龄大一些的流动儿童,可以教给他们调节情绪的具体方法,比如深呼吸放松法、运动法、宣泄法、认知调节法等。

2. 提高抗挫折能力

涉世未深的流动儿童虽然进入城市的时间不久,但是他们可能已经经受了学业失败、同学嘲笑、老师不公平对待等一系列挫折。流动儿童的很多心理问题,涉及家庭、社会、同伴、老师等多方面的因素。提高流动儿童的心理健康水平,最好的方法是能够各方面齐心合力改善流动儿童发展的心理环境。但是,实现这种理想状态需要一定的时间和过程,因此改善流动儿童的心理健康水平,更为重要的是提高流动儿童自身的抗挫折能力。要让流动儿童认识到,任何人的人生道路都不可能是一帆风顺的,要帮助他们树立自信心,不因偶尔的歧视和不公平就自暴自弃,而是要充满信心地面对生活,面对未来,要相信社会上大多数人都是公平公正的,国家对流动人口的政策也会越来越好。因此要通过各种挫折情境,开展多种活动进行挫折教育。同时,也要教会流动儿童一些积极应对挫折反应的策略,使学生能够以平和的心态看待社会和他人,不断努力去完善自我,以提高别人对自己的认识。

3. 改善人际关系

首先,要建立良好的师生关系。良好的师生关系对于流动儿童来说有着非常重要的意义。因为家庭教育的缺失,流动儿童的学校教育就显得尤为重要。但一部分流动儿童对公立学校中的老师具有恐惧心理,上课不敢发言,也不敢主动问老师问题,甚至一部分学生把自己与老师的关系比喻成了老鼠和猫的关系。因此,让流动儿童打开心扉、与老师建立良好的沟通关系可以让他们更加顺利地健康成长,也有利于他们的心理健康。

其次,要建立良好的同伴关系。良好的同伴关系对于青少年儿童的发展有着至关重要的作用。若经常被同伴拒绝,他们则容易表现出较高的孤独感。现有研究已经发现，流动儿童经常转学，不容易与同学建立起亲密的同伴关系，他们的孤独感水平较其他儿童要更高一些。此外，流动儿童的问题行为与受到较少的社会支持有关。研究发现，即使流动儿童经历了较多的消极生活事件，只要社会、学校和家庭能够给予流动儿童足够的支持，当他们能够感受和使用这些支持时，就会减少内化和外化的行为问题[1]。社会支持在儿童的社会适应过程中有重要作用，研究发现，良好的社会支持不仅可以缓解儿童的抑郁、焦虑等内向性情绪问题，还可以减少一些外向性问题行为，如打架、逃学等违纪行为以及吸烟、酗酒等危害健康的行为。谢子龙等人（2009）在对流动儿童社会支持与问题行为的相关研究中发现，在社会支持的三个维度上，支持利用度对流动儿童的学习适应不良、违纪、退缩和神经质有显著的负向预测作用，主观支持对退缩和神经质有显著的负向预测作用[2]。因此，流动儿童心理社会适应方面的心理健康教育重在帮助流动儿童建立和谐的人际关系，增强社会支持。流动儿童的学校心理健康教育应该更加注重帮助流动儿童建立良好的同伴关系，增强其社会支持。当流动儿童转入一所新学校，进入一个新班级的时候，老师要多创造流动儿童与同学交往的机会，让流动儿童尽快融入新的班集体。

4. 提高社会融合程度

流动儿童来到城市之后，最大的问题就是社会融合问题。因此，改善流动儿童心理问题，提高其心理素质，最重要的就是提高其社会适应性。研究发现，流动儿童的社会融合不仅具有代际传承性，而且在控制了家庭背景后，学校效应仍然显著[3]。所以做好这方面的工作，也需要学校和社会为流动儿童创设更多的机会，让其少遭遇不公平待遇和歧视。同时，更为重要的是要让流动儿童看到党和政府对流动人口作出的积极努力，看到大多数人对流动儿童持有的正确态度。还可以通过开展一些活动，让流动儿童主动地去适应城市生活，融入城市社会。

第二节 流动儿童学校心理健康教育的途径与方法

在学校教育中开展流动儿童的心理健康教育是提高流动儿童心理健康水平的必要和有效途径。我们可以通过在学校教育中渗透心理健康教育，也可以在班主任工作中开展流动儿童的心理健康教育。如果有些公立学校和打工子弟学校条件成熟，也可以开展专门的心理辅导工作。改善流动儿童的心理健康水平是一项系

---

[1] 杨阿丽，赵洪朋. 生活事件、社会支持与流动儿童问题行为的关系 [J]. 心理研究，2011（6）：67-71.

[2] 谢子龙，侯洋，徐展. 初中流动儿童社会支持与问题行为特点及其关系分析 [J]. 中国学校卫生，2009（10）：898-900.

[3] 周皓. 流动儿童社会融合的代际传承 [J]. 中国人口科学，2012（1）：70-81.

统工程,因此学校还要结合家庭和社区一起做好流动儿童的心理健康教育工作。

一、在学校教育中渗透心理健康教育

(一)改善和提高教育教学质量

据推测,全国大约有 205 万流动儿童就读于打工子弟学校①。目前此类学校在软硬件、教学质量等方面都与公立学校存在较大差距。但是,鉴于目前的情况,这些学校仍将是流动儿童接受义务教育的有益补充,为保障流动儿童接受良好教育,这些学校应该尽可能改进教育资源,提高教育教学质量。首先,打工子弟学校要树立起正确的教育理念,要意识到流动儿童教育事业的重要性,认识到接受良好的教育对于这些儿童未来的发展有不可估量的影响。其次,打工子弟学校要加强对教师的要求和培训,提高教师的整体素质和教育教学方法。最后,要通过增加教师的待遇等一系列措施减少打工子弟学校教师的流动性,保障正常的教育教学秩序。此外,建立健全接收流动儿童的城市定点学校,促进流动儿童接受同城市儿童一样良好的公立学校教育也是提高流动儿童健康水平的一项有效措施。一些研究发现,流动儿童如果与城市儿童同样在公立学校接受教育,那么他们的心理健康总体情况与定居儿童的差异就不显著②,所以流动儿童到公立学校中就读有利于其身心健康发展。

(二)提高学校的师资水平

一部分流动儿童在打工子弟学校中接受教育,但是这部分学校的教师本身也具有流动性,他们还有着巨大的经济压力和社会压力,有时这些教师的这种特点也会给流动儿童的心理发展带来一定的影响。打工子弟学校中的教师一般学历与资质较低,流动性很大,很多人并不是真正喜爱这个职业,只是把它当成一个跳板。有些打工子弟学校教师由于自身素质较低,没有科学的教育教学方法,甚至还对流动儿童带有一定的偏见,他们的种种做法有时会给流动儿童带来师源性心理问题。因此,提高打工子弟学校教师的师资水平是改善流动儿童心理健康状况的一个间接途径。提高流动儿童的师资水平不仅仅指提高流动儿童教师的稳定性和学历水平,更重要的是提高流动儿童教师的职业素质。比如,要培养流动儿童教师真诚对待流动儿童的态度。首先,不能对流动儿童带有任何偏见,他们同其他孩子一样都是祖国的花朵,都需要阳光和雨露来浇灌。其次,师生之间要坦诚相待,形成良好的师生关系。真诚地对待学生会让学生感受到自身的价值,使他

---

① 国家人口和计划生育委员会流动人口服务管理司.中国流动人口发展报告 2010 [M].北京:中国人口出版社,2010.

② 徐晓,张仲明,周雨捷.民工子女和城市儿童心理状况比较研究 [J].中小学心理健康教育,2008(5):12 – 14.

们能安心地与老师分享他们的快乐，分担他们的忧愁。再次，流动儿童教师也要充分尊重流动儿童，相信他们的发展潜力。流动儿童也是正在成长和发展的个体，他们的很多个性特点、学习能力还在发展完善中，我们不能因流动儿童暂时的成绩落后，就给他们贴上"坏"孩子的标签。特别是对于那些刚刚转到新学校、不会说普通话、经常受到同学嘲笑的流动儿童，教师更不能讽刺、挖苦这些学生，而要用平和、温暖而又亲切的语言与他们相处，让流动儿童充分感到教师的关爱，从而使这些儿童渐渐适应新的环境，摆脱自卑、胆怯、焦虑等不良心理状态。

（三）提高教育教学环境

学龄流动儿童的大部分时间都是在学校中度过的，因此教育教学环境的好坏将直接关系到流动儿童的心理健康水平。改善流动儿童所在学校的物理环境，加强校园文化建设，将有助于培养学生良好的个性品质、发展其兴趣特长，促进其健康成长。

1. 改善学校的物理环境

由于种种限制，流动儿童很少有机会进入城市中的重点公立小学或中学学习，甚至有些儿童还在打工子弟学校接受教育。这些学校一般条件较差，不仅没有必备的教学仪器设备，而且有些学校连固定的校舍都没有，还需经常搬家。这让在此就读的流动儿童产生了严重的不安全感，影响了流动儿童的心理健康发展。因此，为了有效改善流动儿童的心理健康水平，学校尤其是打工子弟学校要尽可能给流动儿童一个安全、稳定的教育教学环境。打工子弟学校也要积极拓宽渠道，增强教育资源的软硬件设施配置，满足流动儿童的基本教育需求。同时，在条件允许的情况下，进一步美化校园环境，让流动儿童在环境优美、生气勃勃的校园中愉快地学习和生活，这也将有利于流动儿童的身心健康。

2. 加强校园文化建设

良好的校园文化，将会给流动儿童营造一种积极、健康、向上的校园文化氛围和心理健康教育环境。因此，要充分利用校园中的各种宣传媒体，如广播、电视、网络、校刊、橱窗等宣传心理健康知识，培养流动儿童的心理健康意识。通过加强校园文化建设来渗透心理健康教育是非常有效、节省的方式，可以通过开设丰富多彩的校园文化活动来提高流动儿童的学习兴趣，发展其爱好特长，促进他们身心健康发展。

（四）在课程中渗透心理健康教育

心理健康教育不仅是心理老师的工作，也是全体老师教书育人工作中的一部分。因此，通过在课程中渗透心理健康教育也是开展流动儿童心理健康教育工作的一种有效方式。

1. 给予流动儿童无条件的爱

老师在孩子心目中的地位是神圣的，有时甚至胜过父母。尤其是对于流动儿童来说，他们的父母文化程度较低，有些他们知道的新鲜事物父母并不知晓，有些他们想了解的东西，并不能从父母那里获得。因此，教师对流动儿童的影响相比对城市儿童来说可能更大一些。同时，流动儿童由于存在到新环境的适应问题，他们更需要老师的关心和关照，需要老师帮他们与同学快速建立起良好的同伴关系。可见，教师对流动儿童保持良好的心理状态起着关键作用。然而，现实生活中，有些流动儿童的教师还不能对他们一视同仁，经常会讽刺、挖苦、歧视这些流动儿童。实际上，流动儿童本身作为弱势群体，他们已经处于发展不利的逆境之中，更需要从老师那里获得无条件的关爱。当学生不能适应新的学习环境时，教师要想办法主动地帮助他们去适应；当流动儿童学习有困难时，教师要因材施教，帮他们尽快迎头赶上；当在课堂中，他们不敢回答问题时，教师要积极鼓励、主动提问；当流动儿童出现不良的行为习惯时，教师给予的不应是歧视而应该是良好习惯的培养。只有当流动儿童体验到老师的这些无条件关爱的时候，他们才能够有足够的安全感，敞开心扉地与老师和同学建立起亲密的关系。

2. 让流动儿童体验到学业成功感，增强学习动机

由于一些流动儿童缺乏对学习的兴趣，没有养成良好的学习习惯，所以他们往往成绩较差，在学习中有较多的失败体验。这个时候，作为流动儿童的教师需要主动帮助他们重塑自信，走出学业失败的阴影。当流动儿童在学业中取得一些小进步时，教师要对他们进行及时的鼓励。一些流动儿童的家长没有时间，也没有能力对他们的学业进行辅导，因此，对于有特殊学习困难的学生，流动儿童的老师还需要多给予他们一些必要的辅导。当流动儿童能够在课程学习中体验到成功的乐趣时，就会进一步提高学习的自信心。教师也可以建议学生读一些名人成长故事以激励流动儿童，通过对成功者的分析，树立自己的理想和目标，从而提高学习动机。

3. 尊重流动儿童的个体差异

从全国各个地方来到城市的流动儿童，不可避免会带有一些自己的特点。但是大部分流动儿童来自于农村，都比较淳朴、善良和简单。他们有时虽然有一些不良的行为习惯，但也是由多种原因造成的。因此要尊重他们与城市儿童不同的特点和行为习惯。特别是对于一些比较敏感和内向的儿童来说，一个眼神、一个手势可能就会被他们知觉为歧视，进而可能会使他们产生消极的情绪情感。研究表明，个体的歧视知觉在社会支持和孤独感之间有中介作用。所以，身为人师一定要尊重流动儿童的个体差异，让流动儿童感受到更多的温暖和关怀，这样才会让他们在一个安全的气氛和心理环境下健康快乐地成长。

4. 在学科教学中渗透心理健康教育

在各科教学中渗透流动儿童的心理健康教育，能够有效提高心理健康教育的整体效果，也可以弥补心理健康教育师资不足的问题。各科课程本身往往都蕴涵着十分丰富的心理健康教育资源。因此，教师要充分发掘本学科中的心理健康教育素材，有意识地结合课程进行心理健康教育。比如，语文课和德育课中就为学生提供了了解世界、认识人生、体验情感等机会，心理健康教育要注意发挥这些优势，把相关课程的教学与心理健康教育结合起来。同时在设置课程目标的时候，也要充分考虑到流动儿童的特点，根据个体差异设定不同层次的目标，加强目标激励作用。在课堂教学中，教师也要积极创造良好的课堂气氛。根据流动儿童的身心发展特点，合理运用教育学、心理学的原理对流动儿童进行教学。教师在教学过程中要积极改进教学方法、精心设置问题情境，引发流动儿童学习的兴趣，注意对学生学习动机的激发和学习方法的改进。要积极创造条件，让流动儿童也成为课堂教学中的主体，尊重流动儿童的主体地位。特别是对于学习有困难的流动儿童，要尽量优先提问他们，表扬他们，防止他们出现自卑心理。此外，通过课堂教学还要让流动儿童认识到学习知识的重要价值，树立终身学习的理念。同时，由于流动儿童的家长很少有能力和时间辅导这些儿童学习，因此，老师还要对一些儿童进行必要的课后辅导，让他们的成绩及时赶上其他同学，防止他们因为成绩差而出现辍学现象。

二、在班主任工作中开展心理健康教育

（一）平时多观察积累，及时了解流动学生的心理状况

教师通过长期的工作经验会形成对学生人格、精神状态的分析、把握能力，往往通过简短的观察、谈话就能迅速感知学生的心理问题。班主任是与流动儿童接触最多的老师，他们最有机会了解流动儿童的状况，也最容易发现流动儿童的心理问题。但是，由于流动儿童来自于不同的地区，家庭背景又不相同，因此，班主任要在平时多注意观察，及时了解流动学生的心理状况。特别是针对一些刚刚转入新班级、还没有适应新环境的流动儿童，班主任更要多加留心和关照。此外，对于一些家庭条件较差，以及一些性格内向的流动儿童，班主任也要更加细心一些观察他们。由于自卑或者由于性格内向，往往这些孩子不愿意轻易向别人吐露自己的心声。这个时候班主任就要更加主动地去了解这些流动儿童，多和这些流动儿童接触，以便在发现这些儿童出现心理问题时，能够及时采取必要的措施。作为流动儿童的班主任，应多从流动儿童的角度去理解学生，设身处地地体验学生的所感所想，以流动儿童的眼光去看待他们的行为，提高对流动儿童言语及非言语行为的理解。

(二) 创造良好的班级心理气氛

良好的班级气氛会作为一种组织环境对个体的心理健康产生一定的影响。当一名流动儿童来到一个新的班集体后，对他们心理影响最大的也是整个班级的气氛。如果他感受到的班集体气氛是接纳和融洽，那么他就会更快地融入这个班集体，也更容易与同学建立起良好的同伴关系。但是，流动儿童如果感受到的集体气氛是隔离和歧视，那么他就很难融入这个新的集体中。因此，班主任要通过创设温暖的班级气氛让流动儿童获得更多的社会支持。班主任可以发挥老师和同学的支持作用，通过增强流动儿童班级内部的凝聚力，增强流动儿童对自己所在学校和班级的归属感。

(三) 在班级活动中开展心理健康教育

通过班级活动开展心理健康教育是学校心理健康教育的一个主渠道。在针对流动儿童的心理健康教育中，也可以充分利用这一途径促进流动儿童的心理健康发展。

首先，可以创设一些手拉手的活动，让流动儿童与城市儿童建立互助小组。在互助小组中，流动儿童与城市儿童可以更加充分地交往，不仅有利于流动儿童与城市儿童更好地建立起亲密的同伴关系，而且有利于流动儿童更好地融入城市生活。

其次，可以利用班会活动时间，开展一些有特色的活动。比如，通过感恩的主题班会，让流动儿童多些对父母的了解，让他们认识到自己的父母有多么辛苦，有多么不容易，同时又多么爱自己。虽然，他们可能不能给予自己良好的物质和精神条件，但是他们已经尽自己所能在为自己创造更好的生存条件。通过这样的活动，可以让儿童认识到不要因为父母文化水平低就不屑于和父母沟通与交流；不要因为家庭背景不好就觉得自己卑微；更不要因为自己与城市儿童不同就抱怨社会、放弃自我。一些学校的经验表明，流动儿童常常会因为这样一些感人的主题活动而受到鼓舞和启发。

最后，可以在班级的日常管理中贯彻心理健康教育。例如，良好习惯往往是在日常生活中逐渐形成的。通过开设一些卫生评比、操行评比等活动，可以进一步促进流动儿童养成良好的卫生习惯、行为习惯以及学习习惯。这些活动虽然看似微不足道，但是通过这些活动养成的好习惯却会让人终生受益。此外，也可以根据本校和本班流动儿童的特点随时、随地开设一些有针对性的活动，以提高流动儿童的心理健康水平。开设这些活动的时候，可以采用角色扮演、班级小组讨论等学生喜闻乐见的活动形式进行。下面的案例选自江苏省常州市平冈小学包玉老师对两名流动儿童伤人事件的处理，她的做法很好地贯彻了心理健康教育理念①。

---

① http://pgxx.29029.com/doc/4063.htm

"老师，老师，段云飞的手好像骨折了……"两个孩子着急地站在2班窗口，一边用手比划着云飞的伤势，一边说着当时的情况，"是在体育课上摔的"。这时我赶忙安排好课堂，冲到了操场，看到云飞的时候，他正坐在椅子上，小脸煞白，体育老师正托着他的手腕，他的手臂也正是孩子所比划的那样，实在是让人不忍心多看一眼，这种状况我可是第一次碰到，心里着实有点慌。我让孩子们自己整队上楼，准备送云飞上医院，这时发现离队伍不远处，有个男孩一直呆站在那，任凭孩子们怎么劝他都不肯归队，定睛一看，原来是班里有名的犟牛——博，隐约听到还有孩子在说"就是他推的"。我深知在没有了解事情真相前，不能随意责怪任何人，于是我只是让孩子们迅速整队，对于这个犟孩子，在这种紧急状况下我只能请语文老师先来助阵。

　　一路上云飞没有哭，只是一直紧锁着眉，我知道他一定很疼。火速赶到医院，不出所料，拍片证实确实是手臂处两根骨头骨折，尽管手臂样子有些惨不忍睹，但幸运的是不需要手术。也正是如此，孩子得承受的是硬把手臂上断的两根骨头拉直回到原位的痛啊！"没事，我们云飞最坚强、最勇敢了，咬咬牙就过去了。"我轻轻拍着孩子的肩安慰着他，然后不由自主地抓紧了他的肩，对于这种痛其实我心里也没底，心疼孩子的同时真替他担心，有多少孩子能吃得住这种痛啊！在医生"下手"的那一刻，我没忍心看，直至医生说好了，我才松开一直放在孩子肩上的手，整个过程孩子都没哭，只是低声地呻吟了两下。"好样的！""真是个坚强的孩子！"在场的老师、医生都被他的坚强和勇敢打动了，甚至是"震撼"了！

　　回到学校食堂，已过了午饭时间，副班主任给我们留了饭，这时才注意到孩子受伤的是右手，于是我问食堂师傅要了把勺子，准备喂给云飞吃，这个五年级的男孩子开始害羞起来，我开玩笑地说："没事的，让包老师展现一下母爱，当一次妈妈。别不好意思哦，只要下次不听话耍小脾气时，能想到老师现在的样子就行！"孩子低着头，哽咽地眨了两下眼，接受了我的"母爱"。

　　疗伤后就该处理这件事情了，从多方打听了解到，博和云飞因为体育课上不会跳长绳，便趁老师不注意，在跳长绳的孩子周围追赶，云飞在追赶过程中，不小心撞到跳长绳的同学，摔倒受伤。云飞也承认自己摔的，博并未推他，证实是意外事故。事情了解清楚后，在袁老师的帮助下，我们联系双方家长解决此事，云飞的家长一看就是个老实人，甚至想当场就把医药费给还上，体育老师立即主动承担，这给解决问题减去了很多麻烦，当天晚上博的家长就买了些东西上门看望云飞。

　　从出事到处理完事情这两个多小时内，博始终不说话、不吃饭，只是眉头紧锁，呆立在一边，我知道，孩子一定是吓坏了，尽管自己没有推同学，尽管老师没责怪他，可毕竟云飞是在跟自己玩的过程中受伤的啊，而且还摔成那样，再加上同学们的指责，他肯定是害怕极了。于是我即兴组织了一堂以"事故发生之后"为主题的班队课，课上通过两个讨论题"如何避免此类事发生"、"发生意外事故后我们该怎么做"，以及《朴实的关怀》这个故事引导孩子们明白，当人犯错后，内心已在自责时，我们应该给他一些安慰或好的建议，而不是一味的责备，这样才能更好地去帮助他弥补过失。同时再次教育孩子们，课上、课间、教室内外的追逐打闹真的很危险，我们一定要预防在先！

这件意外事故的发生，引起了我的一些思考，这样的经历，尽管沉重，但通过不断地反思，确实能让我在教育事业中一点点地成长着。

三、开展专门的心理辅导工作

心理辅导是一种帮助人的专业技术，旨在帮助流动儿童正确地认识自己，寻求身心健康的途径和方法，以帮助个体提高身心素质，维护心理平衡。开设专门的心理辅导工作也是学校心理健康教育的一条主渠道，对于流动儿童来说，解决他们的心理问题，同样也需要这一方式。一般来说，流动儿童与心理社会因素有关的各种适应不良、情绪调节障碍、心理发展与教育等问题是适合进行心理辅导的范围，而流动儿童心因性障碍、神经症、行为障碍以及心身疾病则需要进行专门的心理治疗，需要及时转介到专门的心理治疗机构中，不属于学校心理辅导的范围。

（一）学校心理辅导的领域

学校心理辅导的主要工作领域可以分为学习问题辅导、适应问题辅导、成长与发展问题辅导三大领域①。

1. 学习问题的辅导

主要是寻找学习困难问题的根源，比如，可能是由于学生能力差、身体疲劳、记忆力衰退，也可能是由于没有兴趣、恐学症或者是学习习惯不好等。心理辅导老师要提出解决问题的方案，例如，帮助学生制订合理的学习计划，确立符合个人条件的学习目标，掌握科学的学习方法、记笔记方法和考试答题方式，善于利用对知识的记忆术，利用学习参考书等，并进行相应的心理辅导。

2. 适应问题的辅导

适应问题可以分为行为问题和人格问题两大类。严重的行为问题有放火、偷窃、暴力、不良性行为、伤害、恐吓、欺辱、自杀、自杀未遂等。轻度的行为问题有厌食、失眠、夜惊、过度手淫、舔指、神经质、说谎等。对这类问题要从发展的角度看，有些是一时性的问题，在适当的教育环境中会逐步消失。严重的人

---

① 王金道. 学校心理辅导［M］. 北京：中国人民大学出版社，2012.

格问题如偏执人格、神经症、心境障碍，应与神经、精神科医生与专家联系治疗。轻度的人格问题，如缺乏自信、自我中心、忌妒、不安感、怠惰、偏执等，可由心理辅导教师给予矫治。

3. 成长与发展问题辅导

主要是关于学生如何做到德、智、体全面发展的辅导问题，其中包括人生观、价值观的确立，自我潜在能力和学习特点的理解和把握，自我社会性的发展和将来人生的设计，进入青春期后青少年的性心理、身体发育等问题。此外，交友、健康、安全、人际关系及亲子关系的处理也很重要，其中特别重要的是毕业升学或求职就业等人生发展问题的辅导。

（二）学校心理辅导的模式

学校心理辅导一般分为个别心理辅导和团体心理辅导。此外，近年来，校园心理剧作为学校心理辅导的一种特殊模式也逐渐增多，并取得了良好效果。

1. 流动儿童的个别心理辅导

流动儿童与城市定居儿童有不同的心理特点和心理问题，他们经常处于不断流动的过程当中，安全感容易缺失。但是，从国内资料来看，单独针对流动儿童的心理辅导工作并不多见。心理辅导是心理辅导者与受辅导者之间建立起一种具有咨询功能的融洽关系，以帮助来访者正确认识自我、接纳自我，实现自我成长的过程。实际上，个别心理辅导能够为那些心理问题较严重和有特殊需要的流动儿童提供一些富有建设性的建议，提高其心理能力，从而预防心理问题的产生和激化。

针对流动儿童的心理特点以及流动儿童的常见心理行为问题，在开展流动儿童个别心理辅导时，主要涉及流动儿童的学习心理辅导、人际关系辅导、社会适应辅导等内容。在开展流动儿童个别心理辅导过程中，要注意以下几点：首先，要鼓励流动儿童多求助。由于流动儿童比其他儿童更容易出现各种各样的心理问题，因此，要积极鼓励他们在遇到问题的时候多去求助，通过个别辅导这一模式解决自己的特殊问题，促进自己更好地健康成长。其次，要用平等和尊重的态度对待来做心理辅导的流动儿童。由于家庭背景等因素，流动儿童可能较一般儿童更加敏感、内向，需要获得比其他人更多的尊重。因此在面对这种对公平的渴望和尊重的需求时，在开展个别心理辅导过程中心理辅导老师一定要注意自己的言行，不要给流动儿童造成不必要的师源性伤害，而是要充分体现无区别对待的心灵关爱与帮助，只有这样才能走进流动儿童的心里，开展有效的心理辅导与干预。最后，流动儿童的问题除了与流动儿童自身的一些性格特点有关之外，还与复杂的家庭、班级、社会等因素有关。在开展个别心理辅导过程中，要充分考虑到各种因素对流动儿童心理发展的影响。

2. 流动儿童的团体心理辅导

团体心理辅导是在团体情境下进行的一种心理辅导形式,它通过团体内人际互动,促使个体在团体中观察、学习、体验,认识自我、探索自我,改善和调整与他人的关系,学习新的态度和行为方式,以促进个体良好的适应与发展。由于流动儿童在家庭背景、社会经济地位、学业状况等方面有较多相似的特点,对于流动儿童的一些共同心理问题,适合开展团体心理辅导。林盈盈考查了团体心理辅导对流动儿童孤独感、自我接纳以及行为问题的干预效果。在她的研究中发现,团体心理辅导干预在总体上降低了流动儿童的孤独感程度,提高了流动儿童的自尊、自信心程度,团体心理辅导对于流动儿童的干预总体效果是有效的[1]。团体心理辅导通过团体成员的多向沟通,效果往往好于个别辅导,因为对于流动儿童来说,他们往往更愿意和与自己有相同背景的人交流。针对流动儿童开展团体辅导,还可以节约时间与人力,可以缓解心理辅导老师不足的问题。此外,团体辅导一般会创造一个类似真实的社会生活场景,流动儿童在良好的团体气氛中,通过示范、模仿、训练等方法尝试解决这些问题,非常有利于流动儿童将这些解决问题的方式方法迁移到日常生活中。

3. 校园心理剧

校园心理剧是近年来新兴起的一种心理辅导形式。心理剧最初是团体心理治疗的技术之一,它通过特殊的戏剧形式,让参加者扮演某种角色,体会角色情感与思想,从而改变自己。校园心理剧的剧本一般都是学生根据自身的一些生活经历编写的,与他们的实际生活情况比较相近,因此,可以帮助学生提高自我解决现实问题的能力,也可以帮助其建立良好的人际关系。目前,校园心理剧已经在很多高校心理健康教育工作中得到应用,这种团体辅导模式不仅深受学生喜爱,而且取得了良好的效果。针对流动儿童的心理健康问题,也可以采用校园心理剧的形式进行辅导。需要注意的是,有严重心理困扰的个人、反社会的人不宜参与校园心理剧的活动。

四、开设专门的心理健康教育课程

在各级各类学校开设专门的心理健康教育课程一直是教育部所提倡的,在流动儿童中开设专门的心理健康课程也是提高其心理健康水平的有效途径之一。心理健康教育课程不是向学生灌输心理学的知识,而是用心理学的知识和原理来帮助学生调节自己的情绪和心理,学生重在参与、体验和调适。通过开设心理健康教育课程,可以让流动儿童了解自己的身心发展特点,及时觉察自身可能存在的

---

[1] 林盈盈. 南宁市流动儿童孤独感、自我接纳及行为问题的现况及其团体心理辅导效果评价 [D]. 南宁:广西医科大学,2010.

心理行为问题，通过自我调适或者寻求帮助的方式来解决自身的问题，从而保证身心健康地全面发展。心理健康教育课的最终目标是培养学生健全的人格，使学生具有良好的社会适应性和良好的心理品质。在开设心理健康教育课时，心理健康教育教师要自觉学习心理健康、心理辅导的理论和知识，努力掌握各种心理辅导的方法，不断提高自己心理健康教育的能力和水平。

（一）心理健康教育课的形式

心理健康教育教师要能够根据本校流动儿童的心理特点以及存在的一些典型问题，开设一些相关专题的课程。开设心理健康教育课程可以采用小组讨论、角色扮演、游戏活动、辩论会、实践活动等不同的形式[1]。

1. 小组讨论

在开设心理健康教育课程中，小组讨论是最为常见的一种形式。通常采用这种形式的目的是集中几个人的智慧和经验，共同探讨解决某个心理问题的多种途径，共同分享各种心理体验，共同了解心理调适的方法。特别是对于一些流动儿童常见的心理行为问题，采用小组讨论的方式可以让他们看到别人遇到类似问题时是如何解决的，这样他们就可以选择合适的方式去解决自己的问题了。可见，采用该方法可以让流动儿童在相互启发中学到更多的思考问题、解决问题的方式。需要注意的是，在小组讨论中要调动每位同学的积极性，要让每个人都有相同的机会在同学面前进行总结发言。

2. 角色扮演

角色扮演是心理健康教育课程中最受同学欢迎的形式之一。它借用戏剧表演的方式，将学生暂时置于他人的社会位置上，通过学生对角色的模仿、想象、创造、感受、体验和讨论，理解角色的心理过程。在角色扮演中能够让学生学会换位思考，明确心理问题存在的原因，缓解不良情绪，塑造良好行为习惯，促进学生心理潜能的开发等。例如，一些流动儿童不了解父母的辛苦，觉得自己的家庭背景不好，感到自卑。这个时候就可以采用角色扮演的方式，让学生扮演父母，父母扮演自己，体验父母的艰辛，明白父母工作的社会价值。通过这种体验，流动儿童不仅可以更加理解父母，也可能会知道要对父母感恩。

3. 游戏活动

游戏活动是深受儿童喜爱的一种形式，它可以有效改善心理健康课的气氛。特别是对于一些性格内向、课堂参与度较小的流动儿童来说，通过游戏能够更好地将他们的内心世界展现出来，能够促进流动儿童心理品质的发展，辅助性地解决学生的心理问题，提高学生的心理健康水平。而且在游戏活动中，还可以让学

---

[1] 俞国良. 心理健康教育（教师读本）[M]. 北京：高等教育出版社，2005.

生学会遵守规则、尊重他人、承担责任、合作与竞争等人际交往技能。因此，游戏活动也是开展流动儿童心理健康教育的一种有效方式。

4. 辩论会

对于中学生来讲，中学阶段正是他们辩证思维发展的时期，因此，对于流动中学生来说，还可以采用辩论会的形式，开展心理健康教育。让流动儿童针对一些敏感话题进行辩论，最后达到正确、客观地认识问题和解决问题、培养良好心理品质和正常心态的目的。例如，针对流动儿童社会适应问题，可以让学生分成两组，就"主动适应社会"与"保持自我独立性"进行辩论。通过辩论可以使流动儿童明确如何在适者生存的环境中保持自我的独立性。

5. 实践活动

课堂是心理健康课的主要场所，但不是唯一场所。有时我们也可以把心理健康课程从课内延伸到课外，放到社会实践活动中去做。比如，针对流动儿童所在社区比较集中的特点，可以开展一些在社区中宣传心理健康知识的活动。也可以为了增加流动儿童对父母的了解，组织流动儿童开展"体验父母的一天"这样的活动。在实践活动中可以让流动儿童了解在社会情境下个体的心理成长，实践人际交往的技能。

(二) 心理健康教育课的教学原则

1. 主体性原则

心理健康教育课的教学内容必须从流动儿童的实际出发，充分引发学生的动机。老师选择的事例、所安排的活动都应当是学生所关心的，是他们生活中有意义的。突出学生的主体作用，师生关系将成为朋友关系。

2. 活动性原则

心理健康教育课要淡化课程意识。备课过程就是依据心理学原理和心理健康的知识设计各种由学生主持、参与和组织发起的活动。课堂教学的过程就是引导、推动这些活动的过程。学生的学习过程则是在活动中自我教育，并经教师点拨、启发，逐步省悟、成熟的过程。

3. 情感性原则

心理健康教育课特别强调学生的主观感受，心理体验和健康情感的熏陶是心理辅导课的特点。教师的角色不能以"训导者"与"外人"、"师长"的形式出现，而应以平等的真实情感去感染学生，引起学生的共鸣，以达到教育的目的。

4. 共感性原则

心理健康教育课的教学是老师和学生、学生和学生之间共感与互动的过程。教师必须要站在学生的立场上，充分理解学生，重视学生的各种心理需要，遵循人的身心发展规律。学生之间也是一种相互接纳、相互学习的态度，共同探讨如何在体验中提高心理健康水平。

5. 发展性原则

心理健康教育工作重点是促进学生全面发展，所以心理健康课并不是每堂课都以解决一些心理问题为中心，而是应从促进学生心理健康发展、提升心理健康水平的角度出发，让学生在体验中感悟，在感悟中成长。

6. 知行并重原则

心理健康教育课不是单纯的知识传授，而是体验式的活动课。学生学习心理健康知识、掌握心理调控方法的目的是学会自我分析、自我体验和自我调控，学会排除在生活、学习及人际交往中遇到的困惑、烦恼、焦虑等不良情绪，能够解决生活、学习中的实际问题，充分发挥自身的心理潜能。心理健康教育工作的目标是使全体学生在心理发展方面都有所提高。

五、建立流动儿童心理健康档案

流动儿童与城市定居儿童相比，个体差异更加显著。他们来自全国各地，家庭背景、教育经验、个性特征均不相同，因此为了更好地了解流动儿童的心理健康状况，提高流动儿童的心理健康水平，学校应积极主动地为流动儿童建立心理健康档案。对流动儿童的基本资料，包括父母的工作、家庭住址、周边的环境、年龄特点、爱好、兴趣等进行搜集整理，并进行记录。同时，要对每名流动儿童的心理发展进行分阶段追踪，可以按时间追踪，比如每周或每月进行一次总结，其中包括自评、师评、生评；可以按不同情境进行反馈，比如对近期学习状况、参与活动的数量等进行对比，分析其心理是否健康发展等。通过定期的追踪，学校和老师能及时把握流动儿童的心理状况，因材施教，因势利导，促进他们健康成长。

六、在家—校—社区合作中开展心理健康教育工作

为了提高流动儿童的心理健康水平，减少流动儿童心理问题行为的发生，提高流动儿童的幸福感，学校还要与家庭和社区联合开展一些工作，给流动儿童提供更多的精神、情感和物质方面的支持。

（一）开办家长学校

虽然，学校在流动儿童心理健康教育中起着关键的作用，但家庭是学生心灵的港湾，家庭的温暖和关爱对其健康成长有着不可替代的作用。家庭气氛与教养方式是否宽松、和谐、民主、平等，决定着学生的心理健康水平。流动儿童的家长也非常重视子女的成长，但是很多家长对于孩子的心理健康教育往往感到力不从心，不知道如何教育自己的孩子，不知道如何配合学校教育，导致家庭教育中存在着很多"误区"，很多错误的观念和做法不仅没有达到教育孩子的目的，反而贻害无穷。鉴

于流动儿童家庭教育的普遍缺失，学校还要承担起提高流动儿童家庭功能、改善其父母教养方式的重任。因此，为提高流动儿童心理健康水平，开办家长学校是一个有效且合适的途径。通过家长学校，可以帮助流动儿童父母改变旧的教育理念，学会与孩子有效地沟通和交流，学会理解和关爱孩子。这样学校和家庭将会形成一股合力，共同促进流动儿童更好地成长与发展。

（二）与社区合作开展心理健康教育工作

流动儿童往往居住在比较集中的社区，这为在社区中开展心理健康教育提供了便利的条件。学校心理健康教育与社区心理健康教育是有机的统一体。因此，流动儿童的学校应积极与社区合作开展心理健康教育工作。

近日，西固区先锋路街道南山社区流动儿童心理辅导教师马寅为四名外地来兰州就学儿童开展谈心活动。南山社区"流动儿童之家"建成后，先后组织辖区流动儿童参加社区中小学生社会实践活动和青年志愿者活动，受到了流动人口家庭的广泛欢迎。当日，谈心活动在社区"流动儿童之家"拉开帷幕，辅导教师以自我介绍、唱歌曲、讲故事等方式，拉进了与孩子们的距离。随后，辅导教师又分别与孩子们进行了面对面的谈心，并对其中两名性格内向的孩子进行了必要的心理干预，打开了孩子的心结。截至目前，南山社区共聘请十名老教师、老医生、法律工作者、社区工作人员担任"流动儿童之家"心理辅导教师、"爱心妈妈"、青年志愿者，他们认真研究流动儿童存在的心理问题，将正确的成长心态和调整方法等有利于儿童健康全面成长的心理知识传授给了孩子们，鼓励孩子们积极和楼院、学校的小朋友交流和玩耍，不断开拓视野，为促进流动儿童自身健康成长起到了积极作用①。

总之，学校、家庭和社会三个子系统要共同为流动儿童创造一个良好的生存环境，促进流动儿童的健康全面发展。此外，政府也要从多方面改善流动儿童家庭的福利待遇和经济状况，改革现有教育体制，以帮助流动儿童感受到平等、尊重，减少其感知到的社会歧视。只有全社会都让流动儿童感受到温暖和尊重，才能提高流动儿童的生存质量。

第三节　流动儿童学校心理健康教育案例

一、南京市所街小学案例

南京市建邺区所街村曾是南京市最大的外来人口居住区。该地所街小学是一所公办学校，从2004年起开始接纳流动人口子女入学。该校流动儿童主要来自河南、广西、贵州、四川、湖北、福建以及江苏等地。流动儿童父母文化程度普

---

① 董永前. 南山社区流动儿童心理辅导工作启动 [N]. 兰州日报，2011-10-11.

遍不高，家庭收入低，家长不懂或者没有时间与孩子交流，对孩子的学习无法进行辅导。考虑到这些因素，该校就流动儿童心理健康教育开展了一系列工作。该校率先与南京师范大学合作，建立了流动儿童心理健康教育基地，开展了多种形式的活动，并为流动儿童提供心理咨询和疏导，这些活动取得了良好的效果。

（一）心理健康教育的具体举措①

1. 在教学管理方面

首先，该校放宽借读条件，让更多的流动儿童有了能接受正规、优质教育的机会。为尽可能帮助外来工解决子女的就学问题，学校在保证本地孩子全部入学的前提下，尽量吸收前来就学的民工子女。编班时，在考查他们已有文化知识的基础上，把他们与本地同年龄的孩子放在一起，接受同等正规的教育。对家境困难的学生，还减免其借读费、杂费等。

其次，该校精心营造了良好的育人环境。学校德育工作以爱国主义教育为主线，以日常行为规范养成教育为基础，以班集体建设为载体，加强了习惯养成教育、流动儿童心理健康教育与赏识教育、传统文化教育、礼仪教育的结合。同时，该校在教育教学中，坚持管理育人，严格执行日常行为规范和常规管理要求；坚持环境育人，创设良好的学习环境，注重家庭、社区和学校教育的整合；坚持服务育人，强调教师、学生、家长之间互相服务，树立良好的师表形象，达到育人目的。

2. 在学业指导方面

针对该校流动儿童学习基础较差的特点，学校领导亲自抓流动儿童的教学质量。学校营造人人关注教学、教师专注教学、个个支持教学的校园氛围。

（1）抓基础，注重细枝末节。学校从"做好操、扫好地、唱好歌、写好字、读好书"等基础做起，注重教师教学的细节、学生学习的细节，通过细致的习惯养成，提高学习效率。在小学阶段，不仅要让学生学到知识，发展智力，还要在学习上对他们进行严格的训练，使其养成良好的学习习惯；在思想品德上要有严格的要求，使其养成良好的行为习惯。

（2）抓过程，注重环环相扣。在抓教学过程中，学校提出：以学生为主，以训练为主，以养成为主。在课堂教学中运用探究教学方法论，要求教师按照教学的心理特征和思维规律，吃透教材，吃透学生，设计最优化的教学过程。

（3）抓教研，注重能力培养。学校针对本校流动儿童的特点明确了"低起点、明要求、严训练、促发展"的研究方向，开展了"流动儿童学习策略"课题研究，以进一步促进学生学业进步。

---

① 根据南京民办建邺教育网的信息撰写。http://mbjy.njjyshjy.cn/index.php? option = content&task = view&id = 334。

（4）抓课改，注重质量提升。学校突出教学的中心地位，结合课程改革，切实转变教育观念，加强新的教育思想、教学方法、教学手段、教学评价等的运用，倡导启发式、讨论式教学，推行研究性、探索性、合作性的学习，不断提高教学质量。在教学中，教师赏识学生，发现学生的优点及时鼓励以激发学生的学习兴趣，调动学生的积极性。在教学中，教师利用业余时间为学生补课，促进整体质量的提高。在教学中，教师与家长配合，让家长帮助督促。

3. 在同伴交往方面

该校倡导团结互助，让流动儿童尽快融入学校集体大家庭。集体是个社会化的课堂，学生的个性塑造、品德培养和社会适应力的提高，离不开健全的集体生活的锻炼和陶冶。学生同在一个班集体，彼此之间的接触最多。构建团结互助的同学关系，对流动儿童尽快融入集体大家庭起着不可估量的作用。因此，学校里的每一个流动儿童，都有两个以上"手拉手"好朋友。从教说普通话到互学方言，从补习缺漏知识到解答现学难题，从帮助学习到帮助生活，孩子尝到了助人的乐趣，体会到了人情温暖。在这样的环境里学习、生活，流动儿童感到十分幸福和快乐。

4. 在行为习惯方面

该校开展了丰富多彩的活动，促进流动儿童良好行为习惯的养成。在流动儿童中，不讲文明、不讲个人卫生、公共卫生和不遵守公共秩序的现象较为普遍。如何让他们尽快地养成文明卫生的习惯呢？该校少先队开展了"仪表、卫生、纪律、礼貌、两操"五项日常行为规范评比竞赛。学校每周都有习惯、礼仪养成重点，每天检查，每周小结，并为获胜班级颁发流动红旗。结合"雏鹰争章"活动，每个中队都设立了"争章乐园"，每月都会涌现一批争章明星。集体的荣誉依靠大家的共同努力，自己的成功也离不开艰苦的奋斗。每一个流动儿童在经历了一次次的培训与考核后，终于也能和大家一样荣登"明星榜"了。

5. 在家校合作方面

该校创办了家长学校，提高了家长素质和家庭教育的质量。家庭教育是学校教育、社会教育的基础，它起着学校教育和社会教育难以起到的作用。学校积极构建了"以组织促进发展，以科研明确方向，以制度保障规范，以形式吸引家长，以内容教育家长"的家长学校办学模式，坚持每学年以年级为单位举行一次家长会。考虑到流动儿童家庭的特殊性，学校还多方联系厂家，保证家长参加家长会期间不扣奖金和工资。另外，学校还制定了《家长行为规范二十条》、《合格家长标准》，建立了"家校互访制度"和"家校联系卡"，不定期举办"家校对话会"，邀请家长直接参与学校活动，并评选"教子有方合格家长"等。学校还通过以学生影响家长的方式来促进流动儿童家庭整体素质的提高，要求学生把学到的知识回去讲给父母听，如环保知识、法律知识等，通过学生的行动使家长受到潜移默化的影响。学校将教育的触角伸向家庭，指导孩子在家、在父母面前如何做人，如"为父母做一件事"、"向父母说一句感谢的话"等。

6. 在社会适应方面

流动儿童大多数在农村长大，由于与父母接触的时间短，加之所处的环境艰苦，造就了孩子的早熟。他们普遍敏感，感情脆弱细腻。进入新的陌生环境学习，他们渴望能与老师、同学进行平等交流，渴望在班级中取得自己应有的地位。为此，学校要求全体教师公平、公正地对待每一位学生，使外来学生感到他们与本地学生之间尽管存在着地区、家庭、贫富、性格、智力高低等各种各样的差异，但老师同样会把自己的爱给予他们。教师满足他们的自尊需要，与他们坦诚相待，交知心朋友；满足他们的求助心理，给予及时的关怀和帮助；满足他们的表现心理，给他们以适当的表现机会；满足他们的成就动机，使他们产生成功的喜悦。教师对他们身上存在的问题，坚持"五不"的教育方式：不厌恶、歧视；不当众揭丑；不粗暴训斥；不冷嘲热讽；不变相体罚。通过这些做法，教师努力消除他们的自卑感、被歧视感与对立感，培养他们的健康心态。

（二）心理健康教育的效果

该校全方位、多方面地协调配合调动各方面的积极性，营造良好的内外关系，形成了和谐的氛围，努力打造了一支有学识、有情感、有师表的教师队伍。学校逐步形成"文明、奋进、求实、创新"的校风，"挚爱、严谨、求实、奉献"的教风，"勤学多思、自信奋进"的学风。在上级领导的关心和指导下，学校依靠全体教师、学生、家长的支持和配合，获得了多个奖项。由于学校给予了流动儿童非常多的人文关怀，让这些外来孩子深切地感受到了在异乡的温暖，感受到了民主、平等、宽容、博爱的人文教育的温暖，他们已经成为新市民。该校打工子弟陈国鑫同学曾获得了区"三好学生"的称号，还担任了区少先队理事，他的作文也多次见报。

二、安徽省阜阳市颍上路第一小学案例①

阜阳市颍上路第一小学（原三里小学）坐落在阜阳市内最大的商品批发零售市场——三里湾，南靠全市最大的商场——阜阳商厦，外地来此地经商的个体经营者非常之多，且大部分都居住在此周围，这就形成了一个学生来源广、流动性强、学校班额大、学生年龄跨度大、家庭教育环境较差的特殊群体——流动人口子女。大多数家长为了方便，就让孩子就近到颍上路第一小学上学，使该校流

---

① 根据武汉关心下一代工作委员会网站资料撰写。http://www.wuhjh.org/StudyCorner/Detail.aspx？cid=7&id=112。

动人口子女数占在校学生的60%以上，其家长或第二监护人大多是做小买卖的，如卖小吃、蔬菜、水果等，每天早出晚归，无暇照顾孩子，但"望子成龙，望女成凤"的心情都是一样的。由于这些家长的时间、精力和能力有限，从主观上就把管教孩子的责任全部交给了学校，对孩子疏于管理，教育孩子的方法简单粗暴，有的甚至不管不问，放任自流，严重影响了孩子的身心健康和学习进步，也给学校的正常教学带来了许多不利的影响。针对这种情况，颖上路第一小学从各方面入手，充分发挥家长学校的多功能作用，千方百计为流动儿童营造和谐的学习和成长环境，促进流动儿童身心健康成长。

（一）心理健康教育的具体措施

1. 深入了解流动儿童的问题

流动儿童与城市儿童一样，有着渴望知识的梦想，他们的出现也是城市化进程中的一个必然结果。颖上路小学的老师认识到流动儿童更需要关爱。他们成立了专门的流动儿童关爱小组，组织专人对流动儿童进行了详细调查，并建立了档案，了解了每名流动儿童的个性特征、家庭情况、父母职业和文化程度，以及流动儿童存在的问题。通过调查，他们发现流动儿童在教育过程中存在的主要问题有家庭经济问题、学校家庭教育配合问题、学习习惯和学习方法问题、学生城乡心理调整问题。流动儿童的家长整日忙于打工、经商，没有时间与精力过问孩子的学习，家庭教育基本处于空白状态，绝大部分家长虽然非常关心孩子，但他们每天起早贪黑地工作，心有余而力不足。这样就导致流动儿童心里隔阂、学习不求上进、生活习惯拖拉等。

2. 树立正确的交往理念，营造良好人际关系氛围

首先，在师生关系方面，颖上路第一小学要求老师们树立起正确的学生观，要认识到流动儿童和本地学生一样，也是一个健全、需要良好教育的人，他们也需要爱，也需要同学们的关心，需要和同学交往。另外，在同学中树立团结友爱意识。让学生知道，流动儿童也是我们的好同学，不能排挤、孤立他们。通过营造良好的人际关系氛围，使所有的师生都能够关心爱护流动儿童。

3. 进行心理疏导，解决流动儿童心理问题

由于生活差距和城乡差异，部分流动儿童在城市学校还存在自卑、失落等心理健康问题，不利于他们的健康成长。有的流动儿童普通话说不好，使用方言又常被同学讥笑，因此，常常产生自卑心理。另外，面对城里孩子，流动儿童还常常会产生巨大的心理落差，既羡慕城里孩子的优越生活，又感到自己无能为力。针对这些情况，该校针对流动人口子女普遍存在的心理特征和习惯，有针对性地开展一系列心理健康和文明礼仪教育。学校安排各班在各项工作和活动中予以渗透心理健康教育，并通过开设心理健康课，成立心理健康咨询室，班主任、教师

经常与学生谈心沟通等方式，及时对学生的心理困惑进行疏导。校领导、教师还利用节假日，集中进行家访活动，了解学生家庭状况，增进学校教师与家长学生之间的交流对话和了解。同时，还积极为流动人口子女搭建舞台，让每个孩子都有展示才能的机会。例如，组织主题班会、演讲比赛、课本剧、"露一手"等活动，让流动儿童平等参与，充分展示自我，提高他们的自信心，努力营造和创设流动儿童健康成长的氛围和环境。

4. 课题引领，探索心理健康教育新方法

在该校的流动儿童中，有的由于家长不管不问，有自由散漫、打架斗殴、无心学习、时常逃课、沉溺游戏等不良习惯，导致学习成绩很不理想，影响也很坏。有的家长由于居无定所，生活不稳定，给孩子带来不少负面影响，使孩子学习不安心，打骂同学，抢玩别人的玩具和学习用品等。针对所发现的一些问题，学校重点开展了"流动人口子女教育问题"的课题研究，从实际出发，从大处着眼，从小处着手，探索出了一些有规律性和可行性的有效教育方法，帮助家长解决困惑，走出困境。主要采取了如下措施：（1）通过家长学校向家长传授教育孩子的好经验、科学教育的好方法；（2）建立"一对一"关爱帮扶制度；（3）开展丰富多彩的课外活动，丰富流动人口子女的内心世界；（4）老师和家长指导孩子制订生活和学习计划，培养孩子的自理能力和良好学习习惯；（5）充分发挥班集体的作用，让孩子们体会到集体的温暖。

5. 开办家长学校，形成家—校合力

颖上路第一小学把办好家长学校作为关爱流动儿童的一项重要工作来抓，既宣传了家庭教育知识和方法，促进家长教育理论水平和教育技能的提高，又增强了家庭与学校之间的相互了解和沟通，使家长自觉配合学校实现家—校教育合力。

（1）教学工作做到"三定一落实"

①定时间：家长学校计划每学期授课四次，为保证家长能按时到校，授课时间安排在周末，分为"大课"和"小课"两种形式。"大课"一般以年级为单位，在学校礼堂举行，"小课"以班级为单位，在教室内授课。

②定内容：家长学校授课内容是按教学计划安排的内容确定，一般是根据学生的不同年龄和年级段合理设置课程，重点是以省编家庭教育教材为主，适当补充我校自编教材，更能结合家长实际，教材更加通俗化、实用化。

③定教师：家长学校根据课程的安排，提前确定主讲教师。每次上课前主讲教师都认真备课，家长学校对任课教师的备课教案进行认真检查、审定。

④一落实：按计划落实好每一节课，并且每节课后学校、教师都要及时收集家长反馈意见，以便总结经验教训，进一步探讨教学规律，不断提高教学水平。

(2) 举办各种活动，灌输科学理念和经验

由于家教教师的讲课内容有局限性，他们还通过开展各种活动来弥补这些不足，更大限度地让家长接受更多的家教知识。

①定期举办讲座。每学期请校内外家庭教育专家到学校做家教讲座，如他们先后聘请中国科技大学许锡文教授、南京大学南博科研所潘文清教授、北京东方国际教育研究院张秀云教授、阜阳师范学院胡天飞教授等知名家教专家和名师，以及阜阳市家教讲师团的讲师到学校进行家庭教育讲座，传授新的家教理念和科学的家教方法。

②定期召开经验交流会。每学期学校都要召开家长经验交流会，请那些家教成功的家长，特别是多请流动人口子女成才的家长到校讲述自己育子成才的家教经验。例如，请一家培养出三个大学生和研究生的阜阳制革厂老工人苗启凤介绍育子成功的经验；请全市理科状元、本校毕业生吴琼的家长到校谈状元是如何培养出来的。每次经验交流会后，都请听课家长提出宝贵意见和建议，作为指导今后家长学校开展工作的依据。

③开展家教论文评选活动。在家庭教育中，有很多家长是称职的，教育方法是独特的，教育效果是显著的。为了使他们的宝贵经验能得到有效推广，学校每学期从每班都选出至少三篇优秀论文送交家长学校，家长学校再从中精选出优质论文汇编成册，发给流动人口子女家长，作为家长互相学习、互相促进、教育孩子的校编教材。目前，该校已汇编成册论文集《情感的交流，心灵的沟通》一至三册。

6. 注重因材施教，体现人文关怀

流动人口子女由于前期接受的教育程度与其他学生相比有一定差距，入学后的表现很明显不如其他学生，再加上家庭的管教不够和家庭的学习环境很差，所以在经济条件、人情世故、学态学貌等方面与其他孩子存在巨大差异，容易在稚嫩的心灵上悄然筑起精神上的壁垒。该校充分发挥具体教育实施的职能，树立"以人为本"的教育思想，真正以学生为中心，帮助这些外来流动儿童树立信心，充分发挥潜能。课程的设置上针对他们的特点进行改革，发挥学生自我评价的作用，注重对他们人生价值、情感的关怀，让他们能够通过努力达到自我实现，释放自己的潜能。

(1) 解决因材施教的问题

"根据特点适当照顾"，整合教材让学生学有兴趣。根据学生差异因材施教，激发学生的积极性，激活他们的思维，让他们真正成为"学习的主人"。

(2) 建立针对流动儿童的谈心制度

教师从师生平等的角度与他们交心，引领学生追求真知，努力进取，激发学生不怕生活上的困难、克服学习上的困难、树立勇往直前的精神情感。同时，教

师注重及时疏导教育，帮助指导流动人口子女解决各种困惑和疑难，对其显性和隐性的心理压力进行疏导，引导他们走过人生发展的关键时期，帮助其健康和谐发展，养成良好的生活习惯和学习品质，培养健全的人格。

（3）及时与家长沟通

家访是学校教育向家庭教育延伸，从而推动优化家庭教育良好环境的最好途径。老师们克服流动人口居住散、杂，路不熟，家长难找等困难，找出学生的闪光点，找上门去向家长报喜，促其再上进；指出学生不足，委婉地与家长共商对策，引导孩子学正经、走正道。

（4）开展各种活动，加强学生自身教育

学校注重开展丰富多彩的课余文化生活，吸引流动人口子女参加文明健康的活动，让他们融入集体之中，消除孤独感、自卑感，促使其人格的健康发展；并利用家长会的时间请务工农民用自己的亲身经历，谈在外工作的艰辛与困苦，以唤起学生的感恩之心，使之从内心深处产生共鸣，体会父母的不易，从而加强学生学习等方面的主动性。

（二）心理健康教育效果

通过几年来坚持不懈地开展心理健康教育工作，颖上路第一小学针对流动儿童开展的特色教育效果显著，不仅使流动儿童能够和其他学生"同在蓝天下，共同进步成长"，而且使78名思想品德差、心理有障碍的流动儿童心理健康状况得到改善。结对帮助125名学习上有困难的流动儿童在学业上取得了较大的进步，促成了85位流动儿童家长同子女加强了联系，还有不少学生被评为"优秀少先队员"和"三好学生"。同时学校的各项工作也是一年上一个台阶，该校是首批被省教育厅授予"安徽省家教名校"的学校之一，2005年被市教育局授予"特色示范学校"，2006年被省妇联、省教育厅联合授予"示范家长学校"，同时又被全国妇联授予全国百所"示范家长学校"，2007年被市教育局、市语委会授予"示范学校"。

三、学校心理健康教育案例点评

南京所街小学是在我国较早关注流动儿童心理健康问题的学校，阜阳颖上路第一小学也是我国流动儿童心理健康教育工作开展得较为出色的学校。两所学校从多个视角全面系统地开展了丰富多彩的活动，有效促进了流动儿童的身心健康发展。从总体上看，两所学校的心理健康教育工作呈现出了如下特色，非常值得其他学校借鉴和学习。

（一）充分考虑本校流动儿童的特点

两所学校在开展针对流动儿童的心理健康教育之初，首先对该校流动儿童的家庭及学习情况进行了调查。通过与流动儿童的谈话、访谈、家访、问卷调查等方式，了解了流动儿童的家庭背景、学习状况、存在的心理行为问题等。因此，在此基础上制定的心理健康教育措施更加具有针对性和实效性。

（二）将心理健康教育与德育工作紧密结合

心理健康教育工作本身就是德育工作的一个组成部分。两所学校把心理健康教育工作融入了学生的日常行为规范训练中，并与德育工作紧密结合，这样可以将心理健康教育工作贯穿在整个教育教学过程中，对促进学生身心健康发展起到"润物细无声"的作用。在育人过程中，两所学校采用从大处着眼、小处着手的模式，让流动儿童逐渐适应了城市生活，形成了良好的习惯，成为了合格的新市民。

（三）全员参与的工作模式

从两所学校的工作模式来看，两校的心理健康教育工作不仅仅是心理健康教育教师一个人的职责和工作，而是全体老师都视为己任的工作模式。无论是校领导还是各科任课老师，都在课上、课下为这些流动儿童付出了真诚的爱心，他们的努力帮助流动儿童赢得了自尊和自信。

（四）注重家—校合作模式

不少流动人员做生意比较忙，没时间管教孩子，还有的抱着把孩子送到学校就完全应该由学校负责的态度，教师有问题想请家长到学校来，家长根本不想来或没时间来；去家访，不是找不到家长，就是家访完了，家长采取棍棒教育打完了事，什么效果也没有。两所学校领导充分认识到，现代教育离不开家庭教育，必须提高家长的认识、改善家长的教育方式。家—校合作是心理健康教育一直倡导的模式，两所学校在这一方面的做法也非常值得我们关注和学习。一般来说，流动儿童的家长虽然重视孩子的学习，但往往很少参与学校的各种活动。但是在两所学校的心理健康教育中，他们采用了种种方法，比如请心理健康教育专家给家长开讲座、定期开经验交流会等形式，让家长实实在在参与到流动儿童的心理健康教育工作中，取得了令人满意的效果。

（五）以科研引领，科学地开展心理健康教育工作

两所学校在开展心理健康教育工作时都很注重科学性，以科研和专家引领心理健康教育工作。所街小学与南京师范大学开展了合作，这样可以有效指导该校心理健康教育工作顺利开展，保障该校心理健康教育工作的科学性和实效性。颍上路第一小学针对本校流动儿童开展了一系列科研课题研究，都取得了良好的反响和效果。

综上所述，我们看到开展流动儿童的心理健康工作任重而道远，需要全体师生、家长的共同参与。为了给流动儿童一个美好的未来，全社会需要共同努力，最终才能让城市真正成为流动儿童的家，成为他们的人生港湾、心灵栖息地。

【建议参考资料】

1. 王金道. 学校心理辅导［M］. 北京：中国人民大学出版社，2012.

2. 童敏. 流动儿童应对学习逆境的过程研究——一项抗逆力视角下的扎根理论分析［M］. 北京：中国社会科学出版社，2011.

3. 蔺秀云，方晓义，刘杨，等. 流动儿童歧视知觉与心理健康水平的关系及其心理机制［J］. 心理学报，2009（10）：967－979.

4. 俞国良. 现代心理健康教育——心理卫生问题对社会的影响及解决对策［M］. 北京：人民教育出版社，2007.

5. 俞国良. 心理健康教育（教师读本）［M］. 北京：高等教育出版社，2005.

【问题与思考】

1. 流动儿童学校心理健康教育的目标与一般原则是什么？
2. 流动儿童的学校心理健康教育包括哪些内容？
3. 在学校中可以采用哪些途径和方法有效开展流动儿童的心理健康教育？
4. 作为一名班主任，如何做才能有效提高流动儿童的心理健康水平？
5. 根据您所在学校的实际情况，设计一个针对流动儿童的学校心理健康教育方案。

第五章 流动儿童家庭心理健康教育

【本章提要】

　　流动儿童的家庭环境以及家长的教育方式对其心理健康和人格发展有重要影响。无论针对流动儿童的学校心理健康教育工作做得多么出色，仍然需要家长的积极支持和紧密配合。因此，作为流动儿童心理健康教育工作的一个重要组成部分，家庭心理健康教育对于提高流动儿童的心理健康水平具有重要的作用和意义。然而针对流动儿童的家庭心理健康教育非常少见，因此，我们根据流动儿童的心理特点以及家庭特点提出了流动儿童家庭心理健康教育的目标与内容、开展流动儿童家庭心理健康教育的途径与方法，期望能够对未来流动儿童的家庭心理健康教育起到一定的指导作用。同时本章也介绍了学校应如何指导家长对流动儿童开展有效的心理健康教育。

【学习重点】

　　1. 了解家庭心理健康教育的原则与目标。
　　2. 掌握家庭心理健康教育的内容与途径。
　　3. 熟悉学校指导家庭心理健康教育的方法。
　　4. 能够针对本校或者本班流动儿童特点，为家长开展家庭心理健康教育提供一些建议。

【重要术语】

　　流动儿童　家庭心理健康教育　家庭心理健康教育原则　家庭心理健康教育目标　家庭心理健康教育内容　家庭心理健康教育途径　学校对家庭心理健康教育的指导

第一节　流动儿童家庭心理健康教育的目标与内容

一、流动儿童家庭心理健康教育的目标

　　流动儿童的家庭背景与一般儿童有所不同，其心理发展也有其独特性，因此开展流动儿童的家庭心理健康教育的目标与一般儿童家庭心理健康教育的目标既有相同之处，也有不同之处。流动儿童的家庭心理健康教育目标不仅在于要通过家庭和父母的作用改善和提高其心理健康水平，而且还要提高和改善流动儿童父母的心理

健康意识，改进流动儿童父母的教养方式。因为后者是促进流动儿童心理健康水平提升的前提条件。

（一）树立正确的心理健康意识

如果要针对流动儿童开展有效的家庭心理健康教育，流动儿童的家长首先要树立正确的心理健康意识。这是开展流动儿童家庭心理健康教育的首要前提，因此，流动儿童的家长要了解心理健康的知识、儿童心理发展的特点以及心理调适和心理保健的一些方法。只有这样，他们才能够重视孩子的心理健康问题，才能了解自己孩子的心理健康状况，并为孩子身心健康成长尽可能地提供良好的环境。但是，对于流动儿童父母来说，主动掌握这些知识并不是一件容易的事情，因此还需要学校和社会共同努力，给流动儿童的父母提供学习的机会，让其尽快树立起正确的心理健康意识。

（二）掌握科学的教育方法

流动儿童的父母往往工作繁忙，没有时间或者没有方法管教自己的孩子，因此，流动儿童的许多心理行为问题与他们的家庭教育方式有一定关系。比如，当仅用粗暴的方式与孩子进行沟通时，孩子就很容易学会树立敌意，当他遇到不顺心的事情时，也可能用同样的方式解决问题。为了给孩子主动创造一个良好的心理环境，促进流动儿童健康快乐地成长，流动儿童的父母还需要掌握科学的教育方法。掌握科学的教育方法与其说是流动儿童家庭心理健康教育的一个目标，倒不如说是开展流动儿童家庭心理健康教育的一个途径。但是由于大多数流动儿童父母并没有掌握太多的科学化的教育方法，因此掌握科学的教育方法也是有效开展家庭心理健康教育的一个重要目标。在实现这个目标的基础上，才能进一步促进流动儿童在有利的家庭氛围中健康成长。

（三）改善流动儿童家长自身的心理健康状况

父母的言传身教对孩子有着潜移默化的影响，因此家长自身的心理健康水平也会影响到孩子的心理健康。但是，流动人口的心理健康水平明显低于全国常模[1][2]，所以流动儿童家长自身的心理健康水平有待提高。这需要流动儿童父母自身积极努力，主动改变和完善其心理健康状况，比如掌握合理的情绪调节方法，而不是对孩子施以暴力；运用问题解决的方式应对应激，而不是逃避和自责等等。

---

[1] 刘衔华，罗军，刘世瑞，等. 在岗农民工及留守农民心理健康状况调查 [J]. 中国公共卫生，2008（8）：923 - 925.

[2] 蒋善，张璐，王卫红. 重庆市农民工心理健康状况调查 [J]. 心理科学，2007（1）：216 - 218.

（四）了解流动儿童的心理健康状况

大量研究已经表明，流动儿童特别是在打工子弟学校中的流动儿童其心理健康水平明显低于城市儿童。一方面，学校可以通过建立心理档案等方式来了解这些儿童存在的心理问题，另一方面，家长也要多与孩子沟通和交流来知晓孩子存在这些心理问题的原因。毕竟父母是孩子最亲近的人，他们可能更愿意与父母谈论自己的问题。同时，当掌握了一定的心理健康知识，树立起了心理健康意识后，流动儿童的父母也能够通过自己的观察来判断孩子的心理健康状况。

（五）提高流动儿童的心理健康水平

提高流动儿童的心理健康水平是家庭心理健康教育与学校心理健康教育共同的目标。只有家—校—社会三者形成合力，才能有效促使流动儿童心理健康水平得到提升。家庭心理健康教育与学校心理健康教育一样，需要完善流动儿童的个性特征，使其更加自信、自爱和自立；需要提升流动儿童的人际交往技能，建立良好的师生关系、同伴关系和亲子关系；需要培养流动儿童良好的行为习惯，养成会学习、讲卫生的行为方式；同时也需要提高流动儿童的社会适应能力，使其尽快适应城市生活，融入新城市，成为新市民。

二、流动儿童家庭心理健康教育的原则

（一）权威与尊重的原则

在开展家庭心理健康教育时，家长的权威性非常重要，但是也要充分尊重孩子的个性特点。父母作为一家之长，首先要转变观念，认识什么是真正的权威，如何树立权威，要知道权威并不是严厉加暴力。家长要提高自身的素质，以自己的言谈举止在孩子心目中逐渐形成权威；同时，还要尊重孩子，要把孩子看成是一个具有独立人格的人，不要把他们看成是自己的私有财产[①]。对于流动儿童的父母来说，这一点显得尤其重要。当流动儿童出现一些不尽如人意的地方时，有些家长在外人面前就动手打孩子，这样不仅不能取得良好的教育效果，反而会让孩子觉得很丢面子，让孩子的自尊心受到伤害。因此，为了提高家庭心理健康教育的效果，家长一定要以尊重孩子为前提；同时，为了提高自己在孩子前面的权威性，也要不断学习新事物、了解新事物，这样才能与孩子有沟通和交流的平台，而不至于在孩子面前显得自己什么都不知道。

（二）科学性与疏导性原则

儿童的心理发展有一定的特点和规律，每个孩子又有自己的特性，存在个体

[①] 叶一舵. 家庭心理健康教育概论[J]. 福建师范大学学报（哲学社会科学版），2003(1)：123-132.

差异，因此在具体实施家庭心理健康教育的方法上要注意循序渐进，要有科学性。不同年龄阶段的孩子其心理特点不同，了解这些特点，就可以有针对性地对不同时期的孩子采取恰当的教育措施，这样家庭心理健康教育才能收到良好的效果。另外，当孩子出现一些心理问题，尤其是情绪问题时，家长适宜采用疏导的方式来帮助孩子解决心理障碍。疏导的方式不是暴力的方式，也不是完全的说教，而是与孩子一起找出问题的原因，想出解决的方法，消除心理障碍。

（三）宽容与信任的原则

多项调查显示，流动儿童的父母往往对其学业有较高的期望，但是往往他们在学业上又没有能力辅导和帮助自己的孩子。因此，很多家长对孩子的学习采取了"宽容"的态度，即不管不问，把孩子完全交给了学校和老师。这实际上不是宽容，而是放任。在家庭心理健康教育中，真正的宽容是给孩子充分的自由和发展空间，允许孩子可以与自己有不同的观点和不一致的意见。同时，在实施家庭心理健康教育时，父母也要充分相信孩子自身有其充分的发展潜力和发展空间。父母同子女的关系，不仅可以是长辈与晚辈的关系，也可以是朋友的关系，父母对孩子应当有充分的尊重和信任。因此，当亲子之间有不同意见或者产生矛盾时，双方可以在信任的基础上平等沟通。当孩子感到父母信赖自己时，他们也可能更愿意把自己的心里话、自己心里的秘密说给父母听。

三、流动儿童家庭心理健康教育的内容

流动儿童家庭心理健康教育的内容也包括培养流动儿童良好的个性心理品质、提升人际交往技能、培养良好行为习惯、提高社会适应能力等几个方面，但流动儿童的家庭心理健康教育与学校心理健康教育的内容既有相似之处，又有不同的侧重点。

（一）培养流动儿童良好的个性心理品质

在家庭心理健康教育中，培养流动儿童良好的个性心理品质，主要包括培养流动儿童活泼、开朗的性格，接受和悦纳自我，培养流动儿童的自制力等。

1. 培养孩子活泼、开朗的性格

由于经常随父母流动，不断面临新的环境，很多流动儿童的性格发生了一定的变化。有一些儿童由于在陌生环境中没有熟悉的同伴，孤独感渐渐增强，甚至由此引发了抑郁和恐惧情绪。因此，培养活泼、外向的性格是家庭心理健康教育的重要内容之一。活泼、外向的性格有利于流动儿童更好地接受新环境，更好、更快地与同伴建立起亲密的关系，也有利于其身心健康发展。同时，家长也应注意不要频繁流动，当孩子还没有适应一个新环境时又要进行下一次流动将给孩子的心理带来强烈的不适感，此时，他们可能不敢也不愿与其他同学交往。这样就

容易导致孩子出现自我封闭状态,他们很难向老师和同学敞开心扉,而这种状态又会进一步加强他们的孤独感。所以,培养外向、活泼的性格对于流动儿童的健康成长至关重要。

2. 使孩子学会接受和悦纳自我

学会接受自我和悦纳自我,不仅是学校心理健康教育的重要内容,也是家庭心理健康教育的重要内容。家长如果能够给予孩子充分的尊重和信任,孩子就更容易接受自我。家长对待生活的态度,也决定了孩子对待生活和对待自我的态度。如果家长整天抱怨社会不公平、自己命运差,那么孩子也就学会了怨天尤人,不思进取,自暴自弃;而如果家长乐观地面对生活,那么孩子也会热爱生活。因此,如果家长能够学会接受和悦纳自己,孩子也会这样对待自己。此外,每个孩子都有自己的特长和优势,在家庭教育中,不能总是一味地抱怨孩子的不足,拿孩子的缺点与其他孩子的优点比,这样会使孩子失去自信,甚至产生自卑心理。流动儿童的家长要充分挖掘孩子的潜能和优势,对其缺点和不足要帮助其不断改正和完善,只有这样才能增强孩子的自尊心和自信心,让孩子更好地看待和接受自己。

3. 培养孩子的自制力

有良好自我意识的人,不仅能够正确认识自我,而且具有自制力。具有自制力的人能够调节自己的行为以服从既定的目标;能够为既定的目标而克服困难,坚持让自己去完成应当完成的任务,能够抑制自己的其他不良行为和冲动,做到既不任性,又不死气沉沉、呆板拘谨;遇到挫折不忧郁,不悲愤,善于冷静对待,分析根源,保持乐观态度[1]。由于流动儿童经常流动,面对的社会环境比较复杂多变,有时容易受到不良因素的诱惑,因此培养流动儿童的自制力非常重要。同时,为了取得良好的家庭心理健康教育效果,家长也要洁身自好,不要沾染不良恶习,比如赌博、酗酒等。但是,有些流动儿童的家长往往不注意自身的行为,还指望在自己赌博时,孩子在他旁边能够安安静静地做作业,这显然是对孩子提出的一种无理和过分的要求。作为流动儿童的家长也需要给孩子提供一个良好的学习和生存空间,给他们一个相对良好的生活环境,这样才能让他们更健康地成长。

(二)提升流动儿童的人际交往技能

"一个篱笆三个桩,一个好汉三个帮。"人际关系就像一张大网,可以帮我们拥有更多的社会支持系统。良好的人际关系是心理健康的标准之一,每个人都有交往的需要。因此,提高流动儿童的人际交往技能,能够更好地帮助他们适应

---

[1] 俞国良. 心理健康教育(教师读本)[M]. 北京:高等教育出版社,2005.

城市的生活，更好地融入未来的社会。

1. 学会客观地了解他人

在人际交往过程中，知己知彼才能更好地进行交流和沟通。由于进入城市之后，流动儿童周围接触的人与在老家时会有所不同，因此，不能用以前的标准和从表面现象来评价和判断新环境中的人，也不能将自己的好恶强加于人，更不能人云亦云，而是要客观公正地了解和评价他人。为了更好地接纳别人，客观地了解别人，流动儿童要做到既能看到别人的短处，更能看到别人的长处。因此，家长要教流动儿童如何客观地看待别人的所作所为。同时，要让流动儿童学会克服自己的短处，用别人的长处激励自己不断进步。

2. 学会关心和帮助他人

当流动儿童随父母来到城市中生活时，往往被当做弱势群体。无论是学校、老师和社会都会给予他们很多物质和精神上的帮助。但是，在这些关爱下，有时流动儿童也会觉得自己有些受伤。其实，给予和帮助一样，也应该是双向的过程。所以，流动儿童也只有在接受给予的同时，也给予别人关心和帮助，他们才能够与别人在相互信任、尊重和关怀下建立良好的人际关系。因此，流动儿童不仅要接受别人的爱和帮助，同时也要重视他人的需要，学会关心和帮助别人。在家庭心理健康教育中，家长要给孩子提供这样的机会，让他们学会主动关心别人，学会主动帮助别人。

3. 学会积极主动地进行沟通

在交往中积极主动地进行沟通能够增进人与人之间的情感与友谊，因此，流动儿童如果能够主动表达自己的想法，能够理解和接受别人的思想感情，并能够认真听取别人的意见，就能够更快适应新环境、更快地融入新集体。在流动儿童的家庭心理健康教育中，家长要引导孩子学会主动交往的技巧，对交往的准则进行训练。同时，家长也要起到示范作用，需要主动积极地与孩子的老师进行沟通、与其他孩子的家长进行沟通，给孩子提供一个学习人际交往技巧的机会。如果家长能够积极主动地与他人进行交流和沟通，通过耳濡目染，孩子的沟通和交流技能也一定能够得到提高。

（三）改善流动儿童的学业状况

1. 激发流动儿童的学习动机

动机是直接推动有机体活动以满足某种需要的内部状态，是行为的直接原因和内部动力。学习动机是推动学习的直接动力，有些流动儿童由于受父母职业的影响，对学习并没有强烈的动机，他们往往抱着应付家长、应付老师的心理在上学。在这种情况下，他们对学习自然不愿付出努力，也不可能取得理想的成绩。因此，为了改善流动儿童的学业状况，对于这部分儿童要想办法激发他们的学习动机。学习动机分为外在动机与内在动机,外在动机是指由学习结果或学习活动以外的因素作为学习的目标而引发的推动学生学习的动机,学习活动只是达到目标的手段。比如,一个学生为了考试得高分、班级的排名、教师的表扬或其他的各种奖励而学习就是外在动机的作用。内在动机是由学习活动本身作为学习的目标而引发的推动学生学习的动力,学习者在学习过程中获得满足。比如,对学习的知识内容感兴趣,把学习当做一件愉快的事情,积极参加课堂学习活动,就是具有内在学习动机的表现①。由于一些流动儿童原来的学习基础差,他们对学习没有兴趣,往往缺乏内在动机。为了激发流动儿童的学习动机,家长可以先从激发流动儿童的外在动机着手,可以让孩子了解学习知识对自己、对社会的意义;当孩子成绩有所提高、有所进步时及时给以适当的表扬和鼓励。当孩子对学习有了一定兴趣之后,再逐渐激发其内在动机,让孩子在掌握知识的过程中体验到学习的乐趣。

2. 缓解流动儿童的学业焦虑状态

虽然流动儿童的父母并不十分关注孩子的学业,也不能给以适当的辅导,但是大多数流动儿童的父母对孩子学业的期望却都较高。他们寄希望于"知识改变命运",希望自己的子女能够通过求学而出人头地。当他们的高期望传递给孩子时,一些流动儿童产生了严重的学业焦虑。对于流动儿童来说,一方面他们希望能够满足父母的愿望,另一方面,他们可能由于学习基础差,又不能很快实现父母的愿望。因此,这些流动儿童就处在学业的焦虑状态之中。当一个人焦虑水平较高的时候,往往又会限制他注意的范围,影响他的思维能力,因此处于高焦虑状态反而进一步影响了流动儿童的正常学习。如果这种焦虑情绪长期存在的话,还有可能进一步影响儿童的身心健康。针对这种情况,流动儿童的家庭心理健康教育的内容之一,就是要减少流动儿童的学业焦虑。父母对流动儿童的学业期望应结合流动儿童自身的学业情况来确定,不能盲目制定过高的期望和要求,以免给流动儿童带来过大的压力。

(四)提高流动儿童的社会适应能力

1. 提高流动儿童的抗挫折能力

由于特殊的家庭背景,流动儿童在接触社会和学校的过程中,不可避免地有时会遇到一些挫折。不论是求学上的不公平待遇,还是同学、老师的歧视,对这些流动儿童来说,都会给他们带来心灵的伤害。除此之外,任何人都会在生活中遇到其他的挫折。但是,由于流动儿童的年龄尚小,他们的知识经验还比较贫乏,心理承受能力较弱,有时还不能正确对待挫折,容易在挫折面前形成自卑心

---

① 路海东. 教育心理学 [M]. 长春:东北师范大学出版社,2002.

理，不利于其健康成长。因此，当流动儿童面对挫折的时候，家长要多给他们信任、鼓励的目光，帮他们正确分析挫折产生的原因，给予具体、有针对性的指导和帮助，让孩子尽快从挫折中走出来。

2. 增强流动儿童的社会融合度

增强流动儿童的社会融合度，不仅需要社会、学校的努力，也需要流动儿童家长的配合。流动儿童的社会融合度差不仅会影响其社会适应，而且也会严重影响他们的身心健康成长以及未来的城市生活，甚至可能使他们因为受到的不公平待遇和歧视而滋生敌意和逆反心理，走上违法犯罪的道路。因此，增强流动儿童的社会融合度是流动儿童心理健康教育中的一项重要内容。研究发现，家长的社会融合影响了流动儿童的社会融合，公立学校流动儿童的社会融合好于打工子弟学校的流动儿童的社会融合。因此，流动儿童的家长自身应积极融入新的城市生活中，接纳城市中的健康新事物，增强自身的社会适应能力。同时，在考虑为子女选择学校时，也要多考虑选择可以接纳流动儿童的公立学校。此外，研究发现流动儿童虽然在城市中生活，但是很少去游乐场、博物馆、科技馆等城市儿童常去的地方。因此，家长在有时间、有条件的情况下，可以带他们多去这些场所，以期让其更好地融入未来的城市生活。

总之，对流动儿童开展家庭心理健康教育是一件必要但又比较困难的事情。流动儿童父母自身的文化程度、职业特点、心理健康水平都会影响家庭心理健康教育的效果。所以，开展这项工作需要社会、学校的共同努力，方能取得良好的效果。我们也期望更多的人能够来关注这一特殊群体，让生活在同一片蓝天下的流动儿童们，能够同城市儿童一样健康快乐地成长！

第二节 流动儿童家庭心理健康教育的途径与方法

流动儿童家庭心理健康教育具体由流动儿童的家长来实施，这对流动儿童的家长提出了新的要求。在社会经济飞速发展的信息时代，他们必须与孩子共同成长进步，必须学会与时俱进，这样才能真正对孩子的身心健康发展起到有效的引导作用。

一、提高家长自身的素质

身教胜于言传，父母自身的行为对子女具有潜移默化的重要影响。因此，提高父母自身的素质对于改善流动儿童的心理状况起着重要作用。当进入城市之后，流动儿童的父母也需要提高自身的素质，最好与孩子共同学习、共同成长。这样不仅会给流动儿童带来良好的影响，而且父母和子女之间会有更多的话题，会促进亲子之间的良好沟通和交流。

(一) 提高社会融合度

一方面，流动儿童的父母来到城市之后，一般聚居在流动人口较多的地区，形成了诸如"河南村"等流动人口聚集地。因此，虽然生活在城市，在日常生活中他们还是与同样是流动人口的人群接触比较多。另一方面，由于工作繁忙，他们也没有时间和条件去主动融入城市社会。由于父母的闭塞导致流动儿童在知识、视野等很多方面比城市儿童要更差一些，这在某种程度上极易导致流动儿童在与城市儿童进行比较的过程中形成自卑心理。因此，要想提高流动儿童的心理健康水平，改变他们因与城市儿童不同所导致的自卑心理，家长应该从自身做起，积极融入城市社会。父母的视野扩大了，对城市更加了解了，他们将这些信息传递给孩子时，孩子也会增加对城市的了解和适应。为了增加自己的城市融入度，流动儿童的父母可以从以下几方面着手[①]：首先，流动儿童父母为了增加生存能力、适应城市生产和生活的要求，要重视知识学习和经验积累，努力提高自己的职业技能，熟悉和遵守城市规则；其次，要在社会层面主动扩大交往，尤其要多积极参加社区、工会的各种活动，从而在城市中建立起比较丰富和融洽的人际关系，利用较多的社会资源实现自己在城市的发展；再次，在心理层面上，要增强对城市的认同感，以宽容接纳的心态对待城市主流文化和市民，自觉增强对市民群体的归属感，增强城市"主人翁"意识，从而尽快实现由流动人口到新"市民"的转变。

(二) 提高家长自身的文化素养

由于多种原因，流动儿童的家长往往文化程度较低，这导致他们没有办法辅导孩子的功课。对于学习基础本来就比较差的流动儿童来说，这无疑又会进一步导致他们与其他儿童的学业差距越来越大。因此，要想改变学习不良儿童的学业状况，家长要提高自身的文化素养。家长可以通过增加自己的阅读时间，潜移默化地提高流动儿童的学习兴趣；可以通过与孩子共同学习，提高自己的知识水平；也可以通过一些公益讲座、座谈等，提高自身的文化素养。总之，在终身学习的时代，流动儿童的家长应该抓住一切可以学习和提高自身素质的机会，不断完善自己，以给自己的孩子做一个学习的好榜样。我们相信，当家长自身的文化修养得到切实的提高后，流动儿童也能够从中受益，不断改善自己的学业状况，提高自己的学业成绩。

(三) 改变家长的不良行为习惯

在对打工人口的调查中发现，一些流动人口在业余时间休闲活动比较单一，且有一些不良嗜好。比如，有些流动人口，在工作之余就是聚在一起涉黄、涉赌

---

① 徐祖荣. 流动人口社会融合问题研究 [J]. 北京城市学院学报，2008 (4)：96-100.

甚至斗殴、偷窃抢劫、敲诈勒索等①。这些不良行为，不仅对其自身没有任何好处，而且也很容易给孩子做个坏榜样，导致孩子走上违法犯罪的道路。由于青少年辨别能力较差，自我抑制能力较弱，他们更容易受到周围人群的影响，当他们看到父母做什么的时候，就很容易也跟着学、跟着做。因此，父母的不良行为习惯很容易影响到流动儿童。为了给流动儿童树立一个正面的榜样，家长要积极改变自身的不良行为习惯，在闲暇时间多从事一些有益于身心健康的活动。此外，一些流动儿童的家长在行为礼貌、卫生习惯等方面也亟须改进。虽然这些都是生活中的一些小事，大人可能并不在意，但往往这些细节会体现出一个人的整体素质，会对流动儿童产生深远的影响。因此，流动儿童的家长要注意自己的一言一行，争取给孩子树立一个好榜样。

（四）增强家长的心理健康调适能力

家长的心理健康程度会对儿童的心理健康产生一定的影响。试想一个孩子整天面对着一个眼神抑郁空洞的母亲，他怎么能健康快乐地成长呢！因此，为了提高流动儿童的心理健康水平，有必要首先提高流动儿童家长的心理健康水平，特别是要增加家长的心理健康调适能力。我们看到有些流动儿童经常在家里受到暴力对待，有时这并不完全是孩子的错。可能是因为家长工作繁忙，懒得动脑去想如何教育孩子，只想用最原始最简单的方式解决问题；也可能是家长本身情绪就不好，没有更好的办法调适，所以采用了暴力的方式来宣泄自己的愤怒。不论是哪种原因，孩子在其中都是受害者。因此，流动儿童的家长必须学会调适自己的不良情绪，改善自己的不良性格特点，这样才能有一个良好的心态去教育孩子。学校可以通过开办家长学校等形式帮助流动儿童家长调适自己的心理健康水平，同时，家长也可以通过有关专业人士的咨询和辅导来增强自己的心理调适能力。

二、提供良好的家庭环境

家庭环境对于成长中的孩子来说尤为重要。但是，由于流动儿童家庭资源的匮乏，往往使他们处于发展的不利处境下。因此，要促进流动儿童健康发展，非常有必要改善流动儿童的家庭环境。按照科尔曼（Coleman）提出的"家庭资本"理论②，儿童发展所需的家庭资源包括经济资本、人力资本和社会资本。其中，经济资本是指家庭为儿童的发展提供物质条件，如食物、衣物等生活必需品。人力资本，即父母所学到的知识或受教育水平，他们能为儿童的发展提供资

---

① 王成其. 外来民工子女行为偏差的矫正策略初探［J］. 网络科技时代，2007（10）：24-25.

② DORISR E, NANM A. Some practical guidelines for measuring youth's race, ethnicity and socioeconomic status［J］. Child Development, 1994（6）：1520-1542.

源，例如，受到良好教育的父母能够辅导儿童的学业和语言技能，并且能够鼓励儿童完成学业。社会资本，指儿童通过父母以及其他家庭成员与外界产生的联系，由此生成的社会关系网络。家庭社会资本包括家庭内社会资本（儿童的父母、监护人能够与儿童形成的各种关系）和家庭外社会资本（父母自身的社会网络）。研究表明，这三种家庭资本都是家庭需要提供给孩子的资源，缺少某一方面都会使儿童的发展出现问题。申继亮、胡心怡和刘霞（2007）对我国流动儿童的研究发现，流动儿童的家庭经济资本、人力资本和社会资本都低于城市儿童，流动儿童的自尊水平受到家庭资本的影响。因此，为了改善流动儿童的心理健康水平，亟须提高流动儿童的家庭资本，改善其家庭环境。

（一）提供良好的学习环境

良好的学习环境对于一个人的学习有重要影响，但是由于家庭经济收入和居住条件的限制，大多数流动儿童的学习环境都较差。不仅很难有独立的学习空间，而且可能连学习用的书桌和椅子都没有。这在一定程度上影响了流动儿童学习的兴趣和学习的努力程度。因此，流动儿童的父母应想办法提高自己的经济收入，尽可能给流动儿童创造一个好的学习环境。当然，每个家庭都有自己的难处，不能一味与别人攀比，但是可以力所能及地做一些能够做的事情来改善孩子的学习环境。如果没有单独的房间用来学习，可以设置一个角落专门用来给孩子学习；如果没有单独的桌椅给孩子学习，可以固定桌子的使用时间留着给孩子学习用。此外，当孩子在家中学习的时候，父母尽量不要在家里打麻将、打扑克、大声吵架等，这些都会干扰孩子的正常学习。提供良好的学习环境，孩子就会更有心思坐在那里认真学习，而不是经常由于外界的干扰而走神了。

（二）提供丰富的学习资源

丰富的学习资源不仅可以改善儿童的学业情绪，而且可以提高儿童的学业成绩。但是由于流动儿童的家庭条件所限，以及流动儿童家长的教育观念的局限，有些流动儿童家长采用能省则省、能减则减的原则，很少给孩子购买学习用品和学习用具，对于一些学习参考资料则一律不买。这在一定程度上影响了流动儿童的学业状况，不仅使他们对学习没有兴趣和动机，也不利于他们对课堂学习内容的巩固和复习。流动儿童的教育绝不仅仅是学校和社会的事情，也是家长和家庭教育的事情。家长应该尽可能给孩子提供一些学习必需品以及一些有益的补充学习材料。这样才能让流动儿童与城市儿童有平等的受教育权利和平等的学习机会。此外，多项研究都表明，流动儿童在公立学校中学习比在打工子弟学校学习有更好的心理健康水平、社会融合度以及学校适应性①②。因此，流动儿童的家长应充分考虑公立学校的优越性，首先考虑选取公立学校作为孩子受教育的场所。

三、改变家长的教育方式

家长的教育方式对孩子良好个性的培养、学业成绩的提高和身心健康发展都有至关重要的影响。但是流动儿童家长的教育方式往往是不科学的，他们通常只是从自身经验出发对孩子进行教育，这样不仅不能说服和教育好孩子，有时还会引起孩子的逆反心理。因此，改变流动儿童家长的教育方式是提高流动儿童心理健康水平的一个有效途径。

（一）转变家长的教育观念

大多数流动儿童的父母都会认为自身文化水平低，老师是孩子教育的直接负责人。其实，父母才是孩子的第一任老师，家庭和父母对一个人的影响是持久的，也是深刻的。因此，家长首先要树立起自己对孩子负责，采用科学方法教育孩子的理念。据调查，流动人口中认真学过如何教育孩子的家长仅占不到20%的比例③，因此，非常有必要改变流动儿童父母的教育观念，促使其认识到不能仅靠自身的经验来教育孩子，更需要与时俱进，随时更新自己的教育观念。现代的教育观念首先要求家长要给孩子充分的尊重和信任。因此，在教育孩子的时候，家长不仅要站在自己的立场上看待问题，更应该站在孩子的立场上看待问题。其次，家长要给孩子独立思考问题和解决问题的机会，要注重培养孩子的创造力和解决问题的能力。在日常生活中，流动儿童的家长可以创造条件，让儿童学会自己解决问题。最后，流动儿童到一个新的环境后，必然会面临诸多心理不适。但是由于流动儿童年龄较小、经验不够丰富，有时他们面对这些困惑往往束手无策，因此，如何有效引导流动儿童来处理这些问题，使其快速与同伴、老师建立起亲密的关系，这些都需要流动儿童的家长给以适当的引导。总之，教育理念是随着时代发展不断变化的，家长要随时更新自己的教育观念。

（二）建立适当的教育期望水平

一部分流动儿童的家长经受了没有文化带来的诸多不便，深信"知识改变命运"，因此他们非常重视孩子的学业问题，但是他们往往不能根据孩子的学习基

---

① 孙晓莉. 流动儿童学校适应性现状研究［J］. 现代教育科学，2006（12）：20－21.

② 袁立新，张积家，苏小兰. 公立学校与民工子弟学校流动儿童心理健康状况比较［J］. 中国学校卫生，2009（9）：851－853.

③ 关颖. 青年流动人口如何对下一代负责——天津市青年流动人口子女家庭教育状况调查［J］. 青年研究，2002（5）：8－14.

础来设定教育期望。另一部分家长则认为孩子不是学习的料，读点书就够了。可见，这两类家长对孩子都没有建立起适当的教育期望水平，都会影响孩子的学习。实际上，我们更应该根据孩子学习的能力、学习的基础、学习的兴趣和动机等多个方面来综合建立对孩子的教育期望。过高的教育期望会给子女带来压力，使其产生学业焦虑；而过低的期望则不利于孩子学业的进步和发展。对于流动儿童来说，家长也应该根据这样的原则来建立适当的教育期望。

(三) 引导孩子学会正确的学业归因

对于同一件事情，人们的归因方式很有可能完全不同。一般人们会将成功或失败归因为能力、努力、环境或运气。有些流动儿童的学业状况不够理想，其原因比城市儿童更加复杂一些。但是，如果流动儿童把自己的成功仅仅归为运气，而把自己的失败一味地归因为能力低或者运气差、环境不好，则不利于他们的学业进步。因此，这个时候需要家长指导孩子对自己的学业状况进行正确、合理的归因，要指导流动儿童将学业上的成功更多地归因为自己的能力和努力的结果，将学业上的失败归因为自己努力不足。这样的归因有助于流动儿童在学习过程中遇到困难时，增加自己的努力程度。引导流动儿童学会正确的归因，也有助于他们在其他方面的发展。当儿童将这种归因方式迁移到其他事情上，他就会减轻失败带来的无助感，增强成功带来的效能感。

四、建立良好的亲子关系

亲子之间的亲密感和良好的沟通模式有助于发挥家庭的教育功能和心理健康教育的作用。然而，流动儿童与父母之间的关系却不容乐观。一些流动儿童的父母经常采用暴力方式来教育孩子，导致亲子之间沟通不畅，孩子非常害怕父母。而另外一些孩子，则因为父母平时疏于管教，当父母想管教的时候，却管教不了了，孩子根本不听父母的，依然我行我素。

(一) 建立良好的亲子沟通模式

流动儿童亲子关系之间存在的问题必然会影响家庭心理健康教育的效果。因此，家长应积极努力改善与孩子之间的关系，学会平等、尊重地与孩子进行沟通。沟通是一个双向的过程，在亲子沟通中，不能都是父母的说教，这种单边行动很难让孩子接受。此外，尽量多拿出时间来陪伴自己的孩子，主动与孩子进行交流。流动儿童的父母不论有多忙，最好都要养成每天与孩子交流的习惯。这种交流不一定时间很长，可能仅仅是短短的几分钟，就能够让流动儿童感受到父母的关爱，就可以改善流动儿童亲子之间的关系。

为了提高亲子沟通的质量，在进行亲子沟通时，流动儿童的父母还要注意自己的方式和方法。正确的表述方式对沟通很重要。在流动儿童的父母表达对孩子不满甚至批评时，要就事论事，尽量避免使用诸如"总是"、"从不"等词语，尽可能采用平和的方式具体指出对方某一个行为的不当，不要一下子给孩子定性。另外，在表达感受时，可以使用第一人称开头，而不是指责地使用"你"开头来表达抱怨。同时，流动儿童的父母在与孩子进行沟通时也要多注意使用非语言沟通的技巧。非语言沟通是指通过眼神、姿势、表情、动作、声调等进行沟通，包括身体语言沟通和副语言沟通。心理学研究发现，人的肢体语言传递的信息达55%以上[1]。交谈中的坐姿、手势、握手的方式、面部表情都包含着丰富的信息，需要我们在沟通时敏锐捕捉才能准确理解对方所表达的信息。特别是在亲子沟通的时候，一个拥抱、一个眼神或者一个轻轻的抚触，都能传递出父母对孩子的信任和关爱。有时流动儿童的父母不知道跟孩子说什么，这个时候这些非语言的沟通可以更好地发挥亲子交流的效果。

(二) 采用民主型的教养方式

父母的教养方式对儿童的社会化发展有重要影响。大量的研究发现，不良的教养方式可能会导致儿童出现较多的社会性发展问题，如学习困难、人际关系不良、身心疾病、问题行为等。我国学者何资桥和曹中平（2009）研究发现，父母教养方式问卷中的情感温暖、理解因子与学习适应性的弹性发展呈正相关，并可显著正向预测学习适应性弹性的发生；父母的惩罚严厉、拒绝否认两个因子与学习适应性弹性发展呈显著负相关，父母的拒绝否认因子还可以显著负向预测学习适应性弹性的发生[2]。可见，流动儿童父母的教养方式对其学业有一定影响。然而，调查发现流动儿童家长的教养方式存在盲目性和随意性，他们往往言传重于身教，惩罚重于奖励，物质重于精神[3]。大多数流动人口家庭对孩子的教养方式是放任型、专制型和溺爱型，采用民主型教养方式的很少。还有一些家长对待孩子的方式是只养不教，把教育的责任完全推给了学校。因此，为了提高流动儿童的身心健康水平，流动儿童父母的教养方式还亟须改进。流动儿童的父母要尽量为孩子营造一种民主、宽容、和谐的家庭气氛，对孩子不仅要有要求，也要对孩子的表现有所反应，给以适当的表扬和鼓励。

(三) 营造充满爱与信任的家庭心理气氛

良好的亲子关系是充满爱和信任的。父母对孩子的爱包含对孩子的理解与接受。爱可以让父母与流动儿童之间更亲密。但是爱不仅是给孩子充足的物质条

---

[1] 蔺桂瑞，杨芷英. 大学生心理健康与人生发展 [M]. 北京：高等教育出版社，2010.

[2] 何资桥，曹中平. 进城农民工子女父母教养方式与学习适应性弹性发展的关系 [J]. 中国健康心理学杂志，2009（5）：624-627.

[3] 刘芳. 昆明市流动人口子女家庭教育特征分析 [J]. 社会工作（学术版），2011（1）：46-47.

件，也不仅是给他们自由的空间。流动儿童的父母还需要特别注意的是，爱孩子并不是把自己的前途和希望都寄托在孩子身上，这样孩子会为父母的爱背负太重的负担，会给他们带来太大的压力。美国心理学家派克说：爱不只是给予，它是合理的给与合理的不给；是合理的赞美和合理的批评；是合理的争执、对立、鼓励、敦促、安慰。同时，给予孩子充分的信任对于建立良好的亲子关系也有着至关重要的作用。相互信任是亲子之间愉快相处的基础，只有父母充分相信孩子，孩子才会相信父母，这样平等有效的沟通才会开始，真正的教育才会开始。父母对孩子的信任意味着对孩子的承诺一定要实践，同时也要给孩子做事情的机会，相信孩子可以独立把事情做好。

五、帮助孩子融入城市社会生活

与第一代农民工不同，流动儿童更多的是很小就来到城市甚至出生在城市中，但是由于家庭背景的问题、户口的问题，这些孩子的身份并不明确。除了被冠以流动儿童、打工子弟等称号之外，他们不确定自己的身份到底是农村人还是城市人，不知道自己到底该归属于哪里。种种困惑导致这些儿童很难融入城市社会生活之中。然而，他们中的大多数人连同他们的父母，却还是都希望能够继续在城市中生活。可见，无论是对于孩子来说，还是对于农民工来说，融入城市社会生活都是必然的。而社会融入程度也体现了一个人的社会适应情况以及一个人的心理健康水平，因此，流动儿童的父母应帮助孩子尽快融入城市社会生活，提高流动儿童的社会适应能力。

（一）扩大流动儿童的生活范围

流动儿童的生活范围主要是学校和家庭。他们对城市的了解主要是从父母那里和同学那里得到的。因此，父母应帮助孩子扩大他们的生活范围，让他们对城市生活有更广泛的接触和了解，比如周末的时候可以多带孩子去公园、图书馆、科技馆、博物馆等地方游玩和参观，让孩子减少与城市儿童之间的差距。这样不仅可以减少流动儿童的自卑感，同时也可以让他们在未来更好地适应城市生活。

（二）扩大流动儿童的交往范围

据调查，在打工子弟学校中接受教育的流动儿童，其交往范围往往也是流动儿童，即使在公立学校中，由于一些学校把流动儿童编排到了同一个班级，因此他们的交往对象大多数也是流动儿童。这样的交往模式不仅减少了流动儿童获得城市儿童社会支持的机会，而且也不利于流动儿童社会适应性的提高。因此，流动儿童的家长应提供机会让孩子扩大自己的交往范围，让他们多与城市儿童交往和接触。选择与城市儿童混班的学校让儿童接受教育是一种有效的方式。此外，家长也可以扩大自己的交际范围，多带孩子去一些城市朋友的家中玩，增进孩子对城市生活和城市人口的了解。

（三）增强流动儿童承受挫折的能力

人们在日常生活中，并不总是一帆风顺的，当我们在实现目标的过程中遇到障碍，出现困难，而又很难克服时，我们就会感到受了挫折。心理学上将挫折定义为当个体从事有目的的活动时遇到不可克服的障碍而产生的紧张状态与情绪反应。挫折会给人们带来许多行为的变化，比如攻击行为、焦虑不安、冷漠、退缩等。流动儿童在融入城市生活的过程中，由于语言的差异、文化的差异、风俗习惯和家庭背景的差异，有时可能也会受到一些挫折。如果挫折没有超过他们的承受范围，可能会促进其积极奋发，引导流动儿童提高解决问题的能力。但是如果流动儿童经受的挫折已经超过了他们所能够承受的，那么将会导致他们适应不良。尤其是经常性地经受挫折，将对个体产生非常大的影响，甚至可能导致个体出现行为偏差，出现躯体和精神疾病。因此，为了使流动儿童更好地融入城市生活，父母要提高他们的挫折承受能力：首先，要帮助其分析产生挫折的主观和客观原因是什么；其次，要教给流动儿童一些承受挫折的具体方法。

第三节　学校对家庭心理健康教育的指导

家庭是开展流动儿童心理健康教育的重要阵地，然而，流动儿童家长的教养方式、自身对心理健康的了解等方面还需改进和提高。因此，学校要对家长进行家庭心理健康教育的指导，帮助家长正确认识心理健康教育的重要性，指导家长正确对孩子进行心理健康教育，以实现家庭和学校心理健康教育的一致性，从而最大限度地实现心理健康教育的功能。

一、学校指导家庭心理健康教育的原则

学校指导流动儿童的家长对流动儿童开展家庭心理健康教育要遵循一定的原则，要根据流动儿童的特点以及家庭背景，有计划、有系统、有针对性地开展工作。

（一）针对性与系统性

流动儿童与定居儿童不同，他们来自不同的地区，不是一个同质性群体。不同地区、不同学校的流动儿童也可能有很多不同的问题。因此，学校在对流动儿童开展家庭心理健康教育指导时，一方面要充分考虑到本校学生的特点，思考本校流动儿童普遍存在的心理问题是什么；另一方面也要考虑每个流动儿童父母的文化背景、职业特点以及家庭经济状况，要有针对性地开展工作。同时，对家长开展心理健康教育指导工作也要有系统性。一方面，由于流动儿童家长普遍对心理健康了解较少，缺乏心理健康保健意识和方法，所以在指导时要让家长对心理健康知识有一个系统完整的了解，而不能仅仅以解决流动儿童暂时的心理问题为

中心。另一方面，儿童的心理正处于发展过程当中，因此心理健康教育也要遵循这一特点，注意流动儿童心理发展的规律，由浅入深，循序渐进，根据每个年龄阶段安排有针对性的指导工作。只有这样，才能使学校对家庭心理健康教育的指导起到效果。

（二）实用性与多样性

改变家长的教育观念，帮助家长树立心理健康的意识是有效开展家庭心理健康教育的必要途径和前提条件。除此之外，学校还要注意帮助流动儿童家长解决一些教育实践中经常会遇到但容易被忽视的问题，以及一些比较棘手的问题。比如，怎样适应一所新的学校；怎样对学业问题进行正确归因；怎样正确运用鼓励性评价，激励孩子的上进心；怎样增强流动儿童的自尊心和自信心；怎样帮助他们养成良好的学习习惯、卫生习惯和行为习惯；怎样克服各方面带来的歧视、减少自卑感；怎样更好地融入城市社会生活；等等。这些问题，常常是家长们在日常生活中感到困惑、非常需要解决的问题，学校要针对这些内容给家长开展具体的指导。

开展家庭心理健康教育的指导是一项长久、系统的工作，绝不仅仅是家长会上老师讲几句、课后老师跟家长聊几句就能解决的问题。因此，对家长进行心理健康教育指导要采用多种途径和渠道进行。除了常见的专题讲座的形式之外，还可以采用个别访谈、班队活动、参观访问、订阅报刊、经验交流、宣传表彰等多种形式来开展指导活动①。这些不同的方式从不同的角度促进家长与学校的沟通与交流，增强家长的角色意识，丰富和增长心理健康教育的知识，对提高家庭教育的科学性水平起到了重要的促进作用。还可以把学校团体辅导的形式引入对家长的指导中，通过各种方式促进家长与孩子之间的交流和相互理解。例如，邀请家长参加学生的谈心活动，了解孩子对父母的感受和期望，或者组织学生回顾家长对自己的关爱，倾听家长对自己的评价与期待；等等。通过多种多样的指导，家长和孩子将会更乐于参与这些活动，也会对家庭心理健康教育起到更好的指导效果。

二、学校对家庭心理健康教育指导的内容

随着经济社会的快速发展，未来社会对人的要求是不仅要具有丰富的知识，还要有较高的心理素质。但是，就目前情况来看，流动儿童的心理健康状况令人担忧。不仅他们的家庭社会经济地位较差，而且还时常受到社会不公平待遇以及歧视，导致他们的自卑感、孤独感都比普通儿童更高。然而，由于很多流动儿童家长缺乏心理健康教育的理论知识和方法，心理健康教育在家庭教育中一直是一个被忽视的领域。因此，需要学校对流动儿童的家庭心理健康教育进行指导。具

---

① 俞国良．心理健康教育（教师用书）［M］．高等教育出版社，2005．

体来看，学校对流动儿童家庭心理健康教育的指导包含以下内容。

（一）指导家长正确认识家庭心理健康教育

长久以来，由于受传统观念的影响，我国家长在家庭教育中往往忽视孩子的心理问题，不能主动采取促进心理发展的措施教育孩子，没有心理健康教育的观念。家长往往在家庭教育中存在着一些认识误区。比如，认为孩子身体没有病，就是健康的；关心孩子的物质生活，忽视孩子的精神世界；等等。因此，在学校对家长进行家庭心理健康教育的指导时，首先要帮助家长正确认识心理健康教育的重要性和必要性，改变传统的家庭教育观念。从当前的实际情况看，应指导流动儿童家长在以下几个方面确立正确的教育观念。

首先，要树立正确的健康观。健康的新概念不仅包括生理健康，没有身体残疾，也包括有社会适应能力和心理健康。流动儿童正处在心理发展尚未成熟、自我控制能力差、自我调适能力还不够强的时期，因此在处理学习、交往以及个人与集体的关系等复杂问题时，常常引起心理矛盾与冲突，造成心理障碍甚至心理疾病，从而影响德、智、体全面发展。学校要通过各种形式，指导家长了解心理健康的重要性，树立起心理健康的意识。

其次，要树立正确的发展观。个体的身心发展表现出一定的规律性，但也有个体差异，要因材施教。第一，要使家长了解个体心理发展的一般规律。个体的生理和心理发展都是一个由低级到高级、由量变到质变的不断发展的过程，表现出一定的阶段性和顺序性。每一个阶段都有其共同的规律和特点，并具有后一阶段的发展与前一阶段的连续性。应使流动儿童家长了解他们的孩子在每一个发展阶段的不同表现和不同需求，在教育时遵循发展规律，既不要超越阶段、操之过急，也不要一味等待、坐失良机。第二，要使家长认识到每一个青少年都有其个体差异，应尊重孩子。青少年心理发展的进程并不是按照相等的速度发展的，也不是千篇一律按照同一方式进行的。因此，家长应在了解青少年心理发展一般规律的同时，充分了解自己孩子的实际情况，调整好对孩子的目标期望值和适合自己孩子的教育方法，因材施教[①]。

最后，要树立正确的价值观。有些流动儿童认为自己的家庭与城市儿童不同，感到自卑，甚至由此滋生对父母的怨恨情绪。而流动儿童的父母有时也认为自己没文化、从事的职业低人一等。这些观念导致流动儿童的家长以及流动儿童经常对自己的价值产生消极判断。实际上，工作是不分高低贵贱的，每一个人不论家庭出身、背景如何都是有独特价值的。因此，学校要指导家长认识到，自己从事的工作为城市社会的发展作出了贡献，树立正确的价值观。进而，让家长帮

---

① 叶一舵. 家庭心理健康教育概论［J］. 福建师范大学学报（哲学社会科学版），2003（1）：123 – 128.

助流动儿童正确地悦纳自己的家庭，感恩父母，感恩社会，以积极的心态去面对生活中的挫折，扬起生活的风帆，努力创造自己的人生价值。

（二）帮助家长具备合格家长的素质

要想对流动儿童进行良好的心理健康教育，家长必须具备做一个合格家长的基本素质，保持自己的心理健康。为此，学校在对家长进行心理健康教育指导时，要指导家长不断进行心理调适，保持心理健康，必要时要及时对家长进行心理健康的援助。

1. 帮助家长关注自己的心理健康状况

流动人口承担着比普通人更大的生存压力，面对社会生活矛盾、工作生活压力，他们的心理健康状况不容乐观。如果家长存在心理健康问题，不仅对自身的发展不利，更严重的是对子女的成长有消极影响。所以，对每一位家长来说，要正确认识心理健康问题，并且要通过各种途径予以调适，从而保持心理平衡。因此，学校应该引导流动儿童家长审视并重视自己的心理健康状况，了解自身心理健康状况对孩子发展的影响，从而自觉维护自己的心理健康。学校心理辅导教师还可以通过对家长心理健康的辅导，给家长及时的反馈，肯定、支持和鼓励家长进行适当的挑战等，以使家长全面认识自己，提高其心理健康水平。

2. 家长要不断提高自身素质

心理素质既是综合素质的基础，又是综合素质的体现。为了保持自身的心理健康，每一位流动儿童家长在思想品德、知识学识、身体素质、个性品质、兴趣爱好等方面都要加强自我修养。这样既能使自己在工作学习和生活中保持良好的心态，同时也能对子女施加积极的影响。

做一个合格的家长应该具备的基本素质包括以下几方面：（1）正确的教育态度：要学会尊重孩子，与孩子平等民主地相待，建立一种健康的亲子关系；（2）对家庭教育有关知识的了解：包括对孩子心理发展特点的了解，心理健康知识的了解，家庭教育方法与艺术的了解；（3）实现教育目标的能力：要学会观察和了解孩子，理智地看待孩子的优点和成长过程中的缺点错误；要学习科学的心理健康教育方法，帮助孩子克服缺点，发展健康的个性品质和心理；（4）健康的人格修养：在理想、信念、人生观、价值观等方面应有积极的追求，要自尊、自爱、自强，充满自信心和责任感，要培养广泛的兴趣和好学的精神，待人接物要文明有礼、谦虚谨慎等。

3. 增强流动儿童家长的情绪调适能力

流动儿童的家长由于生活压力大，工作繁忙紧张，有些家长脾气暴躁，情绪不稳定，这不仅影响其自身心理健康，也会影响流动儿童的情绪状态和情绪调节能力。然而，保持轻松愉快的情绪状态对维护心理的健康至关重要。因此，学校要引导家长培养良好的情绪，增强情绪的自我调控能力，如保持乐观的心态，改变认知，以理移情；宣泄消极情绪，主动遗忘和转移消极情绪等。

4. 引导家长构建良好的家庭沟通习惯

良好的家庭沟通将消解家庭成员的内在压力，给家庭成员提供支持与帮助，增进家庭心理气氛，增强家庭凝聚力，促进彼此的理解和协调。学校应该使家长树立正确的教养观，引导家长重视与子女的交流与沟通，强化家长对创造温馨和谐的家庭氛围和良好的精神文化环境的重要性的认识。心理辅导教师可借助团体辅导过程或是家庭心理辅导过程，通过榜样示范、角色扮演、行为训练、家庭作业等方式来使家长掌握良好沟通应有的态度和技术，形成良好的家庭沟通习惯。

（三）帮助家长了解家庭心理健康教育的内容

家庭是孩子的第一所学校，家长是孩子的第一任老师。对于流动儿童来说也是如此，流动儿童家庭心理健康教育的内容非常丰富，包括个性的塑造、良好习惯的养成、人际交往能力的培养、不良情绪的改善以及社会适应等。

1. 提高流动儿童的自信心和自尊心

学校要让家长明确，自信心和自尊心对儿童的健康成长至关重要。要向流动儿童家长传授如何提高流动儿童自信心和自尊心的方法，以利于家—校同步塑造流动儿童的良好个性。

2. 改善流动儿童的人际交往状况

流动儿童的人际交往情况直接关系到他们是否可以适应未来的城市生活，流动儿童的人际交往能力与家长的教育以及家长的人际交往状况有很大关系。因此，如何改善流动儿童的人际交往技能也是学校要指导流动儿童家长的一项重要内容。

3. 提高流动儿童承受挫折的能力

每个人的人生都不可能一帆风顺，都可能会遇到各种挫折。但是，流动儿童的挫折似乎比同龄的孩子更多一些，更早一些，他们要承受更多的歧视、排斥。因此，提高流动儿童承受挫折的能力是改善流动儿童心理健康状况的目标，也是学校要指导流动儿童家长进行的一项家庭心理健康教育的内容。

4. 改善流动儿童的不良情绪情感

流动儿童的情绪问题比较多，比如孤独感、焦虑感较高，还有些儿童有恐惧倾向。因此，在家庭心理健康教育中也要注重培养孩子的健康情绪和情感。学校要指导家长如何减少孩子的不良情绪，如何提高其情绪调节能力。

5. 培养流动儿童的良好行为习惯

良好的行为习惯会让人终生受益，好习惯的培养是一个长期的过程，家长在这方面有着比学校更重要的优势。但是，流动儿童的很多不良行为习惯又来自于家庭，可见，流动儿童的家长并不了解如何培养流动儿童的良好行为习惯。因此，学校要承担起提高家长心理健康教育能力的重任，指导家长采用一定的方式方法有效培养流动儿童的良好行为习惯。

6. 提高流动儿童的社会适应能力

流动儿童的社会适应能力较差有多方面的原因，家庭的频繁流动和家长缺乏主动适应社会的意愿是其中很重要的原因。因此，提高流动儿童的社会适应能力要求流动儿童的家长要从自身做起，主动给流动儿童创造有利于适应社会的机会。因为流动儿童家长本身的社会适应能力以及社会融合度也存在一定的问题，所以学校要指导流动儿童的家长提高流动儿童的社会适应能力。

（四）帮助家长掌握家庭心理健康教育的方法

针对流动儿童的特点以及流动儿童家庭心理健康教育的内容，学校应通过有关知识的传授和经验的介绍，帮助流动儿童家长掌握以下一些基本的心理健康教育方法。

1. 与孩子有效沟通与交流的方法

（1）注意倾听

交流是一个双向的过程，在与孩子进行交流的时候，不能只是家长一个人在唱独角戏。因此，如果发生了什么事情，无论当时的气氛是怎么样的，都要记得让孩子把话说完。

（2）少说套话和气话

家长与孩子进行交流时，最常见的套话是"我在你这么大的时候……"和"等你自己有了孩子，你就会明白的"之类的话。由于孩子最关心的是现在，所以遥远的过去和未来对他们都不会产生作用。良好的沟通是可以用现在时来解释你的行为[①]。同时，也要注意对孩子少说气话。尤其面对一些比较内向敏感的儿童，几句气话可能就会对他们的心理造成严重的伤害。

（3）体现尊重

家长在与孩子进行交流和沟通的时候，最能够体现出对孩子的尊重。当孩子与父母有不同意见时，父母要多站在孩子的角度考虑问题，并澄清孩子的说法，看看是否是理解上的不同，而不是站在自己的角度一味地数落孩子，或者固执地坚持自己的看法。此外，也可以让孩子参加一些家庭话题的讨论。

（4）学会表达对孩子的爱

毋庸置疑，每个家长都是爱孩子的，但是爱的方式却千差万别。有些流动儿童的家长会用物质奖励表达自己对孩子的爱，有些家长则会因为自己的孩子没有达到自己的期望，而由爱生恨。这些都是表达爱的错误方式，实际上，对孩子的

[①] 顾利锋. 正确与孩子交流的方法 [J]. 宁夏教育，2008（11）：77.

爱更应该体现在日常生活中的交流和沟通中。比如，当孩子受到委屈时，一个关爱的眼神；当孩子取得成功时，一句赞美的问候；当孩子遇到困难时，一句鼓励的话；等等。

2. 增强孩子自信心的方法

（1）善于发现孩子优点，挖掘孩子潜能

每个孩子都有自己的特长，流动儿童也不例外。家长不能只看到自己孩子的短处，更不能拿孩子的短处与别人的长处比较；而是要从心底发掘孩子的潜能，鼓励孩子多发挥自己的特长，让其看到自己的优势，树立起自信心。

（2）坚持积极的鼓励和反馈

流动儿童同所有的孩子一样都希望得到别人的认可，但是又由于特殊的身份和家庭背景，他们有时又无奈地不能获得所有人的认可，甚至有时还会受到歧视和排斥。因此，流动儿童的家长更应该在孩子取得成绩或有某些进步的表现时，注意到他们的努力并及时肯定、予以表扬。从父母那里获得的认可和支持，同样可以增强孩子的自信心。

（3）使流动儿童获得安全感与稳定感

按照马斯洛的需要层次理论，安全感是人最基本的心理需要之一。在不断流动的过程中，流动儿童的安全感和稳定感将会逐渐减少，这将会影响到流动儿童的自信心。因为每当新到一个环境，流动儿童都需要重新适应，都会发现自己还有需要改进的地方。因此，流动儿童家长应尽可能减少多次流动，给流动儿童一个安全、稳定的环境，这对于培养他们的自信心非常重要。

3. 培养流动儿童健康情绪与情感的方法

（1）学会合理宣泄不良情绪

流动儿童的负性情绪较多，如果这些情绪得不到及时的调节和宣泄，将会严重影响流动儿童的心理健康，甚至可能会引发他们做出一些过激行为。因此，流动儿童家长要让流动儿童学会合理宣泄其不良情绪。所谓合理的宣泄是指在不干扰别人的情况下，将自己的不良情绪发泄出去，而使自己内心变得平静。比如，可以通过写日记的方法，也可以通过撕纸条的方式来表达自己的不满情绪；也可以通过运动、倾诉、沟通、哭泣等方法宣泄自己的不良情绪。

（2）改变不良认知调节情绪

人们的情绪不论是好是坏，都是与我们对事物的认识和评价有关。由此可见，要想改变不良情绪，首先要改变我们对事物的看法。研究已经发现，流动儿童感知到的社会歧视会影响其情绪和情感。因此，当流动儿童受到歧视和排斥等负面事件的影响时，流动儿童的家长要鼓励他们从不同的视角来看待这些事件，要让流动儿童看到社会上大多数人对流动儿童的关注还是积极的，这些问题的存在是暂时的。

通过积极调整流动儿童的认知，他们也会有更加积极的情绪和情感。

（3）从负性情绪中转移注意力

当一个人长期沉浸在某种负性情绪中，将会对这个人的身心健康产生巨大影响。因此，流动儿童的家长发现孩子经常处于某种负性情绪时，可以采用转移其注意力的方法，帮助其从负性情绪中走出来。

（4）正确表达自己的情绪

对于一些胆小、内向的流动儿童来说，他们在新环境中往往不敢表达自己的情绪，这样长久下去，将会影响他们的身心健康。而在适当的场合和时间表达恰当的情绪不仅对身心健康有益，还会有利于提高流动儿童的人际交往技能。因此，家长要帮助流动儿童正确地表达自己的喜怒哀乐。

4. 培养流动儿童良好行为习惯的方法

"习惯形成性格，性格决定命运。"美国教育家凯恩斯的名言有力地说明习惯养成对孩子的重要性。流动儿童的良好行为习惯养成，也是学校和家庭心理健康教育的重要内容之一。

象征性积分法（the token system）是一种有效培养儿童良好行为习惯的方法，流动儿童的家长也可以采用这种方法，帮助孩子养成良好行为习惯。象征性积分法是由美国丹佛大学莫切特教授提供的一种强化儿童行为、培养孩子良好行为习惯的行之有效的方法。该方法具体是①，孩子每表现出父母期望的行为，就能够从父母那里"挣得"一定分数，孩子可以用这些分数来"兑换"相应的奖励，其好的行为会不断得到强化，慢慢地就会形成父母所期望的行为，并不断固定下来，成为一种习惯化的行为反应方式。

具体来说，象征性积分法可以分三步实施。

第一步，家长首先根据孩子日常生活、学习、成长中的情况，记录孩子的日常行为表现，为孩子列一个"行为分值清单"。在清单中，把孩子的行为分为两类，即好的行为（即父母期望的行为）和不好的行为（即非父母期望的行为），并根据行为的重要性程度、完成难度赋予象征性的分值：期望行为赋予正分值，非期望行为赋予负分值。家长可以有意识地把自己所期望的良性行为或孩子身上难改的不良行为予以较高的象征性分值。

第二步，为孩子建立一个"奖赏强化清单"。父母首先让孩子说出自己喜欢什么样的奖赏物（强化物），家长一一予以记录，并根据自己对孩子喜好的把握，予以补充、引导。父母综合孩子列出的和自己开列的奖赏物条目，把它们进行整理，分成两类：一类是父母较容易提供的、不需要花费太大成本和时间的强

---

① 薛振田，刘葆花. 培养孩子良好行为习惯的有效方法——"象征性积分法"[J]. 教育导刊（幼儿教育），2007, 7 (1)：53-54.

化物；另一类是父母较难提供的、代价较高或需花费一定时间的强化物。然后分别给这些强化物评估分数（孩子得到这些强化物需要的正分数值）。这里父母可以根据得到奖赏物的代价（即成本）高低、难易程度予以估定分数。父母在为孩子开列奖赏物清单时，要注意把物质激励与精神激励、情感激励手段相结合，正确引导孩子的需要，不仅要让孩子关注感官需要（物质需要）的暂时满足，还要促使孩子的需要不断从低层次向高层次发展。

第三步，操作执行，兑现奖励。待上述两份"清单"列好（可以列在一张纸上，也可以分列）以后，准备工作也就完成了。之后家长就可以操作执行了：孩子每表现出父母期望的良好行为，就根据"行为分值清单"记录孩子应得的正分值（清单上若没有，可以随时增删、补充和完善）；孩子每表现出非期望的不良行为，就扣减相应的分值。随时累积孩子的分数（让孩子也随时了解自己"挣得"的分数），根据情况适时予以兑现奖励。上述方法，家长执行起来要严肃认真，但也要注意灵活掌握。若孩子因正分值没有达到相应等级的奖赏要求而无理取闹，家长一般不应迁就、妥协。若实在无法坚持，则可以退一步，明确告诉孩子："这次可以满足你的要求，但有一个条件，你必须完成……的任务，以补回所欠缺的分数，且下不为例。"这种方法实施后就会收到"立竿见影"之效。不用父母督促和提醒，孩子就已经自觉养成了一些好的行为习惯，改掉不良习惯。

5. 提高流动儿童承受挫折能力的方法

（1）引导孩子正确认识挫折

要让流动儿童认识到挫折是个人生活的组成部分，每个人都有可能经受挫折。但是挫折并不可怕，关键是看我们如何战胜挫折。罗曼·罗兰说过："痛苦这把犁刀一方面割破了你的心，另一方面掘出了生命的新的水源。"流动儿童家长可以通过一些具体实例的介绍，让流动儿童认识到生活中的挫折和磨难既能给人带来痛苦，也能使人变得坚强起来。

（2）树立积极乐观的生活态度

由于流动儿童的挫折感一部分是源于家庭背景等因素，他们可能会因此感到对家庭的悲观和失望。这不仅不利于建立良好的亲子关系，也不利于流动儿童自身的健康成长。所以，流动儿童的家长要教会孩子树立积极乐观的生活态度。告诉孩子不能因为目前的状况就对未来失去信心，要相信通过自己的努力奋斗，终将摆脱困境走向成功。

（3）扬长避短，减少挫折感

流动儿童与城市儿童相比，也有自身的优势，比如真诚淳朴、热爱劳动、乐于助人，有些流动儿童还有体育特长。但很多流动儿童的家长似乎更关注孩子哪些方面比别的孩子差，而对孩子的这些优点往往视而不见。实际上，充分发扬流动儿童身上的这些优点，提高其自信心，正是战胜挫折的一个好方法。因此，在日常生活中，家长应尽可能挖掘孩子身上的优点，让其充分体验到自己成功的快乐，这样时间长了就会让其对战胜挫折更有信心，也会知难而进。

6. 培养孩子交际能力的方法

（1）创造平等和谐的交往氛围①

家长不能摆出"长道尊严"的面孔训斥孩子。家庭中的大事，孩子可以知道的应该让孩子知道，适当地让孩子"参政议政"。家庭中涉及孩子的问题，更应想到孩子，听听他们的意见。另外，要提供更多的交往机会。应适当地带孩子进入自己的社交圈，外出做客时，尽可能带孩子参加；家中有客来，让孩子参与接待，让座、倒茶、谈话……不要一味地将孩子赶走。

（2）鼓励孩子多交朋友

交往是一种相互的过程，交往的技能只有在与他人交往的过程中才能学会。因此，家长应尽可能给孩子创造交往的场合和机会。同时，也要鼓励孩子自己多交良师益友。

（3）教给孩子基本的交往技能

交往是一门艺术，孩子的交往技能也是在交往中逐渐形成的，因此学校要指导家长也要教给孩子一些基本的人际交往技能，如分享、轮流、协商、合作等。往往这些技能的传授都是在潜移默化中进行的，需要家长以身作则。

7. 增强流动儿童社会适应性的方法

（1）提高家长自身的社会适应能力

流动儿童的家长常常被称为第一代城市移民，因为对城市生活还不够了解，人际交往范围有限，往往其社会适应能力以及社会融合度较差。这对流动儿童的社会适应性造成了一定的影响，因此要改善流动儿童的社会适应性，首先要提高家长的社会适应性。

（2）给流动儿童创设良好的社会适应机会

社会适应能力以及社会融合程度需要更多的社会生活实践。但是，流动儿童的家长对于城市生活不是十分了解，因此，学校要指导家长如何给儿童创设良好的社会适应机会，比如业余时间都可以带孩子到哪些地方参观游览，等等。

三、学校对家庭心理健康教育指导的形式

为了更好地指导流动儿童家长进行家庭心理健康教育，学校应当坚持不懈地采用各种途径和多种形式，让家长相互交流、相互学习，取长补短，以此帮助家长不断地提高家庭心理健康教育水平。

（一）举办讲座和开讨论会

举办讲座和开讨论会是比较常见的指导家长开展心理健康教育工作的方式。

---

① 白同心．教育的"三维阵地"[J]．广东教育（教研版），2009（6）：15．

可以由学校或班主任主持召开，根本目的在于普及心理知识，帮助家长认识家庭心理健康教育的重要性，帮助家长改进心理健康教育的方法，促使其在实际生活中达到教育目的。学校可以邀请有关心理健康教育、家庭教育等方面的专家和学生家长共同讨论家庭心理健康教育的内容、途径和方法。讲座和讨论会的主题可结合本校和本班具体情况确定，例如：如何适应新的环境、如何鼓励流动儿童养成良好行为习惯等。讲座和讨论会的开展，既要注重心理知识的普及，又要讲究实际操作，使家长在平日的家庭心理健康教育过程中，能够做到优化流动儿童心理素质，增进流动儿童心理健康，培养流动儿童健全人格和良好个性，进而提高流动儿童社会适应能力，促使他们全面自由地发展。

（二）建立规范性家访

建立规范性家访是教师或家长根据个别学生的心理健康教育问题而展开的个别交流，可以是任何一方主动，教师可以进行家访，家长也可以到校走访教师，互相通报学校（主要是孩子所在班级）、家庭的基本情况，以及近期发生的重大变化；可以了解学生所在学校、班级、社会、家庭的基本情况；可以相互交换教育学生的意见，共同商讨进行心理健康教育的对策；等等。家访具有其独特的不可替代的功能，因为教育对象的很多"第一手资料"需要借助家访获得，如此才能全面客观地掌握流动儿童家庭状况，有的放矢地展开心理健康教育。要更新传统的家访，探索流动儿童家访工作的新思路、新途径，使之成为沟通学校与家庭的"心桥"。教师可以采用多种方式开展家访工作，除传统的上门家访外，还可以通过电话、短信、家校联系卡、家长会、家长接待日、学校开放周（月）、开放班级课堂等各种不同方式与家长沟通，将学校的心理健康教育要求和学生的近期表现及时告知家长，让家长将孩子在家的表现和心理健康状况及时向教师反馈。互访中教师与家长都应采取热情、求实、负责的态度，而且还要经常互访，否则双方会获取一些过时信息，影响教育的效果。

（三）创立家长委员会

家长委员会是由学校组织的、由家长代表参加的群众性组织，是按班级人数推选出一定数量的家长代表而成立的。家长可以定期向委员们提建议或汇报学生的心理健康情况。老师与委员们可以通过开委员会会议交换信息，共同研究如何对流动儿童进行心理健康教育。综合来说，在开展心理健康教育的过程中，家长委员会的作用主要是收集对于开展家庭心理健康教育指导的意见和建议，通过家长委员会制定或贯彻学校关于开展家庭心理健康教育指导工作的内容和方法[①]。家长委员会作为学校与家长联系的桥梁，既可以及时反映家长对学校工作的意见和建议，又可协调家长之间、家长与学校之间的关系，协助学校做好家长工作。

---

① 俞国良. 心理健康教育（教师用书）[M]. 北京：高等教育出版社，2005.

（四）设立家长学校

家长学校是近年来各地中小学里普遍开设的一种对家长进行指导和培训的组织形式，其主要任务是向家长系统传授教育子女的知识，交流推广成功的教子经验，提高家长的教育能力和水平。一些流动儿童学校较早设立了家长学校，如南京所街小学和阜阳颍上路第一小学。这些学校的家长学校在指导家长开展心理健康教育工作的过程中发挥了巨大作用。在开展心理健康教育的过程中，学校可以通过家长学校对家长进行有关心理健康知识的专题讲授，组织典型经验的交流。通过家长学校的指导和培训，广大家长能够系统地了解有关心理健康教育的基础知识，确立正确的心理健康教育观念，增强培养孩子良好心理的意识，同时也能掌握一些培养孩子良好心理素质的常用方法，对形成心理健康教育的合力，全面提高孩子的心理健康水平，起到了重要的作用①。

（五）开展家庭心理辅导工作

家庭心理辅导是由心理健康教育和家庭教育方面的专业人员或心理辅导教师为家长提供专业辅导的形式。这种辅导不同于一般教师在平时的家长会上或是与家长的交谈中对家长进行的教育指导，是对需要辅导和帮助的家长进行辅导，针对家庭教育中所遇到的心理问题，有针对性地实施帮助，提高家长自身的心理健康水平。辅导的方式可以是多种多样的，可以针对个别家庭进行单独辅导，也可以针对一些普遍存在的问题进行团体辅导。学校应该配备专业心理辅导教师，帮助流动学生家长更好地处理家庭心理健康教育中遇到的诸多问题。

【建议参考资料】

1. 叶一舵．家庭心理健康教育概论［J］．福建师范大学学报（哲学社会科学版），2003（1）：123－132．
2. 顾利锋．正确与孩子交流的方法［J］．宁夏教育，2008（11）：77．
3. 薛振田，刘葆花．培养孩子良好行为习惯的有效方法——"象征性积分法"［J］．教育导刊（幼儿教育），2007，7（1）：53－54．
4. 罗伟娟．关于家校沟通内容和形式的研究［D］．上海：华东师范大学，2006．
5. 徐祖荣．流动人口社会融合问题研究［J］．北京城市学院学报，2008（4）：96－100．
6. 何资桥，曹中平．进城农民工子女父母教养方式与学习适应性弹性发展的关系［J］．中国健康心理学杂志，2009（5）：624－627．

【问题与思考】

1. 流动儿童家庭心理健康教育的目标是什么？
2. 开展流动儿童家庭心理健康教育有哪些原则？

---

① 罗伟娟．关于家校沟通内容和形式的研究［D］．上海：华东师范大学，2006．

3. 开展流动儿童家庭心理健康教育包括哪些内容？
4. 可以通过哪些途径和方法开展家庭心理健康教育？
5. 为了提高流动儿童的心理健康教育效果，学校可以做哪些工作，以指导家庭心理健康教育的开展？

第六章 流动儿童心理健康的维护与促进

【本章提要】

本章共包括三部分内容，第一节从提高流动儿童的学业成就、调节流动儿童的负性情绪、塑造流动儿童的良好个性、增强流动儿童的人际交往能力以及提升流动儿童的社会适应性几个方面入手，介绍了流动儿童自身进行心理保健的具体方法。提高流动儿童的心理健康水平离不开流动儿童自身的努力，这些具体方法帮助流动儿童促进和维护自身的心理健康。第二节从社会层面视角，介绍了有哪些途径可以促进流动儿童的心理健康。第三节主要介绍了三个流动儿童的心理辅导案例和一个从社会层面促进心理健康的案例。通过这些具体实例的介绍，我们可以深入了解流动儿童存在的心理问题及其原因，了解流动儿童心理辅导的技巧和策略。同时，我们也对这些案例进行了详细的点评，分析了这些案例给我们带来的启示。

【学习重点】

1. 了解流动儿童自我心理保健的内容和方法。
2. 掌握流动儿童心理辅导的技巧和策略。
3. 熟悉促进流动儿童心理健康的途径。
4. 能够运用所学内容，开展流动儿童心理辅导工作。

【重要术语】

心理保健　学业成就　情绪调节　个性塑造　人际交往　社会适应　心理辅导

第一节　流动儿童心理健康的保健

随着我国流动人口的增多，流动儿童的心理健康问题也日益受到越来越多的关注。为了促进流动儿童全面发展，提高流动儿童的心理素质，可以从提高流动儿童的学业成就、调节流动儿童的负性情绪、塑造流动儿童的良好个性、增强流动儿童的人际交往能力以及提升流动儿童的社会适应性几个方面着手。

一、提高流动儿童的学业成就水平

流动儿童经常随父母频繁流动，因此他们也经常从一所学校转到另一所学校。由于学习教材不同、教学内容不同、教育方式不同，导致一部分流动儿童学习基础较差，这给流动儿童带来了一定的心理压力。因此，为了维护流动儿童的心理健康，首先要改善流动儿童的学业状况。

（一）培养浓厚的学习兴趣

爱因斯坦说："兴趣是最好的老师。"我们如果对一门课程感兴趣，就会刻苦钻研，有效改善学习方法，提高学习效率。可以说，兴趣对学习有着神奇的动力作用，有了它，我们的智力得到开发，知识得以丰富，眼界更加开阔，学习就成了一种愉悦的享受过程。兴趣是个人力求接近、探索某种事物和从事某种活动的态度和倾向。学习兴趣是学生对学习活动或学习对象的一种力求认识或趋近的倾向。学习兴趣在流动儿童的学习行为中具有重要的作用。当流动儿童对学习的内容感兴趣时，就会对它产生特别的注意，也会增加对问题的理解力和记忆力。同时，兴趣也是推动流动儿童主动学习的一种动力，它会使流动儿童把饱满的热情倾注在学习活动上，使学习活动有一定的紧张度，且能维持足够长的时间。

学习兴趣的培养首先需要具有明确的学习动机。学习动机对学习兴趣的形成起着积极的促进作用，因此，要让流动儿童端正学习态度，明确学习动机。其次，还要扩大流动儿童的知识广度。如果流动儿童能将课堂学习的知识内容与自己的先前知识相联系，那么他就容易对新知识产生兴趣。因此，丰富流动儿童的知识广度也是培养流动儿童兴趣的一种方法。再次，要多培养流动儿童的好奇心。学习兴趣是在不断的探究之中培养起来的，平时要多留心观察一切事物，流动儿童要多问自己"为什么"，经常与同学、老师一起讨论研究学习中的问题，感受知识的魅力。最后，流动儿童不要强化自己对学习没兴趣。一部分流动儿童由于与同学学习差距较大，经常自暴自弃，不断给自己一些负强化，认为自己天生就对学习没兴趣，怎么学也学不好，干脆就不学了。这种自我设限的保护方式其实非常不利于个体学习兴趣的培养。想让自己对学习产生兴趣，必须具有主动学习的良好态度，坚信学习是一件有趣的事情。如果一开始学习就断定自己没有兴趣，就真的很难培养起兴趣了。一定要让流动儿童记住：千万不要亲手扼杀自己的学习兴趣。

（二）培养良好的学习习惯

培养流动儿童的良好学习习惯，会有助于提高流动儿童的学业成就。我们在前面几章已重点强调过这个问题，那么培养流动儿童的良好学习习惯都包括哪些内容呢？首先，要养成按时完成作业、课前预习、课后复习的习惯。这是一个学生最基本的学习习惯，但是很多流动儿童还做不到。养成这些良好习惯，需要流动儿童的父母配合和指导。其次，要让流动儿童养成在学习上不懂就问的好习惯，不要让问题积少成多。课程内容的设计往往是环环相扣的，如果一个地方没有弄懂，那么很可能影响下面内容的学习。但是很多流动儿童或者由于内向，或者由于到了新环境还没适应，往往当学习上有困难时不愿意去求助于老师和同学。如果流动儿童能够主动进行学业求助，那么他们的学业成就将会有所提高。最后，流动儿童要养成勤于思考的好习惯。学习不是死记硬背，而是一项具有创造性的工作，因此，养成善于思考问题的好习惯可以帮助流动儿童很好地完成学业任务。

（三）掌握有效的学习方法和策略

流动儿童学业成就低下除了基础差之外，还有一个重要的原因就是缺乏正确、科学的学习方法。为了提高流动儿童的学习效率，流动儿童需要掌握以下学习方法：

1. 合理安排时间

合理安排时间最好的方法就是制订学习计划，但是学习计划不能安排得太满，要留有一定的余地，可以根据执行过程中出现的新情况进行适当的调整。同时，流动儿童也可以让父母帮忙监督自己的完成情况。

2. 在学习过程中要注意几方面的问题

一是学习必须循序渐进。二是学习必须一丝不苟，切忌粗心马虎、似懂非懂，对解题中的每一步都要有根据，不能想当然。三是学习必须善于总结。四是学习必须持之以恒。

3. 掌握复习的方法

根据记忆的规律，及时复习对于提高学习效率是非常必要的。最好在睡前把当天学习的内容都在脑子里面过一下，这样有利于当天学习内容的消化和理解。同时，在复习中也要学会抓住重点，对知识进行归纳和整理。这样可以使学习的内容更加深化、有条理，也有助于对所学内容的理解。

4. 加强元认知监控能力

流动儿童在学习过程中要对学习活动进行积极、自觉的监控和调节，这样才能保证达到预定的目标。当发现学习方法不适用时，要及时作出调整，及时发现学习中的问题，提高学习效率。

二、调节流动儿童的负性情绪

我们在生活中，随时随地都会产生喜、怒、悲、惧等情绪情感的起伏变化，人的一切活动无不打上情绪的印迹。情绪像是染色剂，使人的生活染上各种各样的色彩；情绪又恰似催化剂，使人的活动加速或减速地进行。人需要积极的、快乐的情绪，它是获得幸福与成功的动力，使人充满生机；人也会体验焦虑、痛苦等消极的情绪，它使人心灰意冷、沮丧消沉，若不妥善处理，还可能严重危害身心。儿童青少年本身情绪情感就比较丰富，而流动儿童受多方面因素的影响，负性情绪较多。因此，有效调节流动儿童的负性情绪有助于流动儿童的身心健康发展。调节情绪的方法主要有以下几种。

（一）理智调控

理智调控包括面对现实，理性思考，遇事三思而后行，换位思考。在调节情绪时，我们首先要考虑我们的消极情绪是不是由于我们对事件的不合理认识造成的；我们自己本身是如何看待这件事情的；这件事情本身有没有积极意义。换个角度看问题，常常可以使我们从负性情绪中解脱出来，保持心情舒畅。比如，有的流动儿童看到别人的家庭条件都很好，自己在城市中生活条件很差，就会觉得悲观失望。如果换个角度去想就会心情舒畅：自己现在多吃点苦，将来通过自己努力奋斗有了幸福的生活，自己就会倍感珍贵。

（二）转移调控

环境对我们的情绪有一定的影响。当我们在素雅整洁的房间中，光线明亮、颜色柔和，会让我们产生恬静、舒畅的心情。相反，昏暗、狭窄、脏乱的环境，会给我们带来不快的情绪，杂乱的噪声也会让我们烦躁焦急。因此，当我们情绪状态不佳时，可以采用转移环境、转移注意力、转移事件的方法。当我们沉浸在自我的抑郁情绪中难以自拔时，换个环境可能就会换个心情。比如，亲近大自然就是一个不错的选择。大自然的美景能够愉悦身心，对于调节人们的情绪活动，消除精神上的紧张和压抑感，有很好的效果。

（三）适度宣泄

心理学研究表明，情绪的产生能刺激体内产生能量，如极度的愤怒可使身体处于应激状态，消化活动被抑制，糖从肝脏中释放出来，肾上腺素分泌增多，使血压升高、体内能量处于高度激活状态。这种聚集在体内的能量如果不能被及时疏泄，长期积压就会影响身心健康。对不良情绪的适度宣泄包括倾诉法、运动法、日记法、沟通法、哭泣法等。过度压抑情绪不利于身心健康。通过将自己的情绪用恰当的语言表述出来，把闷在心里的苦恼倾诉出来，把所有的委屈全摆出来，能够得到别人的同情和理解，也能得到疏导和指导。同时，在遇到意外打击，产生较大的悲伤、愤怒、委屈时也可以用痛哭的方式宣泄自己的情绪。生理学家经过化学测定发现，人的眼泪可以释放因压力而产生的化学物质，因此人们在痛哭流泪之后总会感到舒适轻松一些。另外，如果在没有诉述对象的时候，也可以面对沙包发泄一下愤怒情绪，或者到空旷无人的地方引吭高歌，同样能借此释放聚集的能量，舒解情绪，达到宣泄的目的。

（四）积极暗示

积极暗示包括听音乐，用名言警句激励自己等。暗示就是通过言语、体语、情境、物品等对心理过程施加影响的过程。暗示会使人的情绪发生变化，从而影响人的某些生理功能、健康状况和工作效率。比如，在发怒时，可以用言语暗示自己"要冷静"、"发怒会让事情更糟"；陷入忧愁时，提醒自己"忧愁没有用，于事无益"；当内心比较焦虑时，告诉自己"安下心来，要放松"。

（五）合理化

合理化是一种自我防御机制，有时有助于我们调节不良情绪，如："酸葡萄"心理、"甜柠檬"心理等。合理化调节方法的核心观点就是个人对一件事情产生的情绪不是事件本身引起的，而是由我们对这个事件的解释引起的。因此，改变我们对事件的态度和看法，我们就会改变自己的情绪状态。

（六）主动寻求心理援助

当流动儿童自己没有办法调节好消极情绪，且持续时间已经较长，这时就需要主动寻求心理援助，如找心理辅导老师等。每个人都可能有心理问题，国外的成功人士，左手是律师，右手是心理咨询师。当流动儿童有无法自己解决的困惑时，需要主动寻求专业人士的帮助。

（七）提高升华法

提高升华法是当个人欲望或需求因为各种原因不能实现时，将其原有的内部动机转化为社会性动机，以社会可以承认、接受、允许的方式，去追求更高的目标，获得新的更高级的精神满足。也就是说，将负性情绪产生的能量投射到战胜挫折，或者有益于社会和个人成长的活动中去，这是一种积极的情绪自我调控的方法。比如，当流动儿童感受到别人的歧视，内心很悲伤时，可以将这种悲伤升华为努力学习的动机，以改变自己不利的处境。

三、塑造流动儿童良好的个性

（一）正确认识自我

流动儿童往往由于家庭背景的原因、社会歧视的原因不能够正确看待自己，容易产生自卑心理。其实，正确认识自己，不断完善自己是一件很不容易的事情。自我认识是对我们自己存在状态的一种觉察，也就是认识自己的一切，包括对自我的生理状况、心理特征、自身能力以及自己与他人的关系等方面的认识。心理学家把自我区分为主观自我和客观自我，主观自我指自己对自己的认识，如认为自己相貌好、能力强、人际关系好，或认为自己没人喜欢、不聪明等。而客观自我是指"我"实际上是个什么样的人。如果我们的主观自我与客观自我相符相合，就会产生积极、肯定的情感体验，表现为自尊自爱，自立自强；如果我们不能正确认识自己，把自己看得太高就会变得狂妄自大，自命不凡，容不得他人任何的批评，而一旦碰到失败就可能使主观自我坍塌，自轻自贱；而将自己看得太低则会产生各种消极、否定的情感体验，学习和生活打不起精神，觉得自己一无是处，从而自怜自卑，自怨自艾。那么，怎样才能获得对自我的正确认识呢？

1. 与他人比较

将自我与周围人进行比较，是了解自己的一个重要途径。对于流动儿童来说，主要是与同龄人比较，同龄人之间有很多相似之处，可以互相交流和沟通，同时互相了解得也比较透彻。但是比较不是目的，重要的是通过比较来正确认识自己。其实，流动儿童身上有很多优点，比如质朴、热爱劳动、善良等。

2. 与自己比较

对每个人来说，这是一条更重要的途径，人们可以更多地通过与自己的比较来认识自己。不管在一个群体中的位置如何，如果流动儿童相对于自己的过去是在进步，那就值得庆贺。

3. 自我反省

流动儿童经常思考"我是个什么样的人"，"我的理想是什么，打算怎样实现"，"我打算怎样生活"，"我的优势和不足在哪里"等类似的问题，有助于增强自我认识。通过这样的自我反省，能够更深刻地认识自己，对心灵真正有所触动，同时不断形成一套正确的自我评价标准，从而更好地在认识自我的基础上塑造自我。

(二) 培养自信、自尊、自强的个性

拥有自信、自尊、自强等方面的良好心理品质是一个人幸福生活的基础，是事业成功的关键因素。对于流动儿童来说，主动塑造自己自信、自尊、自强的个性，不仅能够更好地适应城市生活，而且也可以为自己未来的幸福人生打下基础。

1. 培养自信的个性

自信是一个人相信自己的能力的心理状态，即相信自己有能力实现既定目标的心理倾向。拥有自信不仅是心理健康的一种表现，而且也是学习、事业成功的有利心理条件。做一个自信的学生，就要对自己的能力充满信心，能够全面客观地评价自己、认识自己、接受自己。首先，要使流动儿童认识到自己的能力。能力是多方面的，不仅体现在学习上，也体现在其他方面，充分挖掘生活中的任何成功经验都会使流动儿童增强信心。其次，得到他人的欣赏与认同也会增强流动儿童的信心。有时流动儿童对自己没有把握，得到父母、老师等重要他人的认可，可以帮助他们确认自己。最后，发挥流动儿童的能力，承担一定的责任，使其认识到自身的价值，能够进一步巩固流动儿童的自信心。

2. 培养自尊的个性

自尊是一种自己尊重自己并期望受到他人尊重的心理。为了维护自己的良好形象，人们不仅需要在容貌和衣着上修饰自己，还要在行为上约束自己，同时不允许别人歧视与侮辱，甚至自己做了好事，取得了好成绩希望受到他人的肯定或尊重等，这些都是自尊。一般来说，自尊心比较强的人，会认为自己是一个有价值的人，并感到自己值得别人尊重，比较能够接受个人的不足之处。

3. 培养自强的个性

自强是一种永远向上、奋发进取的精神。自强对流动儿童健康成长、成就事业具有强大的推动力。自强的主要表现就是在困难面前不低头、不丧气；自尊自爱，不卑不亢；勇于开拓，积极进取；志存高远，执著追求；等等。自强是一个人实现自我价值的必备品质。在竞争激烈的社会中，不可能总依赖于他人，只有自强才能最终实现自己的理想。

（三）学会战胜挫折

人们在日常生活中遇到的许多事情，如工作、学习问题，家庭、人际交往问题等，都存在着各种各样的矛盾和冲突，大到家庭变故的遭遇，小到他人不经意的一句话，如果不能很好地应付和解决，都会导致挫折感。挫折就是由于妨碍达到目标的现实或想象的阻力而产生的心理状态。面对挫折，如果不能得到较好处理和调节自己，其消极后果会远远大于挫折本身对生活带来的不良影响。

1. 正确认识和分析困难与挫折

困难和挫折是组成生活原味的重要部分。对此，流动儿童要有一种达观的态度，不要幻想困难和挫折永远不会光顾自己，也不要在遭遇困难和挫折时觉得自己是世界上最不幸的人。只有这样，在面对困难和挫折时，才能思想开朗，心情坦然，既然人人都会遭受困难和挫折，那么挫折本身也就没什么可怕的了。认识到挫折可能并不难，难的是面对挫折时，怎样分析和面对。面对挫折最好先进行客观冷静的分析，找出原因，然后想办法去补救或解决。

2. 采取行动战胜挫折

行动是最终战胜困难和挫折的关键一环，没有行动，困难和挫折仍会继续控制人们的生活，而不是人们来改变困难和挫折。根据行动要达到的目标不同，可以分为两种情况。一是愈挫愈勇，坚持认准的方向不放弃，直至取得成功。如果过早放弃，困难和挫折无疑已经控制了生活，如果勇往直前，那么人们会把困难和挫折变成成功的基石。二是修订目标。如果有些目标确实暂时不能达到，这时可以选取另一种可能成功的，同样也有价值的目标来代替，正所谓"东边不亮西边亮，旱路不通水路通"。两种情况有一点是相同的，即通过实际行动来面对困难和挫折。

四、增强流动儿童的人际交往能力

（一）建立良好的同伴关系

对于流动儿童来说，拥有同龄人的认同和接纳是非常重要的，那么，流动儿童在不断变化的环境中，具体该怎样与同学或朋友相处呢？

1. 用理解开启心灵

不理解别人的人也很难被别人理解，理解是信任的前提，信任是理解的延伸。愈理解才愈信任，友谊也才能长存。善于理解对方，也是人际交往的一个秘诀。试想一下，当你受了委屈时，如果听到同学或朋友一句"我知道你心里很委屈，难过的话就说出来吧，说出来会舒服些"等温暖理解的话语，你的感受是怎样的呢？你又会给对方什么样的回应呢？反过来，当你理解他人的时候，也是一样的。因此，相互理解不是一句空话，而是存在于这些实实在在的小事中。

2. 用平等获得尊重

万事统一是不可能的，如果要求百分之百的一致，是永远不可能有和谐的人际关系的。因为每个人都是一个不同的个体，你喜欢按自己的想法做事，也就不可能苛求他人和你的想法一样。人与人本身就是不一样的，因此要尊重这种差异。其实，有许多人际或观点之间的矛盾，如果站在每个人的角度思考一下，你会发现，谁都有自己的道理和想法。所以，尊重别人，别人也会尊重你。如果因为一点分歧和成见便要相离，就永远不可能拥有真正的朋友。

3. 用宽容化解矛盾

个体所面临的人际交往问题，有许多都是因为不善于宽容所造成的。例如，当同学或朋友有意无意地做了令你伤心的事情，你会怎样做呢？是仇恨还是谅解？是从此分道扬镳，还是宽大为怀？如果采取宽容的态度，表现出豁达的胸襟，你得到的不仅是他人的友谊或肯定，更重要的是能够净化自己的内心，使自己保持一种愉悦平和的心态。但宽容不是纵容，不是毫无原则地姑息迁就。如果原则和朋友之间真的无法调和，即使冒着失去朋友的代价，也不能失去原则。

（二）建立良好的师生关系

师生之间可能会因一些小事而产生矛盾，但只要解决得恰当，师生关系可能会更进一步。一般而言，师生之间的矛盾和冲突有以下两方面原因：一方面，学生的行为不合乎老师的期望，如上课不认真听讲，不按时交作业，学习成绩差，不遵守纪律等，老师就可能会对学生的这些行为进行批评甚至指责，如果不被学生接受，冲突就可能发生；另一方面，是老师对学生的偏见造成的，老师容易从学生的学业成绩和平时表现来推断学生某次的行为。这种偏见导致对学生的不公正评判，易产生交往误会。另外还有一些看法或观念的不一致，也会影响师生之间的关系。

1. 正确认识师生关系

为了构建良好的师生关系，流动儿童首先要正确认识师生关系。在教师与学生之间，不管自觉还是不自觉地，都会形成较典型的师生关系类型。有不少教师热爱教育事业，热爱学生，能正确地对待学生，按学生的特点进行教育和教学，从而与学生之间形成民主、平等、和谐的师生关系。但高压型、放任型和管教型的师生关系是不利于师生正常交往的。

2. 掌握与老师交往的方法

不管学生感受到与否，大部分老师的出发点都是为了学生能够进步，因此，学生与老师交往时要理解老师的苦心。当然，这并非要求学生一味地服从，如果老师有做得不恰当之处，应该提出来，关键是方式要得当。与老师沟通和交流的方法有：（1）不管遇到什么样的事情，面对老师都要坦诚地说出自己的观点，让老师了解一个真实的自己。（2）有些问题要把握和老师谈话的时机。比如，自己学习之外的私人问题一定要在下课后找老师面谈或写信。（3）主动与老师交流。（4）不强求老师对自己的格外关注。（5）学会"冷"处理，以平和的心态面对老师的表扬和批评，不因老师的批评而懊恼，也不必因老师的表扬而沾沾自喜。

（三）建立良好的亲子关系

随着思维的独立性和批判性的提高，流动儿童逐渐形成了自己的人生观与价值观。流动儿童对事物有了自己的看法，而不像以前那样完全地、不加批判地接受父母的观点。而有些父母往往也忽略了流动儿童独立自主的需要，仍旧要求流动儿童像以前那样言听计从，因而造成了亲子关系的冲突。家庭关系是人们生活中最为重要的人际关系之一，对流动儿童有着深刻而持久的影响。过多的亲子冲突将不利于他们心理的健康成长。如何才能减少矛盾与冲突，建立良好的亲子关系呢？

1. 要理解和尊重父母

父母为流动儿童的成长耗费了许多心血，无私地为儿童提供物质和精神上的支持。古人云"百善孝为先"，孝顺父母是中华民族的传统美德，仅此一点，流动儿童就应该无条件地尊重他们。

2. 关心父母

父母也是普通人，他们工作十分艰辛，也需要流动儿童的关心。当父母工作繁忙的时候，流动儿童可以帮父母做些家务，减轻他们的负担；当父母心情不愉快的时候，流动儿童应该对他们多表现出一些安慰和关心。

3. 与父母建立起相互信任的关系

相互信任是搭建流动儿童与父母之间相互理解桥梁的前提。要改善与父母的关系，必须做到相互信任，如果存在分歧，也应该心平气和地坐下来与父母谈一谈，互相了解了对方的所思所想，也就易于理解双方的行为方式了，同时可以避免许多不必要的误会。

4. 采用有效的沟通方式

流动儿童要学会跟父母沟通，除了面对面的交流之外，还有很多种方式。比如，对于一些自己不愿当面交流的问题，可以采取写信的方式。流动儿童也要学会在合适的时间同父母交流与沟通。比如，与父母发生矛盾和冲突时，如果父母正在气头上，可以在事后等父母情绪平稳时再与父母进行沟通和交流。

五、提升流动儿童的社会适应性

（一）养成良好习惯，提高自身的文明素养

美国心理学家詹姆斯曾说："播下一个行动，收获一种习惯；播下一种习惯，收获一种性格；播下一种性格，收获一种命运。"可见，习惯对个人发展十分重要。习惯一小步，成就一大步。因此，培养流动儿童的良好习惯不仅会使其获得同学和老师的喜爱和接纳，提高其适应集体、适应社会的能力，而且也会帮助其在未来获得成功。良好的习惯包括很多内容，如学习习惯、卫生习惯、行为习惯等。习惯的养成越早越好，越早也越容易。从流动儿童自身来讲，要从小树立起养成良好习惯的意识，主动培养自己的良好习惯。同时，注意自己的言谈举止，提高自己的文明素养，对于流动儿童主动适应社会也是十分重要的。

（二）开发潜能，提高自身能力

由于一些流动儿童经常受到其他同伴、老师的歧视，他们有时也会对自己自暴自弃。实际上，每个人都有自己的优势和潜能，流动儿童要充分发掘自身的潜能，提高自己多方面的能力。未来社会需要的是全面发展的高素质人才，因此，要想适应未来社会的要求，流动儿童就要不断充实自己，不断提高自身的能力。比如，为了适应社会，流动儿童要不断提高自身的学习能力。学习不仅是指要把课堂内的知识掌握好，更重要的是学会学习，具有学习的能力。未来的社会是终身学习的社会，流动儿童要想更好地适应社会的要求，就要不断提高自己综合分析问题、解决问题的能力。

（三）扩大自己的生活和交往范围

大部分流动儿童生活和交往范围比较有限，有些虽然身处城市，但对于城市的了解并不多，这种情况十分不利于他们适应和融入未来的社会。因此，流动儿童要主动扩大自己的生活和交往范围，打开自己的视野，使自己对城市生活更加了解。此外，扩大生活和交往范围，可以让流动儿童接触更多的人和事，可以增强流动儿童对社会事件的判断力和社会责任感。但是要注意的是，流动儿童扩大了生活范围，有时也会接触一些不良同伴，养成一些不良习惯，如上网成瘾等。可见，社会环境对流动儿童的影响是多方面的，既有积极的影响，也有消极的影响。在城市中可以见多识广，变得自信、大胆；但同时，思想容易变得复杂，社会化过早，容易染上一些不良习惯等，因此需要老师和家长加以正确的引导。

（四）设立正确的人生目标

流动儿童在适应社会的过程中，要为自己设立一个正确的人生目标，从而不至于在未来的社会中迷失自我。目标对于个体的适应与发展具有非常重要的作

用。当人们没有目标时,就会感到迷茫和空虚;当目标过低时,就会缺乏动力;目标过高时,又会因为达不到目的而失望。很多适应困难都与目标确定不当有关。流动儿童要更好地适应未来的社会,就要为自己确立一个合乎实际的人生目标。首先,应当根据自身条件和未来社会的发展要求,为自己设立一个远期目标。其次,要为自己设立一个近期目标,即为了实现远期目标现在应该做什么。流动儿童在设立目标的时候,要充分考虑自己的实际情况,如个性特点、能力以及具备的条件等。当有了合适的人生目标为之奋斗的时候,流动儿童就会有行动的方向和动力了,他们可能就不会特别在意别人的歧视和讥讽,就会更加充满信心与活力地去生活和学习了。

(五)培养自强自立的人格特点

为了适应未来社会的发展,流动儿童要培养自己的独立和自强精神,培养独立思考和独立处理问题的能力。流动儿童不可能永远依赖父母和他人的关爱,日常生活的很多挫折、矛盾和人际关系将来都需要他们独自面对,而这种独立处理问题和矛盾的能力不是与生俱来的,需要在生活的实践中去培养、去锻炼。因此,流动儿童要多去尝试、多去实践,以锻炼自己的独立性。自强、自立会使流动儿童拥有更多的自信和勇气,也会使他们拥有应对各种环境和社会变化的能力。

第二节 流动儿童心理健康的促进

流动儿童的心理健康教育是一项系统的工程,不仅需要学校、家庭和流动儿童自身付出努力,做好心理保健工作,而且还需要全社会都来关注和关心他们的生存状况,为流动儿童提供一个良好的身心健康发展的环境。

一、提高流动儿童家庭收入,改善流动儿童生活和教育条件

由于流动儿童的家庭收入偏低,流动儿童的生活条件较差,享受的教育资源也非常有限。虽然流动儿童的父母从事着城市中最苦、最累、最危险的工作,但他们的工资收入却非常低,有些工作还没有任何社会保险。低收入让这些打工子弟的孩子处于城市中的弱势地位,无法真正融入强大而陌生的城市。因此,提高进城务工人员的收入水平,改善他们的福利待遇,才能从根本上改善流动儿童的生活条件和教育条件。提高农民工收入水平的最重要渠道是改善农民工的受教育状况、加强职业培训以及提高工作技能。政府对农民工的财政投入应当更加集中于农民工的技能培训和人力资本提升,以此来提高农民工在劳动力市场上的收入地位,而不是仅仅提高最低工资标准。此外,政府还应当抓紧建立适合农民工流

动特点的社会保障体制，消除农民工在劳动力市场上的机会不平等现象[①]。

二、调整办学模式，保证流动儿童的受教育公平

从我国目前的现状来看，流动儿童的入学难问题以及受教育公平问题还没有完全解决，这在一定程度上导致流动儿童出现了许多学业问题，如辍学率高、厌学情况严重、学业成就低下等。要更好地解决流动儿童的教育问题，教育管理部门要继续调整办学模式，保证流动儿童受到公平的教育。

（一）增加和扩大公立学校接收流动儿童入学的能力

来自国内多位学者的众多研究都表明，在公立学校就读的流动儿童其各方面的心理健康状况都比打工子弟学校的学生要好。因此，进入公立学校上学应该是流动儿童的首选。但是，现有公立学校并不是都接收流动儿童，一些口碑较好的学校或者重点中小学大多不接收流动儿童入学。因此，管理部门未来可以适当增加一些接收流动儿童的公立学校，让流动儿童有更多的机会进入城市中的公立学校就读。

（二）促进打工子弟学校正规化

从目前的现状来看，相当一部分流动儿童还在收费相对低廉的打工子弟学校就读。这些学校的校舍、照明、取暖、体育设施、教学水平、教学质量等办学条件令人担忧。可以说，打工子弟学校无论是硬件条件还是师资力量都有待于进一步完善。首先，为了促进打工子弟学校的正规化，需要社会各界为打工子弟学校提供一个良好的条件，比如办学场地、办学设备等。同时要保证提供的资源有可利用性，不能像有些打工子弟学校收到的捐赠电脑一样，只是摆设根本用不了。其次，打工子弟学校也可以多接受一些支教大学生。虽然支教大学生没有非常丰富的教学经验，但是他们有足够丰富的知识，可以为流动儿童打开视野。同时，这也可以解决一些打工子弟学校师资不足，课程开设不齐全的问题。最后，打工子弟学校可以与公办学校建立合作关系。打工子弟学校可以通过教学交流等形式提高和改进本校的教学质量，也可以通过有偿或无偿的资源共享，增加打工子弟学校的教学资源。

（三）开展打工子弟学校教师培训

作为流动儿童生活中的的重要他人，教师对他们的影响是非常巨大的。流动儿童复杂而又特殊的家庭背景给教育他们的老师提出了更高的要求，但是打工子弟学校的师资力量却相对薄弱。由于打工子弟学校条件艰苦，待遇偏低，很难吸引资历丰富的教师，这些学校的教师大多没有教师资格证，有些还是刚刚毕业的

---

① 李培林，李炜. 农民工在中国转型中的经济地位和社会态度［J］. 中国党政干部论坛，2007（8）：20-33.

职校学生。对于需要心灵关爱的流动儿童来说，老师如果能够懂得一些心理学知识将会对他们的健康成长非常有益，然而流动儿童所在学校往往特别缺乏懂得心理学知识的老师。在长沙市雨花区树木岭学校，外来务工人员子弟占学生总数的90%，但学校仅有3名老师学过心理学知识，而且他们还同时兼任其他课程，根本无法很好地评估流动儿童的心理问题。更不用说其他打工子弟学校的状况了。因此，为了提高打工子弟学校的质量，需要为这些老师提供培训或者继续教育的机会。首先，要提高他们的教育教学技能，帮助教师更新观念，获取新知识、新方法，提高解决教育教学实际问题的能力；其次，要普及他们的教育学和心理学知识，让其了解教育教学的规律以及儿童身心发展的规律；最后，还要适当开设与心理健康有关的讲座，使他们能够帮助流动儿童解决一些心理问题。同时，为了减少打工子弟学校教师的流动，给流动儿童一个稳定的教育环境，学校和相关部门也要增大教育投入，改善教师的工资收入、医疗保险等物质待遇。通过适当培训提高教师自身的心理健康水平和心理素质，防止职业倦怠问题的出现。

（四）改革升学制度，合理分配教育资源

针对流动儿童入学难问题，2008年7月，国务院常务会议提出切实解决好进城务工人员随迁子女入学问题。从这一年起，随迁子女的义务教育进入了"以流入地为主，公办学校为主"的时代。但是，到目前为止，流动儿童的入学问题解决的还是义务教育阶段。流动儿童的升学问题仍然是制约其受教育的瓶颈。流动儿童要是在流入地继续上高中，需要交纳高额的借读费，并且不能参加当地高考。而各省市的教材版本、教学方法与要求不尽一致，高考试卷也不一样，这就给返籍高考的学生带来了一定困难。针对该问题，教育部近日会同国家发改委、公安部、人力资源和社会保障部研究制定了《关于做好进城务工人员随迁子女接受义务教育后在当地参加升学考试工作的意见》。这一意见拟要求，各地根据城市功能定位、产业结构布局、城市资源承载能力和进城务工人员及其随迁子女有关情况，因地制宜确定进城务工人员随迁子女接受义务教育后在当地参加升学考试的具体条件，制定具体办法。我们相信在不久的将来，异地高考政策的颁布，会进一步促进教育资源的合理分配，可以进一步解决流动儿童的受教育公平问题。

三、增加社会融合，减少社会歧视

对于流动儿童来说，他们来到城市生活对其个人发展有积极的意义，但也让他们感受到了不公平和歧视。他们既羡慕城市儿童优越的生活和学习条件，又对城市人有着抵触心理。他们无论从主观上还是客观上都感到了自己与城市儿童的差别，使他们在心理上知觉到了更多的歧视。

（一）减少歧视，用爱温暖流动儿童

针对流动儿童的研究已经发现，对歧视的知觉容易导致流动儿童产生更多的社会适应问题①。歧视是指相同的人（事）被不平等地对待，或不同的人（事）受到同等的对待。在心理学研究中歧视主要指由于某些人所处的群体的成员资格而引发的指向于他们的伤害性行为。具体来说，就是不以能力、贡献、合作等为依据，而以诸如身份、性别、种族或社会经济资源拥有状况为依据，对社会成员进行"有区别的对待"，以实现"不合理"的目的，其结果是对某些社会群体、某些社会成员形成一种剥夺，造成一种不公正的社会现象②。虽然，社会上大多数人都能较为公平、公正地看待流动儿童，党和政府也在积极为流动儿童的健康成长提供越来越好的政策和条件，但是我们同时也看到，还有一些人对流动儿童冷眼相待。而对于敏感的流动儿童来说，一个冷漠的眼神，一句不屑的言语都可能伤害到他们。因此，为了提高流动儿童的心理健康，应在全社会倡导减少歧视，体现人与人之间的平等。当流动儿童在生活和学习上出现困难时，我们要伸出温暖的双手，帮助他们走出困境。爱是一种无声的语言，当流动儿童感受到爱的温暖时，他们就会更加愿意接纳和融入城市生活了，也会减少对城市的敌对态度。在这方面深圳市关工委开展了各种文化活动为流动儿童营造了关爱、和谐的社会成长环境。比如，他们举办的"外来务工文化节工程"、"关爱外来劳务家庭儿童"等活动，深受外来建设者及其子女的欢迎③。

（二）关注流动儿童心理健康问题，增加社会支持

由于一些流动儿童从小没有养成良好的行为习惯，他们有时会受到同伴排斥，有时也会被误认为其品德不好。其实，流动儿童的一些问题有时不是品德问题，而是心理问题。比如，有一名流动儿童经常打人，同学们都很讨厌他。可是通过老师的了解，发现他这样做的目的是为了引起同学们对他的关注。因为他每到一个新环境后，都不知道如何与同学交往，但是又渴望被同学们关注，所以才做出了上述行为。此外，还有一些流动儿童会因为适应不良而带来孤独感、焦虑感增强等心理问题，甚至有些儿童还会因为受到歧视而出现严重的心理异常。但是人们经常以为这些儿童仅仅是有些内向，还没有适应新环境，并未给予流动儿童心理健康特别的关注。实际上，由于流动儿童特殊的家庭背景，他们比一般孩子更加敏感、脆弱，更容易出现心理问题，学校、家庭和社会应该更加关心和关爱这些稚嫩的花朵。诸多的研究都已经发现，社会支持在维护流动儿童心理健康

---

① 刘杨，方晓义，戴哲茹，等．流动儿童歧视、社会身份冲突与城市适应的关系 [J]．人口与发展，2012（1）：19 – 27.

② 申继亮．处境不利儿童的心理发展现状与教育对策研究 [M]．北京：经济科学出版社，2009.

③ 王晓丹．深圳市流动儿童心理健康状况及公共管理探索 [J]．南方论丛，2009（4）：92 – 98.

方面具有不可替代的作用①。在同样的情境下,获得更多社会支持的人,将会有更强的心理承受能力,身心也更健康。因此,我们要多关爱身边的流动儿童,给他们更多的社会支持。给流动儿童的社会支持可以是情感上的和物质上的,也可以是信息方面的、满足自尊方面的以及社会网络方面的。

(三) 发挥社区功能,提高流动儿童健康水平

流动儿童的家庭大多居住在城乡结合部,与自己的亲戚、朋友和老乡居住在一起,形成了独特的流动家庭社区。作为组成生活的基本单元,组织良好的社区具有重要的意义。为了促进流动儿童融入城市社会,应当考虑如何发挥这些社区的作用,增加流动儿童的家庭外社会资本,从而为流动儿童提供良好的成长和环境②。流动儿童社区可以建立一些活动室或者工作站,组织流动儿童开展一些有意义的活动。同时,也可以以政府为督导,依托社区单位,建立家庭教育社区指导中心,及时为流动人口指导解决教育其子女过程中遇到的难点和盲点③。政府应该帮助社区引进一批优秀社区工作者,定期组织开展家庭教育主题内容培训,为社区内缺乏家庭教育观念和技能的流动人口提供帮助和指导。社区也可以为流动人口开设技能培训,提高流动人口文化素质、道德水平以及教育子女能力,为流动儿童更好地接受家庭教育作好保障。同时,流动人口的所在社区也可以创建和谐、多元、包容的生活氛围,这有助于流动人口对流入地社区的认知与融入④。比如,政府可以组织一些联谊、聚会等活动,增进流动人口与城市居民之间的了解,尽可能减少城市社会中对流动人口的歧视,增强流动人口对本地的归属感。同时,这也可以帮助他们扩展自身的社会关系网络,扩大社会生活空间,进而提高流动儿童的人际交往技能。

(四) 加大社会舆论对流动人口的正面宣传

随着经济社会的发展,大量流动人口背井离乡来到城市,这不仅解决了他们自己的生存问题,而且还为城市建设作出了巨大贡献。但是城市中的许多人并未意识到流动人口的贡献,甚至还会对其采取歧视的态度,这严重影响了流动人口和城市定居人口之前的沟通和交流,也容易使流动人口产生对城市人口的敌意。实际上,流动儿童自身也有很多美德值得社会公众学习。比如,吃苦耐劳、勤劳简朴、勇于进取、体谅父母、独立性强等,这些优秀的品质也可以通过与城市儿

---

① 何雪松,巫俏冰,黄富强,等. 学校环境、社会支持与流动儿童的精神健康 [J]. 当代青年研究,2008 (9): 1-5.

② 申继亮. 处境不利儿童的心理发展现状与教育对策研究 [M]. 北京: 经济科学出版社,2009.

③ 王炳锐,吴莹. 浅析流动人口子女家庭教育问题成因及对策——基于社会保障理论视角 [J]. 科教导刊 (中旬刊),2012 (3): 244-246.

④ 沈千帆. 北京市流动人口的社会融入研究 [M]. 北京: 北京大学出版社,2011.

童接触，影响和教育城市儿童①。因此，社会舆论应加大对流动人口的正面宣传，增加公众对流动人口及流动儿童的了解，倡导宽容接纳的精神，对所有人都应当一视同仁，减少公众对流动人口的误解和排斥。

（五）发挥公益组织和社会工作者的作用，改善流动儿童成长环境

改善流动儿童的成长环境，增强提高流动儿童的心理健康水平，也可以充分发挥公益组织和社会工作者的作用。目前，我国流动儿童的数量越来越多，很多公益组织开设了各种关爱项目旨在改善流动儿童的健康状况、教育质量和社会融入水平，一些热心的社会工作者和志愿者也积极加入其中，为改善流动儿童的成长环境作出了无私奉献。这些项目的实施和志愿者的热心参与可以更好地帮助流动儿童健康快乐地成长，也有助于鼓励全社会的人来关心和关注流动儿童。

四、构建家庭、学校和社会"三位一体"的心理健康服务体系

为了让流动儿童更好地融入城市社会，减少对城市人的敌意，提高流动儿童心理健康水平，学校、社会和家庭应共同作出努力。虽然，学校在提高流动儿童心理健康方面有着独特的优势，发挥着越来越重要的作用，但是如果没有家长的配合，没有良好的社会环境，学校心理健康教育的效果也将难如人意。因此，对处于不利处境的流动儿童来说，建立一套完整的家庭、学校和社会"三位一体"的心理健康服务体系至关重要②。虽然，从目前的情况来看，我国大部分城市本身还不具备发展三位一体教育体系的充分条件，这种体系在一些发展中的大城市如上海、杭州等已经初具规模但还不完善，三向沟通和教育互动机制并不灵活。但我们仍然可以通过各项措施加以干预，如社会除了为流动儿童提供更优良的学习和生活环境外，更应为他们提供更多参与社会活动的机会；在部分由政府组织的大型社会活动中应该规定流动儿童参与的比例；学校可以为家长开办家长学校、家教咨询热线等，以不断提高家庭教育的整体水平。在学校、家庭和社会三位一体的体系中，占主导地位的是学校，主要是教师，学校和教师应从实际出发，创造性地采取各种有成效的方式，把经常与家庭、社会联系列入学校的工作计划，并不断总结经验，使家庭教育和社会教育为学校教育服务，共同发挥学校教育的作用③。

---

① 郑信军. 聚焦处境不利学生：社会性发展研究的对象关注 [M]. 杭州：浙江大学出版社，2007.

② 陈儿，潘孝斌. 进城民工子女家庭教育的调查与分析——基于对浙江省七地民工家庭的实地调查 [J]. 中共杭州市委党校学报，2008（4）：89－92.

③ 林崇德. 教育与发展——创新人才的心理学整合研究 [M]. 北京：北京师范大学出版社，2002.

第三节 流动儿童心理健康教育案例

一、流动儿童马某的转变

随着舟山跨海大桥的畅通,浙江省舟山市外来人口不断增加,流动儿童不断增多。流动儿童从外地进入舟山市,从农村进入城市,遇到了很多新问题,比如语言问题、环境适应问题、交往问题等,流动儿童的心理健康问题日益凸显。本节流动儿童马某的心理健康教育案例就选自舟山市的舟渔子弟学校[①]。

(一)基本情况介绍

流动儿童马某,男,14岁,来自河南,家庭条件一般。班主任和任课老师对他总是无可奈何。他对老师的做法是软硬不吃,谁都拿他没办法。这个貌不惊人的男孩,开学之初留给老师的印象是:上课经常找同学讲话,有时上课无缘无故发出"哈哈"的笑声,作业经常拖拉,甚至不做,偶尔做做也是抄别人的。集体劳动时偷懒、捣乱,唯恐天下不乱,班里只要出了什么事,总少不了他的份。比如课间,别的同学聚在一起谈论说笑或做游戏,突然,马某扮做"大炮"轰进人群,同学们不得不四散分开。在一片谴责声中,他还追打批评他的人,同学对他的行为表示厌恶。

(二)问题分析

经过老师的观察,发现马某存在以下几个方面的心理症状。

1. 过敏倾向,形成自尊与自卑的矛盾心理

经过观察,发现马某有着强烈的自尊心和好胜心,内心很渴望得到别人的尊重和理解。在与老师和同学交往中过于敏感,对他人的敌意或警戒心太强,易小题大做,于是脾气变得很暴躁。老师判断他的心灵应该是敏感而脆弱的。通过询问其他学生,老师才知道他的学习基础不太好,经过一段时间的努力也不见效,就丧失了学习的信心;认为自己不是读书的"材料",总觉得被人瞧不起,意志消沉;每次遇到考试,便坐立不安;下课后,故意磨磨蹭蹭很晚回家,对周围的人甚至会产生敌意,渐渐把自己封闭了起来。他这样做的目的就是为了躲避老师和其他同学,担心和他们接触而受到伤害。他通过一些过激的言行作为保护层,保护那份可怜的自尊,以引起老师和同学的关注,其实内心是痛苦的。在他眼里虽然自己身处城市,却很难融入其中;自卑心理较重,自我保护、封闭意识过强,存在相对孤僻性,又有渴望被关注的意识。这样形成了自尊与自卑的矛盾心理。

2. 对人焦虑,逆反心理严重

通过了解,马某父母文化素质不高,教育子女的手段简单、粗暴,促使他形

---

① 本案例基本情况根据 http://www.zyzdxx.com/2012/0425/315.html 内容撰写。

成了不健康的心理。加上他课外接触的人员较复杂，容易受到一些不良习气的影响。不是受到家长的责备、打骂，就是被老师批评、训斥，被同学挖苦、讽刺。因此对别人抱有很大的戒心和敌意，不信任任何人，一点儿芝麻绿豆大的事儿也会引发一场轩然大波。老师对他进行教育，他不理不睬，一副玩世不恭、"你能把我怎么样"的模样。其结果是产生"对抗"心理，即你要求他这样，他偏不这样。而这种情形，又最容易引起老师、父母的恼怒。老师、父母越是恼怒，对于他越发训斥，他就会愈加反感，直接影响到与父母、老师之间的正常关系，以至于将叛逆性格发展至极端，导致人格和行为的不健康，逆反行为严重。

3. 学习焦虑，渐渐失去兴趣

马某跟随父母飘泊不定，不断转学。面对不同的教学环境、教材、教学进度及教学方法，短时间内往往无法适应，致使他的学习出现断层，学习跟不上。他也曾努力过，也想在老师和同学面前得到肯定，又担心考试会失败，受到老师、父母的责备，同学的冷眼，于是产生焦虑心理。由于失败次数太多，又没有得到及时引导、帮助，他渐渐就缺乏了学习的热情和动力，甚至对学习产生了抵触情绪。经历了种种失败和挫折之后，马某的好奇心和求知欲伴随成长过程不断受到打击和伤害，使他渐渐对学习失去兴趣。

（三）心理辅导过程

1. 寻找问题的源头——家庭教育

随着调查和了解的深入，辅导老师发现马某的许多不良习惯与家庭环境密切相关。俗话说家庭是孩子的第一所学校，马某随父母远离了熟悉的生活环境，来到一个陌生的地方，对他而言，无论是生活习惯，还是文化风俗、心理承受能力都需要一个适应过程。在他的家庭中，家长的综合素质较差，面对竞争激烈的社会，面对生活、工作中的种种挫折，他们往往不能自如地应对，所以常常无意识地把自己的苦闷、痛苦全都撒到马某的身上，忽略了他的心理感受，使他承受了巨大的心理压力，从而导致马某发生人格的变化，因此心理辅导老师决定做好他的家庭教育工作。于是老师积极与他的家长交流，分析解决他在学习、生活中出现的问题；指导他们树立正确的教育观，以良好的行为、正确的方式去影响和教育他；告诉他们在学习和生活中多倾听马某的诉说，接受他的感受；还让其父母与那些优秀家长多交流，多向他们学习先进的教子经验，并专门为他设置了"家校联系卡"，定期发送到其家长手中，回收反馈信息。老师与其父母密切配合，一起教育该学生，共同帮助他改掉不良的行为。

2. 付出爱心，用心灵赢得心灵

白居易说过："惑人心者，莫先乎情。"爱是教育的前提，作为教师首先要端正思想，脱下有色眼镜，努力走进流动儿童的心灵世界，对他们多关爱一点、多理解一点、多帮助一点。无论是课内还是课外，对马某用心要精、要细，不可打击、挫伤他，要像慈母一样，把全身心投在他身上，使他感受到老师的爱，帮助他恢复自信心，从而使他能主动地向老师吐露心迹，敞开心扉地亲近老师，从而接受老师的教育，正所谓"亲其师信其道"。在学习上，要耐心帮助他，要善于抓住他身上一个个小小的闪光点进行鼓励、表扬，切记训斥、恐吓、体罚，在他取得一点进步时，安排他做老师的小助手，帮助老师收、发作业本等。在生活上关心、体贴他，成为他的知心朋友。

3. 关心温暖，融入集体怀抱

学校是马某最重要的集体生活场所。为了帮助他尽早地融入集体的怀抱，并从中吸取温暖和力量，学校号召全体同学首先从思想上改变认识，消除对他的隔阂；其次要落实到行动上，从只关心自我的圈子里跳出来，真诚地向他伸出友谊和温暖之手，让他感受到集体的温暖，进而唤起他对集体的热爱之情，并把这种感情转化为上进心。每逢班级里举行活动时，根据他的兴趣爱好，多给他施展特长的机会，使他尝到成功的喜悦，树立自强的信心，真正融入集体怀抱。

（四）结果与思考

1. 效果

经过一年的努力，马某的表现尽管时有波动，但总体还是朝着积极、健康的方向发展，主要表现在以下几个方面：

（1）学习兴趣渐浓

上课比以前专心，说闲话的次数明显减少，作业也不再找同学抄了，基本上能独立完成，有时遇到不懂的问题也能主动提出，学习成绩明显提高。

（2）与老师、同学关系融洽

他终于发现，和同学交往其实是一件乐事，走出了封闭狭隘的自我小天地。

（3）集体意识明显增强

在班级里他不再捣乱，并能乐于参加集体活动，对于各项班级工作也完成得较好。

2. 辅导老师的思考

通过该案例，辅导老师有如下体会：

（1）爱心塑造师魂

教师的关爱应该给予每一位学生，而不仅仅是所谓的"本地生"，教师的教育应该是"为了一切学生"。

（2）关注学生的心理健康教育

素质教育的灵魂是思想道德教育，尤其是要关注学生的心理健康教育。不健康的心理将导致人才培养的失败，也会给个人、家庭、社会带来巨大损失。教师的教育必须"为了学生的一切"。

(3) 关注教育公平促进社会和谐

让流动儿童与其他孩子同在祖国蓝天下共同成长，教育好每一位学生，不仅让他们"有学上"，还要"上好学"。"一切为了学生"，努力使自己掌握最新的教育理论和教育技术手段，真正成为适应时代发展的教师。

"同在蓝天下，共同成长进步。"这是温家宝总理在学校黑板上写下的一句话。相信随着群岛新区时代的到来，流动花朵在舟山的绽放，也会格外春意盎然。相信在不久的将来，他们一定会像本地的孩子一样，在舟山这块热土扎根、生长，一定能走出城乡夹缝，共享阳光雨露！

（五）案例点评

由于城市化进程的推进，流动儿童已经不仅仅存在于北京、上海、南京等大城市，而是在全国各地都有流动儿童的身影。本案例中的马某就是来自于河南、生活在浙江舟山的流动儿童。马某何时来到舟山，我们无从得知。但是许多流动儿童的典型心理行为问题在马某身上都有表现。他在个性特点上自卑感严重；在学业上成绩落后，学业焦虑明显；在人际交往方面，缺乏必要的技能，师生关系、同伴关系和亲子关系状况均不乐观。再加上14岁的马某已经步入青春期，其逆反心理较为严重。

经过辅导老师一段时间的仔细观察，以及深入细致的分析，可以看到马某存在上述问题的主要原因有：1. 家庭教育失当。与其他许多流动儿童的父母一样，马某的父母文化素质不高，对马某的教育方式比较简单、粗暴，经常责备和打骂马某。同时，由于马某的父母经常将自己生活中和工作中的不如意发泄到马某身上，这导致了马某经受了很多不应该有的批评和暴力。2. 频繁流动，居无定所。可能是为了生计，马某的父母带马某流动的地区比较多。这导致马某在还没有适应一个新环境的情况下，又要继续流动，去适应另外一个新环境。因此导致了马某严重的适应不良，不知道如何与老师和同学进行交往。3. 学习成绩落后。学习一直被认为是学生的天职，在中国大多数人眼中，如果成绩不好就意味着一切都差。这种根深蒂固的观念也影响了同学、父母以及马某本人对自己的看法。马某的自卑感很大程度上正是源于学习差的问题。

针对以上几方面的原因，该案例的辅导老师采取了有效的干预措施，对马某进行了有针对性的辅导。首先从家庭开始着手，与家长进行了充分的沟通、建立了密切的联系，取得了家长的配合与合作。其次，辅导老师重点对马某实施了"爱的教育"，让他在老师的爱中敞开心扉、不断进步，改善了师生关系。最后，辅导老师从同伴关系视角为马某营造了良好的班级氛围，让马某感受到了集体的温暖。

我们看到经过一段时间的辅导，马某有了相当大的进步。在这个案例中，辅导老师的工作主要体现出了以下几个特点：1. 辅导老师在这一案例中，并没有按照个体心理辅导的思路开展心理咨询或者辅导工作,而是非常准确地将这一案例放入了心理健康教育的大框架中来展开干预工作,即从家庭、老师和同伴三个方面同时开展了干预工作。因为流动儿童心理问题形成的复杂性和长期性,采用这一工作思路是非常正确的。2. 心理辅导老师将"爱的教育"这一主题贯穿在整个辅导过程中。给孩子的爱多了,会造成溺爱,但是如果没有爱,孩子也不会健康成长。爱对于孩子来说,就如同水对于树木一样重要。我们看到,当马某沐浴在家庭的爱中,他改掉了不良的行为;当马某感受师生之爱时,他恢复了自信;当马某感受到同伴的爱时,他融入了集体的怀抱。是爱使马某发生了变化,流动儿童也需要阳光雨露般的关爱。3. 辅导的时间长。一般来说,学校心理辅导的时间和次数都是比较有限的。但是,从本案例来看,心理辅导老师用了将近一年的时间来帮助马某。正是因为如此长时间的坚持,马某的心理和行为才发生了较为明显的变化。很多流动儿童的问题不是一朝一夕形成的,也不可能通过几次简单的辅导就彻底改变。因此,该心理辅导老师的做法是非常合适的,我们要坚信只要坚持去真心地关爱这些流动儿童,他们一定也会像其他的花朵一样吐露芬芳。

总之,从该案例来看,心理辅导老师精心地设计了干预方案,采用了正确的方法,取得了良好的效果。从中我们也看到,由于流动儿童的特殊性,对他们的心理辅导需要比一般的心理辅导付出更多的真心、爱心和耐心。我们相信,在全社会的共同努力下,流动儿童的处境也会越来越好,他们也会在更美好的环境下,身心健康地成长。

二、打人的孩子变乖了

北京是我国流动人口较多的城市,全市有流动儿童数十万人,其父母绝大多数是由全国各地来北京工作的农民,他们工作辛苦、收入低。虽然身处祖国的首都,但是这些流动儿童却没有机会感受北京的繁华、北京的文化。在同一所学校同一个班级中,虽然都是流动儿童,他们却可能来自不同的地区,家庭背景不同,因此,这些流动儿童的具体问题也不尽相同。流动儿童同样需要健康、全面的发展,这不仅关系到城市未来建设者的整体素质和文明程度,也关系到社会的稳定和协调发展。本案例选自北京市丰台区大红门第二小学[①],该校建校历史悠久,是一所接收流动儿童的公办学校,该校 80% 的学生都是流动儿童,他们的父母多是来北京经商或者打工的。大多数孩子在家里得不到父母的关心,很多孩子存在一定的心理问题。

---

① 案例基本情况根据 http://kg.ftedu.gov.cn/old/Article_Show.asp?ArticleID=15606 内容撰写。

（一）基本情况介绍

小 A 刚刚转到该校，他经常会因为一点小事欺负同学、打骂同学，甚至有时无缘无故地就去欺负同学。此外，小 A 还经常违反学校的各项纪律。在小 A 刚刚转来本校的第一天，就有同学打报告说他打人。通过老师询问，发现好像也没有什么重要的原因，他觉得就是玩玩。老师对他进行了批评教育，但是效果并不太好。接下来的几天，每天都有同学报告他打人。在小 A 刚开始出现打人事件时，辅导老师曾经严厉进行过制止，但不见任何成效。在学校召开运动会时，由于场地有限，同学之间座位比较紧密，当小 A 与同学发生摩擦时，他再次挥拳打了同班同学的眼睛。这次辅导老师耐心地把他叫到一边，并蹲下与他平视，然后问他："小 A 你为什么总是不听老师的话？"小 A 最初低着头并未理老师。辅导老师觉得自己问话有问题，就又换了一种方式问了一遍："小 A 为什么老是欺负同学？"小 A 还是不理老师。"为什么你总是做一些和其他小朋友不一样的事情呢？能告诉我吗？"当老师这样问他时，他终于支支吾吾地开口了："我没有朋友。"

（二）问题分析

1. 家庭的因素

本案例心理辅导老师是小 A 的副班主任，当他看到小 A 的情况后，最先想到可能是家庭的因素。因此，他协同小 A 的班主任找到了小 A 的父母。对于打人一事，小 A 在父母面前承认错误的态度十分良好，完全不像是会犯那样错误的孩子。他的父母也认为他做得不对，对他十分负责，家庭关系也十分和睦。乍看起来不是家庭影响他形成了不良的行为习惯。但是经过深入分析，心理辅导老师发现，在该校的流动儿童多来自南方，家中往往不止有一个小孩，这些小孩往往会通过各种方式、运用各种方法希望从父母那里获得更多的关爱。对于小 A 来说，正是出于这种心理，他来到学校以后，也希望通过自己的独特方式得到老师更多的关爱。心理辅导老师分析是他把由家庭中慢慢养成的习惯带到了学校中。

2. 缺少朋友

在运动会上，当小 A 与同学发生矛盾，出现打人事件后，小 A 看到同学捂着眼睛哭，他的表情也十分沉重。看得出来，他显然知道自己做得不对。但为什么他还会这样做呢？通过交流，小 A 告诉老师，是因为自己没有朋友。可见，流动儿童频繁流动带来的后果是，他们很难在短时间内就与其他同学建立起亲密的关系。这严重影响了他们人际交往能力和健康情感的培养。正是由于缺乏同伴关系，滋生了孤独感，导致他出现了引人注目的打人行为。

3. 老师的关注

从小 A 的表现上来看，只要他有空就会找任何理由、任何方法，随时随地打人、违反纪律。在转到该校之前，他已经养成了打人的习惯。为什么长久以来没有改正，我们不能排除这其中可能与老师的关注有关。也许以往的老师对他的行为已经司空见惯，也许认为他的问题是思想品德问题，处理方式以训斥、打骂和处罚为主，这又进一步引起了他的反抗和攻击行为，也给他带来了精神压力，导致他更加自卑。

（三）心理辅导策略与过程

1. 建立同伴关系

当老师发现小A没有朋友，所做的一切都是为了吸引老师的注意力后，辅导老师找到了小A问题的根本原因。辅导老师首先帮小A建立了同伴关系，使其感受集体的温暖。辅导老师带着小A找到了班里其他男生，让小A问这些同学："我能和你们一起玩吗？"其他男生很快地接纳了他。这为他建立同伴关系打下了一个良好的基础。

2. 挖掘优点

通过老师的观察，发现小A比较聪明，反应快，学习还很好。辅导老师充分利用小A这个优点，鼓励小A在写好作业后去帮助班中需要帮助的其他同学。这让小A在助人中体验到了自己的价值。

3. 老师的关心

老师的形象在孩子的心目中是神圣的，老师对孩子的影响也是非常大的。作为老师不能讨厌或者歧视流动儿童，也不能简单地认为小A的问题是道德品质问题。辅导老师深知小A的问题有心理上的因素，因此他采取了多关心、多理解的方式来对待小A。比如，在运动会事件上，老师刻意蹲下与小A保持平视，就是让小A感到自己受到了尊重。辅导老师从细微处入手，使其感到了温暖而有所触动，有了悔意，为教育打下了基础。

4. 家长教育方式的转变

同其他许多流动儿童一样，家庭因素尤其是家长的教育方式也影响了小A的成长。小A的父母经常在外，没有尽到教育的职责，对小A的关爱过少。辅导老师找到小A的父母进行了一次谈话，希望通过改变小A家长的教育方式来进一步巩固辅导的效果。

（四）结果与思考

经过一段时间的辅导，小A发生了一些变化。主要表现在：1. 小A经常利用自己学习上的优势，帮助那些需要帮助的同学，他有了事情做，违反纪律的次数越来越少。2. 同学们渐渐忘记了小A的缺点，更多地看到了小A的优点，同学们可以与小A交朋友了，小A可以和同学一起玩了，到办公室来告他状的人也少了起来。

虽然取得了令人欣喜的效果，小A也渐渐融入了新的集体，辅导老师认为还有一些地方值得进一步思考和改进。首先，从表面上看，似乎小A的问题与家庭关系不大。但实际上，缺少父母的关爱也是非常重要的一个原因。与小A父母的沟通还要继续下去，才能解决这一问题。其次，小A已经可以与同学正常交往了，这是一个好的变化。在此基础上，可以继续用集体的力量影响他，让他在与其他同学的交往中，学会如何与别人进行沟通和交流，然后再慢慢融入班集体。

（五）案例点评

本案例是由小A的副班主任开展的一例流动儿童心理辅导个案。案例中的主人公小A的问题在许多流动儿童身上都有所体现。流动儿童的父母工作繁忙，没有时间管教孩子，或者放任自流，或者拿金钱解决问题，结果导致流动儿童虽然在父母身边，仍然感受不到父母的关爱。实际上，仅仅让孩子吃饱穿暖还完全不够，孩子还有许多心理需要。比如，案例中的小A就有被人关注的心理需要，为了达到满足自己的这个需要的目的，他不惜以打人作为代价。被人关注从根本上讲是人有被尊重的需要，以及有归属与爱的需要，特别是处于青春期的青少年，他们每个人都希望自己是舞台中的主角，都希望聚光灯能够照到自己身上。因此，这个时候外界更需要给他们多一些关注。否则，就像案例中的小A一样，他们可能会用一些极端的方式来博人眼球，获得关注。

辅导老师通过对小A的观察十分准确地找到了小A的问题所在，并深入分析了可能的原因。首先，从上述分析中，我们看到小A问题的成因中肯定有家庭的因素。小A是流动儿童的一个个案，但是小A的问题绝不仅仅是个案。从数据上看，该校流动儿童较多，但是，每次召开流动儿童家长会的时候都来不了多少家长。这些家长文化程度低，很多家长不重视孩子的教育，家庭教育相对薄弱，导致很多流动儿童在性格上较为敏感、脆弱、自卑。小A主要的问题也不仅仅是缺少父母的关爱，其实背后的原因可能还有小A的父母没有在潜移默化中教给小A一些人际交往的技巧，导致他来到一个新环境后，不知道如何与其他人正常交往。当出现交往需求时，他就采用了一种极端的方式——打人，来与别人进行沟通。交往是一门艺术，包括如何与别人进行沟通、合作等。因此，针对流动儿童的人际交往问题，还需要家长和老师提供一些具有操作性的指导。其次，本案例中也蕴涵着流动儿童常见的另一个问题即频繁流动。频繁流动的儿童，他们如果正处于学龄阶段，那么不同的教材、教法、教学要求都会影响到他们的学业。为此，有些流动儿童还产生了学业困难、学校适应不良等现象。在本案例中，虽然主人公很聪明，学习很好，但是频繁流动也给他带来了困惑和苦恼。小A曾经对老师说自己没有朋友，这对于最需要朋友的青少年来说真是非常不幸的一件事情。这也再次印证了学者们的研究结果，即流动儿童的孤独感要普遍高于定居儿童。当然，根据推测也可能小A以前的老师并没有处理好小A的问题，否则他的问题不会这样根深蒂固，已经变成了习惯。

通过剖析小A问题的成因，辅导老师开展了有针对性的辅导工作。整个辅导过程体现出了以下特点：1. 在运动会上看似平常的对话，蕴涵着对小 A 的尊重和理解。辅导老师耐心地用不同的方式探寻小 A 问题的原因，又蹲下来与小 A 平视，这一系列的举动肯定让小 A 感受到了前所未有的尊重和理解，因此，小 A 敞开心扉说出了自己的理由，并开始接纳老师。从中我们可以看出，老师的一举一动都体现着教育的作用和效果。无条件地接纳每一名学生是做好流动儿童心理辅导工作的前提条件。2. 案例中的辅导老师紧紧抓住了小 A 学习好的优点，让他充分发挥他的特长去帮助其他同学，让同学们很快就接受了小 A。解铃还须系铃人，辅导老师让小 A 扬长避短，给了他与同学建立良好关系的契机，也改变了他打人的习惯。一般来说，流动儿童比定居儿童更容易产生自卑心理，因此，在给流动儿童开展心理辅导工作时，一定要充分挖掘流动儿童的优势。每个人都有自己的短处，老师不能总拿着流动儿童的缺点与定居儿童的优点比。在开展流动儿童的心理辅导过程中，要兼顾流动儿童的自尊心和自信心。3. 任何孩子的问题一定都与家长的教育方式有关，这样的说法可能过于绝对，但是家庭对人的影响是毋庸置疑的。对于流动儿童来说，父母可能本身为了生计已经非常奔波忙碌了，他们可能真的无暇顾及孩子。但是，每个流动儿童的父母能把他们带在身边，内心深处还是十分疼爱孩子的，只是有时他们不知道如何关爱孩子。因此，该案例中的心理辅导老师还是作出了一个非常正确的决定，即打算再找小 A 的父母好好谈谈。

总之，这是一个看似十分简单的案例，但是养成一个良好的行为习惯不容易，而改变一个不良的习惯其实更不容易。案例中的小 A 能够取得今天的进步实属不易，心理辅导老师肯定也为之付出了很多辛劳。我们相信，在所有老师和同学的关爱中，流动儿童也一定会更快、更好地融入班集体，同其他孩子一样快乐、健康地成长。

三、父母眼中的"差生"

孩子们从出生起就背负着父母的多重期望，父母期望孩子健康、快乐，期望孩子成绩好，将来能够出人头地……对于流动儿童来说，父母的这些期望似乎更高一些，更多一些。艰辛的父辈多少都希望能够通过看到孩子成才而得到慰藉，而孩子为此在前行的路上背负了过于沉重的负担。然而，孩子也是独立的个体，也应该有自己的选择和自由。于是，这些孩子在重负之下，或者选择了逆反，或者选择了逃避。本案例选自江苏南京的一名流动儿童，在常人眼中，孩子可能多少有点调皮，但在父母眼中他却成了几乎一无是处的"差生"①。

---

① 本案例基本内容选自：栾文娣. 流动儿童教育个案分析［J］. 现代教育科学，2007（2）：119–120.

（一）基本情况介绍

小林，男，12岁，江苏淮安人，目前随打工父母来到南京上学。他活泼、聪明、机灵，性格逆反，学习不扎实，语言表达能力很好，学习成绩中等，平时很健谈，在父母面前说话较少。有一次小林刚学过课文第11课，其中讲到盐城大丰县的麋鹿，因为家里正好有地图，小林便用地图去找大丰县了，结果不小心把地图上的灰弄到了床上，小林为此跟母亲对打了起来。

小林父亲高中毕业，来南京后开货车为人运货，工作比较忙。小林父亲一直对自己没能上大学深表遗憾，所以只能把希望寄托在儿子的身上。小林父亲自己虽然很辛苦，但是为了儿子能够上大学，再苦再累、花再多的钱都心甘情愿。由于有这种心态，加之小林的成绩又不是很突出，所以林父言谈中对小林的现状有一种深深的"恨铁不成钢"的不满，喜欢拿自己的孩子与别的孩子进行比较，以此达到教育的目的。小林家唯一的经济来源是父亲的工作，所以他整天就在外边跑，根本没时间管孩子。

小林母亲小学毕业，无业，小林父亲在外打工，她负责照顾家庭。林母似乎对小林的学习没有特别的要求，她辅导不了孩子的功课，只是顺着丈夫的意思办事，小林在家经常挨母亲打。林母在整个访谈过程中对小林的评价几乎都是负面的，当教师特地问她小林的优点时，她想了一会才说到"不太计较吃穿"。在对小林的评价中其父母反复强调的便是小林写作业"瞎糊弄"、"不认真"。

（二）问题分析

大部分青少年都会经历叛逆期，知识的增加和视野的开阔，使他们对外界充满兴趣，青春期的叛逆心理和渴望独立的要求非常明显，但现实生活中又往往被压抑。叛逆对青少年来说很正常，但是小林显然提前进入了叛逆期。

1. 父母的高期望

父母在对孩子的将来进行展望时，最大的感触就是自己现在太苦了，孩子将来千万不能重复这样的生活，并且他们都表示希望小孩将来就留在南京。他们都希望孩子能够上大学，最起码要有较高的文化程度。所以看到孩子的学习成绩不好，他们都很着急，改变这种现状的心情很迫切，甚至有点急于求成。小林也能体会到父母的苦心，但是父母的急于求成让他无所适从。

2. 缺乏沟通和交流的家庭

流动家庭的父母很少与孩子沟通，平时所谓的沟通也是以学习和做作业为主的单向的高位控制，父母处于绝对的权威地位，很少以朋友的身份和孩子促膝交谈，孩子也因此很少有解释的机会，即使稍作解释，父母的态度也是不信任。当然，在很多家庭中，都存在着缺乏沟通的情况，但是在流动儿童家庭中这种情况要更加严重。这样的孩子一般更加孤僻、无助，他们有的选择了沉默，有的则通过制造一些问题行为来引起父母和老师的重视。

3. 孩子缺少信任与自信

小林的母亲总是说小林没有让她省心的时候，她认为小林做作业全是马马虎虎、糊弄、不认真。但辅导老师在与小林老师的交流中发现，小林基本还是能完成作业的。一位对自己的孩子都没有信心的母亲，怎么可能教育出让她满意的孩子呢？孩子在成长的过程中不可能没有错误，正是在这些小错误中，孩子才不断长大。可是父母对孩子不满意最简单的表现就是"打"。小林挨打更是家常便饭。对于父母的方式，孩子只能被动接受，而在内心深处并不认可，小林的"对打"本身则能更好地说明这点。父母好像并没有反思自己的教育方式是否正确，也没有意识到孩子的自尊心会受到多大伤害，更没有考虑老师、同学对孩子和自己会有什么看法。

4. 孩子缺乏良好的习惯

习惯对一个人的发展起着举足轻重的作用，一个好的习惯能促成一生的成功。辅导老师在和小林的老师交谈之中发现，他"学习经常喜欢耍些小聪明，别人不会做的他能做出来，但是不踏实，经常粗心大意，学习习惯不好"。习惯的养成是一点一滴的，要靠环境和自身的努力。小林并不是缺乏学习的能力，而是缺乏学习的好习惯。如果父母能给予一定的督促，让孩子的习惯逐渐好起来，对他的学习和人生都是有很大帮助的。

5. 孩子缺少进取心，自我效能感低

小林的父母也许是"恨铁不成钢"，在话语言谈之中，处处都表现出对他的不满。在这样的环境下小林自然就会"破罐子破摔"，对学习和生活都抱有消极的态度，得过且过，对父母也尊重不起来了。

（三）心理辅导策略与过程

针对小林的情况，辅导老师给出了如下一些建议，以期望能够改变父母眼中的这个"差生"。

1. 多一些教育投入和交流

小林的家庭是独生子女家庭，虽然过得不是很宽裕，但是供小林上学还是没有问题的。小林的父亲也表示了只要他能上大学，再大的投入也愿意。辅导老师建议他的父母多和老师交流，多和教子有方的家长交流，逐步改变自己的教子方法。同时，可以通过让小林参加一些课外辅导班，逐步提高小林的成绩。在小林犯了错误时，忍一忍再发火，问清楚做错事的原因，即使真的犯了什么错误，也不要动手就打，可以通过教育和讲道理这样宽严结合的方式来解决。

2. 多一些信任和鼓励

教育专家认为，父母的信任能让孩子避免说谎。孩子有时候说谎，一方面是因为怕父母失望，另一方面也是为了避免惩罚。父母应准备原谅自己的孩子并帮助他们摆脱困境，即使孩子伤了父母的心时也应如此。这种方法能杜绝说谎的发

生，也会让孩子更敢于承担责任。同时，要多进行赏识教育，发现孩子的闪光点，并不断放大闪光点，鼓励孩子战胜困难。每个人都有自己的优点，不要总把"你不如别人"挂在嘴边。

3. 制订计划，改变不良习惯

小林的生活和学习习惯不是很好，因此，制订一个科学的学习和生活计划很重要。包括每天的起床时间、每天读英语的时间、每天写作业的时间及休息时间等，刚开始的时候由父母和社会工作者监督他执行，过段时间让他主动完成。

4. 改变认知，增强自信

小林一直对自己缺乏自信，总认为自己不如别人。有了这样的思想，他做事情的时候总是半途而废，而且不相信自己。教师和家长应帮助他分析自己的优点，并跟他讲一些名人成才的故事，让他在榜样的激励之下用积极的态度来做事。同时，有意识地找一些他擅长的事情让他做，让他逐步增长自信。

（四）结果与思考

对于该案例的辅导，辅导老师给出了详细的建议，相信这些建议将会改善小林的家庭教育环境，帮助他养成良好的学习习惯，最终成为一个自信的好学生。

（五）案例点评

我们看到，小林的问题在流动儿童中似乎很普遍，但其心理问题并不严重，更多的是父母对小林的教育态度和教养方式导致他成了"问题儿童"。可怜天下父母心，每个父母都希望自己的孩子有所成就，这是可以理解的。但是，如果父母的期望远远高于孩子可能达到的水平，或者远远超出了孩子的能力所及，那么结果可能会适得其反。本案例中，我们看到小林本身还是比较喜欢学习的，在老师的眼中，他也算不上一个差生。但是，父母却因为他的成绩不够突出，而将他看做是一无是处的坏孩子，甚至当问起孩子的优点时，母亲想了一会才说到"不太计较吃穿"。我们看到小林父母的教育方式主要是采用批评、训斥和打骂的方式。在这种方式之下，小林也学会了与母亲对打。而从小林与父母的沟通模式上看，基本上属于"老鼠与猫"的模式，当父母不在时，小林很健谈，但父母出现时，小林就没有机会说话了。交流本来是双向的过程，在他们的亲子沟通上却变成了单向的。在这种沟通模式中没有民主的气氛，小林的想法和诉求往往被压抑。在这个案例中，如果说小林有一些问题的话，那就是他的马虎和粗心问题。良好习惯的养成确实会对一个人的未来发展有重要帮助，小林如果能将这个缺点改掉，他自身的学业会有更大的进步。

本案例主要针对小林的家庭教养方式方面提出了一些建议，包括增加教育投入、给予小林更多的信任和鼓励，帮他改掉不良行为习惯以及增强小林的自信等。这些建议不仅对小林的问题是适用的，对于其他一些流动儿童也同样适用。比如，给流动儿童更多的信任和鼓励，增强流动儿童的自信等。获得重要他人的信任对于培养一个人良好的自我意识有重要作用，对流动儿童来说，父母和老师就是他们身边的重要他人。因此，如果儿童在早期能够获得父母的信任，他们就会更加自信。但是很多流动儿童的父母却没有给孩子充分的信任，往往总是抱怨自己的孩子哪点不如别人，自己的孩子有哪些缺点。这样的看法，不仅不利于孩子的健康成长，而且还会因此产生"皮格马利翁效应"，即孩子看到了父母对自己的低期望和不信任，进而慢慢就会越来越差。案例中的小林就是一个典型的例子，他看到父母对自己缺乏信心，从而产生了"破罐子破摔"的心理。

此外，良好行为习惯的养成也是流动儿童心理健康教育的重要目标之一。在本案例中，小林的问题主要在于粗心和马虎。针对这种情况，老师和父母可以一起帮助小林来改掉这个毛病，可以采用如下一些小策略：1. 当小林作业出现错误时，让他自己先检查一遍，找出来再改正，父母不要急于告诉他错在哪里。2. 当小林作业完成好时，要及时给以奖励和鼓励，比如可以采用象征性积分法。3. 可以给小林讲一些粗心大意的故事，通过具体事例让小林认识到马虎可能带来的危害。4. 可以采用一些小的方法来改善小林的马虎和粗心，比如多做一些"找不同"的训练。这种方法会提高儿童的注意能力，帮助其改善粗心和马虎的问题。

总之，小林的案例带给我们的启示是，家庭教育对流动儿童的影响是非常重要的，很多流动儿童的问题正是源于家长的不良教育方式和不正确的教育态度。如果流动儿童的家长对孩子缺乏耐心和信心，对孩子缺少必要的鼓励，我们就不能指望学校和老师教育出一个充满自信而又阳光的孩子。因此，流动儿童的家长也要给予孩子无条件的积极关爱，有了爱孩子才能健康快乐地成长！

四、流动儿童的幸福花园——无锡市图书馆的做法[①]

2009年，无锡市图书馆荣幸地成为联合国儿童基金会设立的"儿童友好家园"项目试点之一，在国务院、省、市妇儿工委办及无锡市妇联的关心、指导下，不断完善"家园"的阵地建设，优化"家园"环境与功能设置，充分发挥资源优势，大力推进流动儿童的教育工作，将阵地服务有形化、实事化、品牌化。项目实施以来，每年有10余万流动儿童享受到无锡市图书馆提供的心理咨询、爱心助学、图书流动车等服务，真正使其成为提升流动儿童幸福指数的"幸福家园"。无锡市妇儿工委办公室主任夏晓春深有感触地说："开展此类阵地建设能够解决流动儿童因生活相对贫困、居住条件差所带来的缺少活动场所、设施、载体等问题，能为他们提供学习的阵地、活动交流的场所和益智的乐园，从而不仅在硬件设施上，更在实际的生活中，达到流动儿童和本地孩子'同参与、同管

---

① http://psych.qiaogu.com/info_ 280844/

理、同教育、同服务'的项目设计初衷,促进流动儿童尽快融入城市生活。"

(一)爱心助学,提升流动儿童开心指数

每周日的下午,在"家园"里都会聚集几十名流动儿童,而志愿者们与流动儿童结成了"一对一"的助学对子,免费辅导孩子们的功课,帮助他们改进学习方法、提高学习效率和学习成绩。无锡市图书馆毗邻无锡市博物馆及多个社区,一进入馆内,一股清新活泼的气息便迎面扑来,"儿童优先"、"儿童权利保护"的招贴画沿墙体一字排开,馆门口还有特设的图书捐赠处,专门编印的《新市民手册》、《好儿童手册》、《预防儿童意外伤害宣传手册》等小册书籍在图书馆里随处可见,了解流动儿童、关注流动儿童、关爱流动儿童的意识和氛围在这里得到强烈的渲染。最值得关注的是一间布置精致的少儿多功能厅即"儿童友好家园"的活动阵地。据无锡市图书馆副馆长、"儿童友好家园"园长许铭瑜介绍:"为了完善'家园'的建设,实现软硬件的齐头并进,该馆不仅专辟了少儿多功能厅,同时根据活动的需要,还延伸了少儿活动室、未成年人心理健康活动中心、少儿流动图书馆,我们希望能够通过这些措施,使之成为提升流动儿童开心指数的'幸福家园'。""儿童友好家园"的工作人员张佳说:"要是周末过来的话,这里可挤满了小孩子们,刚刚过去的暑假里,几乎每天早晨九点,图书馆开门之前,门口就已经堵满了准备进馆活动的孩子,他们都知道谁不早点到,谁就会没座位呢。"翻一翻"儿童友好家园"活动登记册,发现形容这里往日是人头攒动并不夸张,看到那一条条详实的记录,丰富多彩的活动设置,必定让每一名前来的流动儿童流连忘返。据统计,该馆平均每年要为10余万流动儿童提供心理咨询、爱心助学、免费赠捐书及流动图书车服务。针对流动儿童父母不在身边的现状,图书馆结合自身特点和优势,联合无锡新传媒二泉网络,组织发动馆内20余名党团员青年、30余名网络社区网友、社会青年志愿者、学校在职教师等,面向孩子们开展爱心助学活动。无锡清和小学的张明闪、彭秀丽、肖婷在留言簿上表示,自己是"儿童友好家园"的"常客",对这个乐园充满了感激:"功夫不负有心人,感谢'家园'里的哥哥姐姐、叔叔阿姨帮我们辅导学习,这次期末考试才能在年级名列前茅。"从陕西来到无锡的外来务工者大秦雪是位单亲母亲,从网上得知信息后,自愿加入到志愿者的队伍并成为了骨干。无论刮风下雨、阴晴寒暑,她每周都会带着自己的女儿来"家园"帮助其他的流动儿童。"帮助别人也能快乐自己,"大秦雪常常对不理解她的人这样说。而图书馆中的党团员志愿者除了工作日为流动儿童随时服务外,就连周末也常常无私地奉献出来,无偿地为流动儿童尽一份心力。为了进一步加强流动儿童的自我管理能力及自主参与意识,图书馆还将受助的学生按性别、年级、兴趣爱好等内容分成四组,每组都设有一名组长,负责组织、策划、协调游艺、表演、读书、朗诵等各种活动,"送金牛、迎祥虎"爱心暖冬联谊会、"争当科普小明星,绿色生活我先行"知识竞赛、"阅读世博精彩交流"、"我是文学小达人"文学常识大比拼等活动,激发了流动儿童的学习、阅读热情,拓宽了他们的知识面,提高了他们的文学修养,同时,还能让他们结识到更多的学习伙伴和读书良友。

(二) 关注心理,实施心理健康援助

田园风格的音乐舒缓室、"一对一"心理疏导室、趣味盎然的沙盘测试心理空间……转上二楼,这些全都是图书馆专门为流动儿童开设的延伸服务,针对流动儿童更易产生心理问题的现状,这里的硬件配套设施可以说技术先进、功能齐全。无锡市图书馆钱馆长介绍,早在2004年该馆就率先在业内建立了专为未成年人提供心理咨询和服务的无锡市未成年人心理健康咨询平台;2009年5月,未成年人心理健康活动基地也落成于此。钱馆长介绍:"目前,馆里有志愿心理专家70多人,除了解决儿童们的成长困惑,还启动了未成年人心理健康进社区、进学校系列活动,将心理健康知识讲座、现场咨询、团体辅导等活动送到流动儿童、新市民子女较为密集的社区、学校、农村,以更直接的方式服务于流动儿童群体,实施心理援助。"除此之外,图书馆还为流动儿童开设了"未成年人心理保健"沙龙,以专家咨询日的形式为未成年人及其家长提供与专家面对面交流的机会,活动的内容涉及家长们关注的未成年人学习、行为习惯的培养以及亲子关系等;围绕孩子的心灵成长,还举办了"EQ情商"冬令营、"青少年人际交往"夏令营等系列活动,增强孩子们认识自我、调控自我、承受挫折、适应环境的能力。

(三) 流动图书馆,免费文化大餐

"这些流动儿童家里都不太富裕,家长更舍不得花钱给子女买课外书,流动图书车半个月才能轮到这里一次,所以,孩子们都非常珍惜这个好机会。"偏远和近郊的流动儿童常来图书馆不很现实。所以,该馆的两辆流动图书车常常满载着知识与希望开进无锡周边流动人口占绝大多数的小学、幼儿园,让那里的孩子也能享受免费的文化大餐。眼前,一辆流动图书车正准备开往近郊的梅园小学,那是无锡市30多个流动图书车停靠点之一,其生源100%为流动儿童。跳上流动图书车,让人大开眼界,眼前俨然一个微型图书馆,书的类别包括文学、科技、教辅、自然……不胜枚举,车上的图书管理员笑着说:"可别小看这辆流动图书车,要是仔细数一下,这里有五六千册图书呢,而且还会定期更换最新的图书给孩子们。"在图书管理员的柜子旁还张贴了一张无锡市少年儿童流动图书馆网点一览表,两辆流动图书车分别担负5个区30多所小学、幼儿园的流动借书任务。车行30分钟,来到梅园小学,学生们在老师的带领下早已翘首以盼。孩子们人手一张借书卡,在期待中排队等候。父母都在外地打工,寄养在无锡姑姑家的五年级小女孩索珊珊忽闪着大眼睛说:"这是最幸福的时候了,我最爱看文学书籍。""我爱看科学类的书,一人一次只能借一本实在太少了,一个星期不到就看完了，只能再和其他同学交换着看，"匡睿调皮地说。他是跟随父母从安徽老家来到无锡的，"还是在这里上学好，有这么多好书看，还不用花钱买。"五年级一班班主任陈赟一声令下，跃跃欲试的孩子们一溜烟全钻进了流动图书车，挑选起自己喜爱的图书。陈赟说："他们除了自觉挤出课余时间看书外，学校还专门安排了每周一中午，为专门阅读课外书的时间。"此时，小女孩周梦园已经兴高采烈地捧着一本《恶魔的宝藏》满足地走下了流动图书车，略带羞涩的她说："爸爸妈妈带我从河南来无锡上学，就是为了让我接受更好的教育。"许铭瑜介绍，流动图书车运行期间，工作人员均提前一个月排好行程表，并函告各个流动服务站点负责人，调配好时间，组织好学生借阅。据统计，流动图书馆共免费办理借阅证近6 000张，服务近65 000人次，流通图书近7万册，服务网络覆盖全市大部分区域。

（四）文化活动，陶冶情操丰富知识

"这些公共文化设施的建设让我们的孩子走得进、乐得进、学得进，我们不再担心孩子没地方玩、跟坏人学坏、人身安全受到侵害了，"一位流动儿童的家长感激地说。"我的根在故乡，但我却在无锡生根发芽，无锡已经是我另一个故乡。"这是一名流动儿童在参加"无锡，我的第二故乡"读书征文中的切身感受。钱馆长自豪地介绍："把读书和品书、评书相结合，我们还着重把计算机基础知识讲座、阅读指导讲座、文明礼仪培训讲座主动送进流动儿童中间，帮助他们陶冶情操、丰富知识。"同时，流动图书车所到之处的流动儿童们也积极加入到图书馆组织的全市性主题征文活动中，像"无锡，我的第二故乡"读书征文大赛、"开放的无锡欢迎您"首届英文写作朗诵比赛以及"品读经典名著，演绎七彩童心"无锡市中小学生课本剧编演比赛等；暑期，图书馆还开展"走进非遗"新市民子女夏令营；组织少儿书评员携手新市民子女举行"手拉手、共阅读"优秀图书荐购及读书辩论会，精彩纷呈的活动目不暇接。为了最大限度地利用好图书馆的图书资源，图书馆还开展了图书交换、图书漂流，让流动儿童们在这里学习知识、培养能力、闪烁智慧、收获快乐。难怪很多流动儿童家长对"儿童友好家园"的建立都竖起了大拇指夸赞。

作为"儿童友好家园"首批试点城市之一的无锡，无疑在对流动儿童的生存、保护和发展环境营造方面走在了全国前列，生活在这座流动人口规模已经超过本地城市人口的城市中的流动儿童群体，也获得了和当地儿童一样的义务教育权和医疗保健权，他们在平等地参与和轻松快乐的活动中，逐步摆脱了"边缘人"的生活状态，和无锡这座城市融为一体，共荣共生。

【建议参考资料】

1. 郑信军. 聚焦处境不利学生：社会性发展研究的对象关注［M］. 杭州：浙江大学出版

社，2007．

2. 申继亮．处境不利儿童的心理发展现状与教育对策研究［M］．北京：经济科学出版社，2009．

3. 申继亮．透视处境不利儿童的心理世界（上）［M］．北京：北京师范大学出版社，2009．

4. 申继亮．透视处境不利儿童的心理世界（下）［M］．北京：北京师范大学出版社，2009．

5. 李培林，李炜．农民工在中国转型中的经济地位和社会态度［J］．中国党政干部论坛，2007（8）：20 - 33．

6. 刘杨，方晓义，戴哲茹，等．流动儿童歧视、社会身份冲突与城市适应的关系［J］．人口与发展，2012（1）：19 - 27．

【问题与思考】

1. 流动儿童心理健康的自我保健包括哪几个方面？
2. 流动儿童应如何提高自己的学业成就水平？
3. 流动儿童应如何提高自身的社会适应能力？
4. 流动儿童应如何调节自身的负性情绪？
5. 流动儿童应如何提高自己的人际交往技巧？
6. 流动儿童应如何塑造自己良好的个性？
7. 如何从社会层面提高流动儿童的心理健康水平？
8. 针对流动儿童缺乏自信的问题，应该如何开展心理辅导工作？

图书在版编目(CIP)数据

流动儿童心理健康教育/董妍著. —北京:开明出版社,2012.10
(新世纪心理与心理健康教育文库)
ISBN 978-7-5131-0830-0

Ⅰ.①流… Ⅱ.①董… Ⅲ.①流动人口-儿童-心理健康-健康教育-中国 Ⅳ.①G479

中国版本图书馆 CIP 数据核字(2012)第 217884 号

责任编辑:王桢　范英　杨怡　王晶晶

书　名:流动儿童心理健康教育
出品人:焦向英
出　版:开明出版社
　　　　(北京海淀区西三环北路25号 邮编100089)
经　销:全国新华书店
印　刷:保定市中画美凯印刷有限公司
开　本:700×1000　1/16
印　张:12.375
字　数:188 千字
版　次:2012 年 10 月 北京第 1 版
印　次:2017 年 3 月 北京第 2 次印刷
定　价:32.00 元

印刷、装订质量问题,出版社负责调换货　联系电话:(010)88617647

59

新世纪心理与心理健康教育文库
Xinshiji Xinli Yu Xinlijiankangjiaoyu Wenku

■ 装帧设计 羽人·高伟

定价：32.00元